工程**地质学**(第四版)

主　编　孔思丽

副主编　程　辉　胡燕妮　高芳芳

参　编　庄锦亮　都　璨

U0216053

重庆大学出版社

内 容 提 要

本书系统地介绍了工程地质学的基本原理、地质作用,以及土木工程中的地质问题、评价和对策等。其内容包括岩石的成因类型及其工程地质性质、地质构造与岩体的工程地质性质、第四纪沉积物及其工程性质、地下水、常见的不良地质现象及其防治 、工程地质勘察等。本书共分 6 章,每章均附有思考题,并附有一般性地质符号。

本书可作为土木工程专业本科教材,也可供工程地质、水文地质、土建工程的设计、施工等相关专业技术人员参考。

图书在版编目(CIP) 数据

工程地质学/孔思丽主编.—4 版.--重庆:重庆大学出版社,2017.8(2020.12 重印)
高等学校土木工程本科规划教材
ISBN 978-7-5689-0678-4

Ⅰ.①工… Ⅱ.①孔… Ⅲ.①工程地质—高等学校—教材 Ⅳ.①P642

中国版本图书馆 CIP 数据核字(2017) 第 169573 号

工程地质学
(第四版)

主 编 孔思丽

副主编 程 辉 胡燕妮 高芳芳
责任编辑:曾显跃 版式设计:曾显跃
责任校对:邬小梅 责任印制:张 策

*

重庆大学出版社出版发行
出版人:饶帮华
社址:重庆市沙坪坝区大学城西路 21 号
邮编:401331
电话:(023) 88617190 88617185(中小学)
传真:(023) 88617186 88617166
网址:http://www.cqup.com.cn
邮箱:fxk@ cqup.com.cn (营销中心)
全国新华书店经销
重庆巍承印务有限公司印刷

*

开本:787mm×1092mm 1/16 印张:14.25 字数:356 千
2017 年 8 月第 4 版 2020 年 12 月第 14 次印刷
印数:39 001—41 000
ISBN 978-7-5689-0678-4 定价:39.90 元

土木工程专业本科系列教材
编审委员会

第四版前言

　　本书在保留原书第三版的基础上参考有关方面的意见修订而成。

　　本书仍由绪论及6章内容组成，除绪论及第3章外，对其他章节部分内容进行了修改及补充，并在每章之后增加了思考题。

　　本书第1章至第4章由兰州理工大学胡燕妮和四川大学锦城学院高芳芳进行补充修改，第5章和第6章由西昌学院庄锦亮及贵州理工学院都璨进行补充改修。

　　本书编写过程中参考了一些教材和文献资料，具体见参考文献，在此对原作者表示诚挚的谢意。由于编者水平有限，书中疏漏及不当之处在所难免，敬请指正，以便在下一版中进行修改。

　　在此，特向给予本书支持的同仁致以衷心的感谢！

编　者

2017 年 6 月

第一版前言

本书系土木工程专业本科系列教材之一。土木工程涉及的工作范围是在地表或地下，对于从事土木工程专业的人员来说，工程地质学是一门重要的专业技术基础课。本书依据土木工程专业高级专业人才的培养要求，经系列教材编委会对内容的统一协调，在少而精原则的基础上编写而成。

中华人民共和国成立以来，特别是改革开放以来，随着工程建设范围和规模的日益扩大，当代工程地质学已取得长足进步。本书为适应目前大土木工程专业发展的需要，在系统地介绍工程地质学基本原理和基本知识的同时，着重介绍各类岩、土的工程性质，几种常见不良地质作用的过程、产物及其不良后果在公路、桥梁、工业与民用建筑等工程中的防治措施以及公路、桥梁、工业与民用建筑等工程中常见的工程地质问题。为了提高环保意识，本书特增加了地下水污染一节，并适当反映了工程地质学的一些新进展。

对具体工程地质问题的分析，必须把定性分析和定量评价结合起来才能有效地解决问题，由于许多定量分析将在岩石力学、土力学等有关的内容中介绍，例如边坡稳定计算、地基的变形计算等，以及篇幅所限，且为了避免重复，某些定量分析未列入本书中。随着土木工程的日新月异，岩土工程试验在测试技术和仪器设备方面得到了飞速的发展，因此本书也无法全面介绍，全书重点放在常规的测试技术和仪器设备上。

全书由绪论及6章内容组成。绪论，主要阐述了工程地质学的特点、任务、研究方法；第1章，介绍了作为岩土材料地质构成的矿物和岩石的形成及其基本工程性质；第2章，重点阐述了地质构造的特征及其对工程活动的影响；第3章，重点阐述了第四纪沉积物的特征及其工程特性；第4章，讨论了地下水的类型、特点及其与工程的关系；第5章，分析了几种主要不良地质作用的过程、产物及其不良后果的工程防治；第6章，介绍了工程地质勘察的目的、任务、方法及其成果的整理。

　　本书由孔思丽、程辉共同编写，孔思丽任主编。编写的具体分工是：第1、2、4章由程辉编写，绪论、第3、5、6章由孔思丽编写，全书由孔思丽统稿。

　　由于编者水平有限，加之本书脱稿时间仓促，缺点和不足之处在所难免，敬请指正，以便我们进一步补充和修正。

　　在此，特向给予本书支持的同仁致以衷心的感谢。

作　者

2001 年 5 月

目 录

绪　论

0.1　工程地质学及其任务

工程地质学（engineering geology）是地质学（geology）的一个应用分支。它是调查、研究、解决与兴建各类工程建筑有关的地质问题的科学。其任务是：评价各类工程建筑场区的地质条件；预测在工程建筑作用下地质条件可能出现的变化和产生的作用；选定最佳建筑场地和提出为克服不良地质条件应采取的工程措施，为保证工程的合理设计、顺利施工和正常使用提供可靠的科学依据。

工程地质学包括工程岩土学、工程地质分析、工程地质勘察这 3 个基本部分，它们都已形成分支学科。工程岩土学的任务是研究岩、土的工程地质性质，研究这些性质的形成和它们在自然或人类活动影响下的变化。工程地质分析的任务是研究工程活动的主要工程地质问题，研究这些问题产生的地质条件、力学机制及其发展演化规律，以便正确评价和有效防治它们的不良影响。工程地质勘察的任务是探讨调查研究方法，查明有关工程活动的地质因素，调查研究和分析评价建筑场地和地基的工程地质条件，为建筑选址、设计、施工提供所需的基本资料。

在勘察中所掌握的工程地质条件，对每一建筑工程来说，都只是它兴建之前的初始条件。在很多情况下，在建筑物的施工和运营当中，即在人类建筑工程活动的影响下，初始条件将发生很大的变化。例如，地基土的压密、结构和性质的改变，地下水位的上升或下降及新的地质作用的产生，等等。由人类建筑工程作用而引起工程地质和水文地质条件的变化，在工程地质学中用"工程地质作用（现象）"这一专门的术语来表达它。工程地质作用（现象）势必反过来对建筑物施加影响，而有些影响则是很不利的。因此，预测工程地质作用（现象）的发展趋势及可能危害的程度，提出控制和克服其不良影响的有效措施，也是工程地质学的主要任务之一。

研究人类工程活动与地质环境之间的相互制约关系，以便做到既能使工程建筑安全、经济、稳定，又能合理开发和保护地质环境，这是工程地质学的基本任务。而在大规模地改变自然环境的工程中，如何按地质规律办事，有效地改造地质环境，则是工程地质学将要面临的主要任务。

随着生产的发展和研究的深入,一些新的分支学科也已形成,例如:环境工程地质、海洋工程地质与地震工程地质等。30 多年前工程地质界提出了环境保护及其合理利用,现在已由方向性探讨发展到实质性研究。环境工程地质学开始向工程地质科学各领域渗透。环境工程地质学的基本观念,即人类工程活动可显著地影响环境,既可恶化环境,亦能改善环境。人类工程活动作为环境演化的积极而活动的因素,以及工程和环境的密切关联性,已成为当今研究的重要方向。

工程地质条件是指与工程建设有关的地质条件的总和,它包括土和岩石的工程性质、地质构造、地貌、水文地质、地质作用、自然地质现象和天然建筑材料等几个方面。应强调的是,不能将上述诸点中的某一方面理解为工程地质条件,而必须是它们的总和。

由于工程地质条件有明显的区域性分布规律,因而工程地质问题也有区域性分布的特点,研究这些规律和特点的分支学科为区域工程地质学。

工程地质问题则是指研究地区的工程地质条件由于不能满足某种工程建筑的要求,在建筑物的稳定、经济或正常使用方面常常发生的问题。概括起来,工程地质问题包括两个方面:一是区域(地区)稳定问题;二是地基稳定问题。不同工程对工程地质条件的要求各不一样,即使是同一类型的建筑,其规模不同,要求也不尽相同。当谈论工程地质问题时,必须结合具体建筑类型、建筑规模来考虑。例如,工业与民用建筑常遇到的工程地质问题主要是地基稳定问题,包括地基强度和地基变形两个方面。此外,溶岩土洞等不良地质作用和现象都会影响地基稳定;铁路、公路等工程建筑最常遇到的工程地质问题是边坡稳定和路基稳定问题;水坝(闸)常遇到的是坝(闸)基的稳定问题,其中包括坝基强度、坝基抗滑稳定、坝基和坝肩的渗漏与稳定,以及坝肩稳定问题;隧道及地下工程常遇到的工程地质问题是围岩稳定和突然涌水问题;等等。工程地质问题,除与建筑工程类型有关外,尚与一定的土和岩石的类型有关,如黄土的湿陷问题,软土的强度问题,岩石的风化和构造裂隙的破坏问题,等等。

0.2　工程地质在土木工程中的作用

0.2.1　建筑场地与地基的概念

(1)建筑场地的概念

建筑场地是指工程建设所直接占有并直接使用的有限面积的土地,大体相当于厂区、居民点和自然村的区域范围的建筑物所在地。从工程勘察角度分析,场地的概念不仅代表着所划定的土地范围,还应涉及建筑物所处的工程地质环境与岩土体的稳定问题。在地震区,建筑场地还应具有相近的反应谱特性。

(2)建筑物地基的概念

任何建筑物都建造在土层或岩石上。土层受到建筑物的荷载作用就产生压缩变形,为了减少建筑物的下沉,保证其稳定性,必须将墙或柱与土层接触部分的断面尺寸适当扩大,以减小建筑物与土接触部分的压力。建筑物地面以下扩大的这一下部结构,称为基础。由于承受由基础传来的建筑物荷载而使土层或岩层一定范围内原有应力状态发生改变的土层(或岩层),称为地基。地基一般包括持力层和下卧层。直接与基础接触的土层,称为持力层;持力层下部的土层,称为下卧层;若下卧层承载力小于持力层承载力的,则称为软弱下卧层。地基在静动荷载作用下要发生变形,变形过大会危害建筑物的安全,当荷载超过地基承载力时,地基强度便遭到破坏而丧失稳定性,致使建筑物不能正常使用。因此,地基与工程建筑物的关系更为直接、更为具体。为了建筑物的安全,必须根据荷载的大小和性质给基础选择可靠的持力层。当上层土的承载力大于下卧层时,一般取上层土作为持力层,以减小基础的埋深;当上层土的承载力低于下层土时,若取下层土为持力层,则所需的基础底面积较小,但埋深较大;若取上层土为持力层,情况则相反。选取哪一种方案,需要综合分析、比较后才能决定。

(3)天然地基、软弱地基和人工地基

未经加固处理、直接支承基础的地基称为天然地基。

若地基土层主要由淤泥、淤泥质土、松散的沙土、冲填土、杂填土或其他高压缩性土层所构成,则称这种地基为软弱地基。由于软弱地基土层压缩模量很小,在荷载作用下产生的变形很大,因此必须确定合理的建筑措施和地基处理方法。

若地基土层较软弱,建筑物的荷载又较大,地基承载力和变形不能满足设计要求时,需对地基进行人工加固处理,这种地基称为人工地基。

地基是否具有支承建筑物的能力,常用地基承载力来表达。地基承载力是指地基所能承受由建筑物基础传递来的荷载的能力。要确保建筑物地基稳定和满足建筑物使用要求,地基与基础设计必须满足两个基本条件:①要求作用于地基的荷载不超过地基的承载能力,保证地基具有足够的防止整体破坏的安全储备;②控制基础沉降使之不超过地基的变形容许值,保证建筑物不因地基变形而损坏或影响其正常使用。良好的地基一般具有较高的强度和较低的压缩性。工程地质勘察报告中必须提供建筑场地岩土层的地基承载力值。

0.2.2　工程地质在土木工程中的作用

任何工程建筑物都是营造在一定的场地与地基之上,所有工程建设方式、规模和类型都受建筑场地的工程地质条件所制约。地基的好坏不仅直接影响到建筑物的经济和安危,而且一旦出事故,处理比较难。因此,在设计每一个建筑物之前,必须进行场地与地基的岩土工程勘察,充分了解建筑场地与地基的工程地质条件,论证和评价场地、地基的稳定性和适宜性、不良地质现象、软弱地基处理与加固等岩土工程的技术决策和实施方案。实践经验证明,岩土工程勘察工作做得好,设计、施工就能顺利进行,工程建筑的安全运营就有保证;相反,忽视建筑场地与地基的岩土工程勘察,都会给工程带来不同程度的影响,轻则修改设计方案、增加投资、延误工期,重则使建筑物完全不能使用,甚至突然破坏,酿成灾害。当前国际国内都存在这样一个问题:重大工程建设中出现的灾害性事故,与工程地质有关的比例越来越大,除与工程地质勘察工作深度不够和质量不高外,还与设计、施工对工程地质勘察资料认识不足,设计方案、施工措施与地质条件针对性不强有关。工程实践中,地基基础事故较其他事故多见。不少地区已有不经勘察而盲目进行地基基础设计和施工而造成工程事故的实例,例如,某市东园 1 号商品房,建成 7 年后,因地基严重不均匀沉降,造成房屋严重裂缝和倾斜,住户不能安全使用,于 1996 年予以拆除重建。但更常见的是,贪快图省,勘察不详,结果反而延误建设进度,浪费大量资金,甚至遗留后患,例如,某市房地产开发公司×号商住楼,于 1993 年 12 月竣工交付使用,在交付使用半年后,出现了较大的基础不均匀沉降现象,最大沉降量达 200 mm,致使从基础到屋面产生多处裂缝,造成重大质量事故。1996 年 3 月经有关专家小组论证采取地基加固,主体加固补强的方案。经有关方面专家的多次鉴定论证,该事故造成的主要原因有以下几方面:

(1)勘察方面

该楼地基平面上分布有 3 个溶洞,洞中软黏土分布不均,最厚达 20 m。灰岩地区(岩溶地区)的工程地质勘察工作,必须查明溶洞的深度和分布范围,并查清洞内土质的物理化学指标和地下水情况,而在该楼房的地基压缩层内,上述勘察要求没有达到。在已有的资料中表明,较稳定的②~④层地基上覆层仅 2.5~4.8 m,下卧层为高压缩性软黏土,厚度不均,且局部缺失,勘察未明确溶洞准确边界线以及软黏土的各项物理力学指标,给设计取值上造成一定的困难,而厚薄不均的软黏土的压缩沉降是该建筑物产生不均匀沉降的主要原因。

(2)设计方面

设计中对勘察资料分析不足,对建筑物地基下存在的软弱下卧层变形验算不够精确,建筑物结构选型不够合理,建筑物长为 64.24 m,采用素混凝土基础及钢筋混凝土基础,建筑物纵向刚度不理想,同时在地基不均匀的情况下未充分考虑解决不均匀沉降问题。

(3)环境影响

在楼房竣工半年后距楼房南侧 6 m 处因封门溪改造开挖了一条截面 5.5 m×6 m 的小河,该河床底标高低于基础底标高 1.5 m 左右,河水位低于基础地下水位,平时有浑水从溪的砌石护坡上的排水管中流出,出现地基中细小颗粒被水带走的现象,这加速了地基的变形,致使该楼在河道改建后短期内不均匀沉降现象迅速加剧。另外,在建筑物完成半年后,解放南路开始修建,同时在房屋四周回填了约 3 m 高的填土,这增加了基础的附加应力,也加速了地基的变形。

0.3　工程活动与地质环境

人类的工程活动都是在一定的地质环境中进行的,两者之间有密切的关系,并且是相互影响、相互制约的。

工程活动的地质环境,亦称为工程地质条件。地质环境对工程活动的制约是多方面的,它可以影响工程建筑的工程造价与施工安全,也可以影响工程建筑的稳定和正常使用。例如,在开挖高边坡时,忽视地质条件,可能引起大规模的崩塌或滑坡,不仅增加工程量,延长工期和提高造价,甚至危及施工安全。又如,在岩溶地区修建水库,如不查明岩溶情况并采取适当措施,轻则蓄水大量漏失,重则完全不能蓄水,使建筑物不能正常使用。

工程活动也会以各种方式影响地质环境。如房屋引起地基土的压密沉降,桥梁使局部河段冲刷淤积发生变化。在城市过量抽吸地下水,可能导致大规模的地面沉降。例如,美国内华达州 Las Veagas 城地面沉降灾害,早在 1905 年就开始抽取地下水供水,进行地面沉降观测研究已有 60 多年的历史,自 1935 年起开展地面沉降观测,至 20 世纪 90 年代地面沉降影响范围已达 1 030 km²,抽取地下水量超过地下水的补给量,导致地面逐年下沉。地面沉降及伴生的地裂缝和断层活动一起构成了 Las Vegas 城市地区严重的环境工程地质问题,且已形成灾害,其中最突出的是各类地面建筑物损坏,井管折断,部分给排水管道和煤气管道切断。尤其是20世纪80年代至90年代的近10年建筑物损坏数量显著增加,特别是处于断层和地裂缝带部位或相邻地段的建筑物损坏更为严重。据统计这10年中直接经济损失达1 200万美元。而且在这些城区,地下水往往受到污染,地下水的污染除人工废弃物的直接污染外,还包含人类工程活动,如地下水开采、回灌等引起的来自自然环境中不良作用的污染。在斯里兰卡对研究Kandt地区的深层地下水开采条件下的水化学特征变化时,发现存在开采层外高矿化水入渗污染的可能性。而大型水库对地质环境的影响,则往往超出局部场地的范围而波及广大区域。在平原地区可能引起大面积的沼泽化,在黄土地区可能引起大范围的湿陷,在某些地区还可能产生诱发地震。

0.4　本课程的研究方法、任务和学习要求

工程地质学的研究对象是复杂的地质体,其研究方法应是地质分析法与力学分析法、工程类比法与实验法等的密切结合,即通常所说的定性分析与定量分析相结合的综合研究方法。要查明建筑区工程地质条件的形成和发展,以及它在工程建筑物作用下的发展变化,首先必须以地质学和自然历史的观点分析研究周围其他自然因素和条件,了解在历史过程中对它的影响和制约程度,这样才有可能认识它形成的原因和预测其发展趋势和变化,这就是地质分析法,它是工程地质学基本研究方法,也是进一步定量分析评价的基础。对工程建筑物的设计和运用的要求来说,光有定性的论证是不够的,还要求对一些工程地质问题进行定量预测和评价。在阐明主要工程地质问题形成机制的基础上,建立模型进行计算和预测,例如地基稳定性分析、地面沉降量计算、地震液化可能性计算等。当地质条件十分复杂时,还可根据条件类似地区已有资料对研究区的问题进行定量预测,这就是采用类比法进行评价。采用定量分析方法论证地质问题时都需要采用实验测试方法,即通过室内或野外现场试验,取得所需要的岩土的物理性质、水理性质、力学性质数据。通过长期观测地质现象的发展速度也是常用的试验方法。综合应用上述定性分析和定量分析方法,才能取得可靠的结论,对可能发生的工程地质问题制订出合理的防治对策。

我国地域辽阔,自然条件复杂,在工程建设中常常遇到各种各样的自然条件和地质问题,如康藏公路、青藏公路、天山公路等长大干线,以及三峡工程都是以地质条件复杂著称于世。为各类工程(公路、矿山、水利水电、工业与民用建筑等)服务的工程地质,均有其自己的特点。作为土木工程师,务必重视场地和地基的勘察工作,对勘察内容和方法有所了解,以便正确地向勘察部门提出勘察任务和要求。为此,必须具备一定的工程地质的科学知识,并学会分析和使用工程地质勘察报告,只有这样才能正确处理工程建设与自然地质条件的相互关系,才能正确运用勘察数据和资料进行设计和施工。

本课程是土木工程专业的一门技术基础课,它结合我国自然地质条件和公路、桥梁与隧道、房屋建筑工程的特点,为学习专业和开展有关问题的科学研究,提供必要的工程地质学的基础知识;同时,通过一些基本技能的训练,懂得搜集、分析和运用有关的地质资料,并正确运用勘察数据和资料进行设计和施工,对一般的工程地质问题能进行初步评价和采取处理措施。学习本课程最重要的是学会具体问题具体分析。

第 1 章
岩石及其工程地质性质

人类的工程建筑活动是在地表或在地壳浅部的一定地质环境中进行的,任何工程建筑都是修建在岩土体之上(地上建筑物,如房屋、水坝、道路、桥梁等)或岩土体之中(地下建筑物,如隧道、地下厂房、地下道路等)的,前者将岩土体作为地基,后者将岩土体作为修建环境。因此,研究岩石和土的工程地质性质是工程地质学的一个重要任务。本章将叙述岩石的有关问题,关于土的内容将在第 3 章中阐述。

1.1 岩石的组成物质——矿物

所谓岩石(rock),是指经地质作用形成的由矿物或岩屑组合而成的集合体。地壳是由岩石组成的,大部分地区地表面被松散堆积物(即土)覆盖,但在山崖或河岸石壁上能够裸露出来。岩石是人类最早利用的自然资源。有的岩石是由一种矿物组成的单矿岩(monomineralic rock),如纯洁的大理岩由方解石组成;有的岩石是由岩屑或矿屑组成的碎屑岩(clastic rock),如火山碎屑岩;而大多数岩石是由两种以上的矿物组成的复矿岩(polymineralic rock),如花岗岩由长石、石英等组成。

自然界岩石种类繁多,根据其成因可分为岩浆岩(火成岩)、沉积岩和变质岩三大类。由于岩石是由矿物组成的,所以要认识岩石、分析岩石在各种条件下的变化,进而对岩石的工程地质性质进行评价,就必须从矿物讲起。

1.1.1 矿物的概念

矿物(mineral)是地质作用形成的天然单质或化合物,它具有一定的化学成分和物理性质。由一种元素组成的矿物称为单质矿物,如自然金(Au)、自然铜(Cu)、金刚石(C)等;大多数矿物是由两种或两种以上的元素组成的化合物,如岩盐(NaCl)、方解石($CaCO_3$)、石膏($CaSO_4 \cdot 2H_2O$)等。矿物绝大多数是无机固态,也有少数呈液体状态(如水、自然汞)和气态(如水蒸气、氦)以及有机物。固体矿物按其内部构造分为结晶质矿物和非结晶质矿物。结晶质矿物(crystalline mineral)是指矿物不仅具有一定的化学成分,而且组成矿物的质点(原子或离子)按一定方式作规则排列,并可反映出固定的几何外形。具有一定的结晶构造和一定几何形状的固体称为晶体(crystall),如岩盐是由钠离子和氯离子按立方体格子式排列(图1.1)。非结晶质矿物(amorphous mineral)是指组成矿物的质点不按规则排列,因而没有固定形状,如蛋白石($SiO_2 \cdot nH_2O$)。自然界中的绝大多数矿物是结晶质,非结晶质随时间增长可自发转变为结晶质。

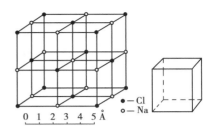

图 1.1　岩盐的内部结构和晶体

自然界中的矿物虽然外形奇异、色彩缤纷,但由于矿物具有一定的化学成分和结晶构造,就决定了它们具有一定的形态特征和物理化学性质,人们常常用形态特征和物理化学性质来识别矿物。例如,上述自然金,它具有粒状或块状等不规则外形、金黄色、不透明、硬度小、重度大、化学性质稳定、延展性强,而岩盐呈立方体或粒状集合体,纯净者无色透明、有咸味、重度小、易溶于水等。

矿物是组成地壳的基本物质,由矿物组成岩石或矿石。自然界中至今已发现的矿物有3 000多种,目前被利用的只有200余种。随着科学技术的发展,可利用矿物的数量将会越来越多。

由于国防、半导体、电子工业以及空间技术的飞速发展,某些天然矿物,尤其是晶体的产量已经远远不能满足需求。20 世纪 60 年代以来,人工合成矿物(晶体)的研究与生产迅猛发展。人工方法获得的某些与天然矿物相同或类同的单质或化合物,称为"合成矿物"或"人造矿物",如人造金刚石、人造水晶、人造云母、人造宝石等。此外,地球上还有少量来自其他天体的天然单质或化合物,称为"宇宙矿物"。

1.1.2　矿物的物理性质

矿物的物理性质,取决于矿物的化学成分和内部构造。由于不同矿物的化学成分或内部构造不同,因而反映出不同的物理性质。矿物的物理性质有形态、颜色、硬度、解理、光泽、断口、条痕、透明度和重度等。矿物的物理性质特征是鉴别矿物的重要依据。

(1)矿物的形态

形态是矿物的重要外表特征,它与矿物的化学成分和内部结构以及生长环境有关,是鉴定矿物和研究矿物成因的重要标志之一。

矿物呈单体出现时,由于晶体的习性使它常具有一定的外形,有的形态十分规则。例如,岩盐是立方体,磁铁矿是八面体,石榴子石是菱形十二面体(图1.2),云母呈六方板状或柱状,水晶呈六方锥柱状。

图 1.2　矿物的几种外形

矿物单体的形态虽然多种多样,但归纳起来可分为 3 种类型:

①一向延伸　晶体沿一个方向特别发育,呈柱状、针状或纤维状晶形,如石英、辉锑矿、纤维石膏等。

②二向延伸　晶体沿两个方向特别发育,呈片状、板状,如云母、石膏等。

③三向延伸　晶体沿三个方向发育大致相同,呈粒状,如黄铁矿、磁铁矿等。

矿物集合体(aggregate)是指同种矿物多个单晶聚集生长的整体外观,其形态不固定,常见的有:粒状集合体,如磁铁矿;鳞状集合体,如云母;鲕状或肾状集合体,如赤铁矿;放射状集合体,如红柱石(形如菊花又称"菊花石");簇状集合体,如石英晶簇。

自然界产出的矿物晶体多半发育不好,完整的矿物晶体是比较少见的。应当指出,矿物是否结晶与是否具有规则外形是两个概念。矿物晶粒常常挤在一起生长,使晶体不能发育成良好的晶形。只有当矿物在地质作用过程中有足够的空间和时间让其自由发育,方能形成良好的晶体。有些矿物化学成分相同,如石墨和金刚石都由元素碳(C)组成,由于它们所受地质作用性质不同,则形成的晶体结构不同,也就成为不同的矿物了。因此,矿物形态是识别矿物的重要依据之一。有些矿物的化学成分不同,如岩盐和黄铁矿,但都可呈立方体产出,可见矿物的形态又不是识别矿物的唯一依据。

(2)矿物的颜色和条痕

矿物的颜色(color)是矿物对入射可见光中不同波长光线选择吸收后,透射和反射的各种波长光线的混合色。矿物因本身固有的化学成分中含有某些色素离子而呈现的颜色,称为自色。如:Mn^{4+},呈黑色;Mn^{2+},呈紫色;Fe^{3+},呈樱红色或褐色;Cu^{2+},呈蓝色或绿色;等等。矿物的颜色自古引人注目,许多矿物就是以其颜色而得名。如黄铁矿(铜黄色)、赤铁矿(红色,又名红铁矿)、孔雀石(翠绿色)、褐铁矿(褐色)等。不透明的金属矿物颜色比较固定,而某些透明矿物常因含有杂质或因风化而出现其他颜色。如不含杂质的水晶是无色透明的,因含杂质呈现红色、紫色、黄色、烟色等。新鲜黄铁矿呈铜黄色,经风化后呈暗褐色。

矿物粉末的颜色称为矿物的条痕(streak)。一般是看矿物在白色无釉的瓷板上划出的线条的颜色。矿物的条痕色比矿物表面颜色更固定,如赤铁矿块体表面可呈现红、钢灰色,但条痕总是樱桃红色,因而更具有鉴定意义。

(3)矿物的光泽

矿物表面反射光线的特点称为光泽(luster)。根据矿物新鲜平滑面上反射光线的情况将光泽分为:

①金属光泽(metallic luster)　矿物表面反光最强,犹如光亮的金属器皿表面,如方铅矿、黄铁矿。

②半金属光泽(submetallic luster)　类似金属光泽,但较为暗淡,像没有磨光的铁器,如赤铁矿、磁铁矿。

③非金属光泽(nonmetallic luster)　不具金属感的光泽。可分为:a.金刚光泽,矿物反射光较强,像金刚石那样闪亮耀眼,如金刚石、闪锌矿等;b.玻璃光泽,反光较弱,像玻璃的光泽,如水晶、萤石等。

上述光泽都是指矿物的光滑表面(晶面或解理面)上的光泽而言。倘若矿物表面不平坦或为集合体的表面或解理发育引起的光线折射、反射等,均可出现以下特殊光泽:

①珍珠光泽　光线在解理面间发生多次折射和内反射,在解理面上呈现珍珠一样的光泽,如云母等。

②丝绢光泽　纤维状或细鳞片状矿物,由于光的反射相互干扰,形成丝绢般的光泽,如纤

维石膏和绢云母等。

③油脂光泽　矿物表面不平,致使光线散射,如石英断口上呈现的光泽。

④蜡状光泽　像石蜡表面呈现的光泽,如蛇纹石、滑石等致密块状矿物表面的光泽。

⑤土状光泽　矿物表面暗淡如土,如高岭石等松散细粒块体矿物表面所呈现的光泽。

(4)矿物的解理与断口

矿物受力后沿一定方向规则裂开的性质称为解理(cleavage)。裂开的面称为解理面(cleavage plane)。如菱面体的方解石被打碎后仍然呈菱面体(图 1.3),云母可揭成一页一页的薄片。矿物中具有同一方向的解理面算一组解理,如方解石有三组解理,长石有两组解理,云母只有一组解理。各种矿物解理发育程度不一样,解理面的完整程度也不相同。按解理面的完好程度解理可分为:

①极完全解理　极易劈开成薄片,解理面大而完整、平滑光亮,如云母。

②完全解理　常沿解理方向开裂成小块,解理面平整光滑,如方解石。

③中等解理　既有解理面又有断口,如正长石。

④不完全解理　常出现断口,解理面很难出现,如磷灰石。

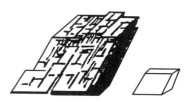

图 1.3　方解石的解理

矿物受力破裂后,不具方向性的不规则破裂面称为断口(fracture)。常见的有贝壳状断口(如石英)、参差状断口(如黄铁矿)、锯齿状断口(如自然铜、石膏等)等。

矿物解理的完全程度与断口是相互消长的。解理完全时,则不显断口;反之,解理不完全或无解理时,则断口显著。

解理是矿物的一个重要鉴定特征。矿物解理的发育程度,对岩石的力学性质会产生重要的影响。

(5)矿物的硬度

矿物抵抗外力刻画、压入、研磨的能力,称为硬度(hardness)。通常是指矿物相对软硬程度。如用两种矿物相互刻画,受伤者硬度小。1824 年,德国矿物学家德里克·摩斯(Friedrich Mohs)选择 10 种软硬不同的矿物作为标准,组成 1~10 度的相对硬度系列,称为"摩氏硬度计"。见表 1.1。

表 1.1　摩氏硬度计

1 度	滑　石	6 度	正长石
2 度	石　膏	7 度	石　英
3 度	方解石	8 度	黄　玉
4 度	萤　石	9 度	刚　玉
5 度	磷灰石	10 度	金刚石

将需要鉴定硬度的矿物与表中矿物相互刻画即可确定其硬度,如需要鉴定的矿物能刻画长石但不能刻画石英,而石英可以刻画它,则它的硬度可定为 6.5 度。

在野外,常利用指甲(硬度2.5度)、小刀(硬度5.5度)、玻璃片(硬度6.5度)来粗测矿物硬度,区分许多外观相似的矿物。

图1.4 冰洲石的重折射现象

矿物表面因风化会使硬度降低,因而在测试矿物硬度时应在矿物单体的新鲜面上进行。

(6)矿物的其他性质

矿物的相对密度、透明度、磁性、放射性等对鉴定某些矿物是很重要的。例如,磁铁矿和赤铁矿,用磁铁极易区分;方解石和重晶石,可以利用相对密度来区分;无色透明的冰洲石,可以利用其特殊的重折射现象来鉴别,如图1.4所示。

1.1.3 矿物的化学类型

每种矿物都有一定的化学成分,根据矿物的化学成分可分为单质矿物、化合物和含水化合物。

(1)单质矿物

单质矿物基本是由一种自然元素组成,如金、石墨、金刚石等,在自然界中这样的矿物数量不多。

(2)化合物

自然界的矿物绝大多数都是化合物,按其组成可分为:成分相对固定的和成分可变的。成分相对固定包括简单化合物、络合物、复化物;成分可变的主要由类质同象引起的,成分在一定范围内或以任一比例发生变化。类质同象是指在结晶格架中,性质相近的离子相互顶替的现象。

①简单化合物,如岩盐($NaCl$)、石英(SiO_2)、刚玉(Al_2O_3)。

②络合物,如方解石($CaCO_3$)、硬石膏($CaSO_4$)。

③复化物,如铬铁矿($FeCr_2O_4$)、白云石($CaMg(CO_3)_2$)。

④成分可变的,如橄榄石($(Mg,Fe)_2[SiO_4]$,Mg含量高,Fe顶替前者),黑钨矿($(Fe,Mn)[WO_4]$)。

⑤含水化合物,一般指含有 H_2O 和 OH^-、H^+、H_3O^+ 离子的化合物,可分为吸附水和结构水两类;前者如蛋白石,为一种含不固定胶体水的矿物,化学式为 $SiO_2 \cdot nH_2O$,后者如石膏,为含结晶水的矿物,化学式为 $CaSO_4 \cdot 2H_2O$,黏土矿物之一胶岭石为含介于结晶水和吸附水之间过渡性质的水的矿物,化学式为 $Mg_3(OH)_4[Si_4O_8(OH)_2] \cdot nH_2O$,黏土矿物之一的高岭石为含有狭义水的矿物,化学式为 $Al_4[Si_4O_{10}](OH)_8$。

另外,还有同质多象的矿物,如石墨和金刚石;由一种物质的微粒分散到另一种物质中的不均匀的分散体系形成的胶体矿物,如 $Fe(OH)_2$、$Al(OH)_3$。

1.1.4 常见的造岩矿物

(1)单质矿物

①石墨(C) 通常为鳞片状、片状或块状集合体。铁黑色或钢灰色,条痕色为黑灰色,晶

体具有强金属光泽,块状体光泽暗淡,不透明。有一组极完全解理,硬度为 1~2,薄片具有挠性,相对密度为 2.09~2.23。具有滑腻感,高度导电性,耐高温。化学性质稳定,不溶于酸。石墨多在高温低压条件下的还原作用中形成,见于变质岩中;一部分由煤炭变质而成。石墨可制坩埚、电极、铅笔、防锈涂料、铸铁模型,以及在原子能工业中用做减速剂。我国主要的产地有山东、黑龙江、内蒙古、吉林、湖南等省区。

②金刚石(C)　晶体类似球形的八面体或六八面体(图 1.5)。无色透明,含杂质为黑色(黑金刚),强金属光泽。硬度为 10,解理完全,性脆。相对密度为 3.47~3.56,紫外线下发荧光。具高度的抗酸碱和抗辐射性。金刚石多产于金伯利岩中,含金刚石的岩石风化后形成砂矿。透明金刚石琢磨后称钻石,不纯金刚石用

图 1.5　金刚石晶体

于钻探、研磨等。目前,金刚石还用于红外、微波、激光、三极管、高灵敏度温度计等。产地以非洲扎伊尔、南非金伯利为著名的金刚石产地,我国的山东、辽宁、湖南、贵州、西藏均发现原生金刚石或金刚石砂矿。

(2)硫化物类矿物

①辉铜矿(Cu_2S)　一般呈块状、粒状集合体,完好的晶体少见。铅灰色至黑色(表面有时具有翠绿色或天蓝色小斑),条痕为黑灰色,金属光泽,风化面常有一层无光被膜,不透明。硬度为 2~3,结理不清楚,稍具延展性,相对密度为 5.5~5.8。辉铜矿大部分是原生硫化物氧化分解再经还原作用而成的次生矿物,含铜成分高,它是最重要的炼铜矿石。我国云南东川铜矿中有大量的辉铜矿。

②方铅矿(PbS)　晶体常为六面体或六面体与八面体的聚形(图 1.6)。一般呈致密块状或粒状集合体,铅灰色,条痕黑灰色,金属光泽,不透明。硬度为 2.5~2.75,三组立方解理完全,性脆,相对密度为 7.4~7.6。方铅矿是最重要的铅矿石,因其中常含银,故也是重要的炼银矿石。我国湖南长宁县水口山为知名产地,云南兰坪、广东凡口、青海锡铁山等地发现特大型矿床。

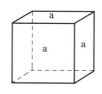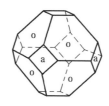

图 1.6　方铅矿晶体(a—六面体;o—八面体)

③闪锌矿(ZnS)　一般多呈致密块状或粒状集合体。浅黄、黄褐至铁黑色(与铁的含量有关),条痕色较矿物色浅,呈浅黄或浅褐色。新鲜解理面呈金刚光泽,深色闪锌矿呈半金属光泽,浅色闪锌矿呈松脂光泽。浅色矿物呈半透明,深色呈不透明。硬度为 3.5~4,六组完全解理,性脆,相对密度为 3.9~4.1。闪锌矿为最重要的锌矿石,其中常含镉、铟、镓等类质同象元素,故是有价值的稀有元素矿物。闪锌矿常与方铅矿共生,我国产地以云南金顶、广东凡口、青

海锡铁山等最为著名。

④辰砂(HgS)　晶形为细小厚板状或菱面体,多呈粒状、致密块体或粉末被膜。朱红色,条痕色与之相同,新鲜晶面呈金刚光泽,半透明。硬度为2~2.5,三组解理完全,性脆。相对密度为8.09~8.20。辰砂是重要的炼汞矿物,我国主要产地为湘、贵、川交接地带,以湖南辰州(今沅陵)最为著名,故名辰砂,又名朱砂。

⑤黄铁矿(FeS_2)　常发育良好的晶体,有六面体、八面体、五角十二面体及其聚形(图1.7)。六面体晶面上有与棱平行的条纹,各晶面上条纹互相垂直;有时呈块状、粒状集合体或结核状。浅黄(铜黄)色,条痕为黑色(带微绿),强金属光泽,不透明。硬度为6~6.5,黄铁矿是硫化物类矿物的最硬的一种,无解理,性脆。相对密度为4.9~5.2。在地表条件下易风化为褐铁矿。黄铁矿是制取硫酸的主要原料。我国产地有广东英德和云浮、安徽马鞍山、甘肃白银、内蒙古。

 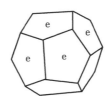 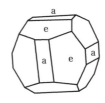

图1.7　黄铁矿晶体(a—六面体　e—五角十二面体)

⑥黄铜矿($CuFeS_2$)　完好晶体少见,多呈致密块状或分散粒状。金黄色(表面常有锈色),条痕黑色(带微绿),金属光泽,不透明。硬度为3.5~4,解理不清楚,性脆,相对密度为4.1~4.3。黄铜矿是主要的炼铜矿物。黄铜矿在氧化及还原条件下极易变成其他次生铜矿,如孔雀石、蓝铜矿、辉铜矿、斑铜矿等。我国主要产地有甘肃白银、山西中条山、长江中下游(如湖北、安徽)、云南东川、内蒙古、黑龙江等省区。

(3)氧化物及氢氧化物类矿物

①赤铁矿(Fe_2O_3)　赤铁矿可分为两类:一类为镜铁矿,晶体多为板状、叶片状、鳞片状及块状集合体。钢灰色至铁黑色,条痕为樱红色,金属光泽,不透明;硬度为2.5~6.5,性脆;相对密度为5.0~5.3;无磁性;主要产于接触变质带。另一类为沉积型赤铁矿,呈鲕状、肾状、块状或粉末状;暗红色,条痕色为樱红色,半金属或暗淡光泽,硬度较小;沉积型赤铁矿主要产于沉积岩中。赤铁矿是最重要的铁矿石之一,赤铁矿粉可用于红色涂料、红色铅笔。我国产地有辽宁鞍山、甘肃镜铁山、湖北大冶、湖南宁乡、河北宣化和龙关等地。

②磁铁矿($FeO \cdot Fe_2O_3$)　晶体常为小八面体,有时为菱形十二面体(图1.8)。通常呈粒状或块状集合体。铁黑色,条痕色为黑色,金属或半金属光泽,不透明。硬度为5.5~6,解理不清楚,性脆。相对密度为4.9~5.2。具有强磁性。磁铁矿形成于还原条件下,多产于岩浆活动或变质作用有关的矿床和岩石中。磁铁矿是最重要的铁矿石之一,其中铁与钒、钛发生类质同象,钒、钛含量多时称为钒钛磁铁矿,我国四川攀枝花即为大型的钒钛磁铁矿。

③褐铁矿($FeO(OH) \cdot nH_2O$)　褐铁矿是氢氧化铁、含水氧化铁等隐晶矿物和胶体矿物集合体的总称。成分不纯,水含量变化大,一般呈致密块状、粉末状或钟乳状、葡萄状,黄褐色、黑褐色至黑色,条痕为黄褐色(铁锈色),半金属或土状光泽,不透明。硬度为4~5.5,风化后硬

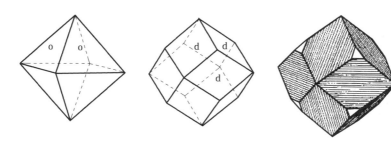

图 1.8 磁铁矿晶体(o—八面体 d—菱形十二面体)

度小于 2,可染手,相对密度为 2.7~4.3。褐铁矿多为含铁胶体溶液在地质时代的湖海沉积而成,或者是含铁矿物的风化产物。褐铁矿用于炼铁或褐色颜料。

④石英(SiO_2) 石英有多种同质多象体,常见石英多为六方柱及菱面体聚形,柱面上有明显的横纹。岩石中石英常呈无晶形的粒状,晶洞中常形成晶簇。无色透明的晶体为水晶,含锰为紫水晶,含有机质为烟水晶,含铁锰为蔷薇石英(又称芙蓉石)。具玻璃光泽,透明至半透明,硬度为 7,无解理,贝壳状断口,性硬,相对密度为 2.5~2.8。由胶体沉积的隐晶质矿物,白色、灰白色称为玉髓,白、灰、红等不同颜色组成同心层状或平行条带状者为玛瑙,不纯净、红绿各色称为碧玉,黑、灰各色称为燧石,此类矿物呈脂肪或蜡状光泽,半透明,贝壳状断口。硬度较低、具珍珠、蜡状光泽、含水的矿物,称为蛋白石。石英类矿物化学性质稳定,不溶于酸(氢氟酸除外)。石英占地壳质量的 12.6%,是重要的造岩矿物。石英用于制造光学器皿,精密仪器的轴承,钟表的"钻石",石英砂可用于研磨材料、玻璃、陶瓷等工业原料。

(4)含氧盐类矿物

1)硅酸盐类矿物

①正长石($K_2O \cdot Al_2O_3 \cdot 6SiO_2$) 正长石又名钾长石,晶体为板状或短柱状(图 1.9)。肉红色、浅黄色、浅黄白色,玻璃或珍珠光泽,半透明。硬度为 6,有两组直交的解理,故名正长石,相对密度为 2.56~2.58。正长石是花岗岩类及变质岩类的重要造岩矿物,易风化成高岭土等,用于陶瓷、玻璃工业。

②斜长石($Na_2O \cdot Al_2O_3 \cdot 6SiO_2$、$CaO \cdot Al_2O_3 \cdot 6SiO_2$) 斜长石是由钠长石和钙长石组成的类质同象混合物,细柱状或板状晶体(图 1.10),在晶面或解理面上可见到细而平行的双晶纹,在岩石中多为板状、细柱状颗粒。白至灰白色,或浅蓝、浅绿,玻璃光泽,半透明。硬度为 6~6.5,两组解理斜交(86°左右),相对密度为 2.60~2.76。斜长石比正长石更易风化成高岭土、铝土等。斜长石中钠长石是陶瓷、玻璃工业的原料。斜长石、正长石及其各种变种,统称长石类矿物。按质量计算,约占地壳质量的 50%,是分布最广和第一重要的造岩矿物。

③橄榄石((Mg,Fe)$_2$[SiO_4]) 晶体扁柱状(图 1.11),在岩石中呈分散颗粒或粒状集体。橄榄绿色,玻璃光泽,透明至半透明。硬度为 6.5~7,解理中等或不完全解理,性脆。相对密度为 3.3~3.5,橄榄石是岩浆中早期结晶的矿物,是基性岩和超基性火成岩的重要造岩矿物,不与石英共生,在地表极易风化成蛇纹石。

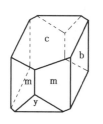
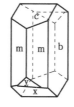

图 1.9　正长石晶体

（m—斜方柱　b,c,x,y—平行双面）

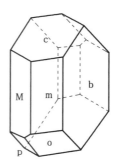

图 1.10　钠长石晶体

（各符号皆为平行双面）

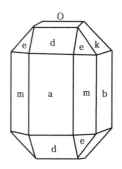

图 1.11　橄榄石晶体

（m,d,k—斜方柱

a,b,c—平行双面

e—斜方双锥）

④普通辉石（$(Ca,Na)(Mg,Fe,Al)[(Si,Al)_2O_6]$）　晶体短柱状,横剖面近八边形（图 1.12）,在岩石中常为分散粒状或粒状集合体。绿黑色至黑色,条痕为浅灰绿色,玻璃光泽（风化面暗淡）,近不透明。硬度为 5~6,两组解理近于直交,相对密度为 3.23~3.52。普通辉石是火成岩的重要造岩矿物,在地表易风化分解。

⑤普通角闪石（$Ca_2Na(Mg,Fe)_4(Al,Fe)[(Si,Al)_4O_{11}]_2[OH]_2$）　晶体多为长柱状,横剖面近六边菱形（图 1.13）,在岩石中为分散柱状、粒状或及其集合体。绿黑色至黑色,条痕为灰绿色,玻璃光泽（风化面暗淡）,近不透明。硬度为 5~6,两组解理相交呈 124°,相对密度为 3.1~3.4。普通角闪石是火成岩的重要造岩矿物,有时见于变质岩中,在地表易风化分解。

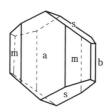

图 1.12　普通辉石晶体

（右图为横剖面及解理）

（m,s—斜方柱　a,b—平行双面）

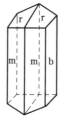
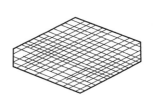

图 1.13　普通角闪石晶体

（m,r—斜方柱　b—平行双面）

⑥云母　假六方柱状或板状晶体,通常呈片状、鳞片状,玻璃及珍珠光泽,透明或半透明,硬度为 2~3,单向最完全解理,薄片具有弹性,相对密度为 2.7~3.1,具有高度不导电性。云母是重要的造岩矿物,占地壳质量的 3.8%,是重要的绝缘材料。我国产地有内蒙古丰镇、川西丹巴、新疆等。常见种类有:

a.白云母（$KAl_2[AlSi_3O_{10}][OH]_2$）（图 1.14）:无色及白、浅灰绿等色,呈细小鳞片状、具丝绢光泽的异种称为绢云母。

b.金云母（$KMg_3[AlSi_3O_{10}][OH]_2$）:金黄褐色,半金属光泽,多见于火成岩和石灰岩的接

触带。白云母和金云母为电器、电子等工业的重要绝缘
材料。

c.黑云母（$K(Mg,Fe)_3[AlSi_3O_{10}][OH]_2$）：黑褐至黑
色,较白云母易风化分解。

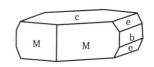

图 1.14　白云母晶体
（M,e—斜方柱　b,c—平行双面）

⑦蛇纹石（$Mg_6[Si_4O_{10}][OH]_8$）　完整晶体少见,一
般呈致密块状、层片状或纤维状集合体。浅黄至深绿
色,常有斑状色纹,有时为浅黄色或近于白色,条痕为白色,脂肪或蜡状光泽,半透明,硬度
为 2.5~3.5,相对密度为 2.5~2.65,稍具滑感。主要由镁矿物（如橄榄石等）在风化带或热
水溶液作用下变质而成。此外,白云岩等与花岗岩等接触,受到热水溶液作用变质而成。
纤维状蛇纹石为温石棉,是石棉的一种。我国石棉产地著名的有青海芒崖、四川石棉县等。

⑧滑石（$Mg_3[Si_4O_{10}][OH]_2$）　一般为致密块状、叶片状集合体。白、浅绿、粉红等色,
条痕色为白色,脂肪或珍珠光泽,半透明。硬度为 1~1.5,单向最完全解理,薄片具有挠性,
相对密度为 2.7~2.8,具滑腻感,化学性质稳定。滑石为典型的热液变质矿物,橄榄石、白云
石等在热水溶液作用下可以产生滑石,常与菱镁矿共生。滑石是耐酸、耐火、绝缘材料,在
橡胶和造纸工业中也用做填料。我国知名产地有辽宁盖平大石桥至海城一带及山东掖县、
蓬莱。

⑨石榴子石（$R''_3R'''_2[SiO_4]_3$　$R''=Ca^{2+},Mg^{2+},Fe^{2+},Mn^{2+};R'''=Al^{3+},Fe^{3+},Cr^{3+},Ti^{3+}$）　石榴
子石成分多种多样,最常见的为铁铝石榴子石及钙铁石榴子石。晶体发育良好,呈菱形十二面
体、四角三八面体,或两者的聚形,形如石榴子（图 1.15）。在变质岩中呈分散粒状或粒状集合
体,呈深红、红褐、棕、绿、黑色等色,玻璃及脂肪（断口）光泽,半透明。硬度为 6.5~7.5,无解
理,性脆。相对密度为 3.5~4.3,化学性质稳定,不易风化。石榴子石是重要的变质矿物,常见
于变质岩中,有的产于火成岩中。因硬度大,化学性质稳定,岩石风化后可形成石榴子石砂。
石榴子石可用于研磨材料（金刚砂）,透明美丽者可作宝石。

⑩红柱石（$Al_2O_3 \cdot SiO_2$）　长柱状晶体,横断面近正方形（图 1.16）,在岩石中呈柱状或放
射状结合体。后者形似菊花,俗称菊花石。灰白色,有时呈浅红色,弱玻璃光泽,半透明。硬度
为 6.5~7.5（风化后降低）,解理清楚,相对密度为 3.16~3.20。柱体中心沿柱体方向常有碳质
黑心,属典型的接触变质矿物,主要为富铝岩石（如页岩、高岭土等）分解再结晶而成。可用于
高级耐火材料。北京西山洪山口菊花石沟及周口店等地皆产之。

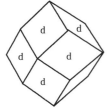 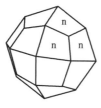

图 1.15　石榴子石晶体
（d—菱形十二面体　n—四角三八面体）

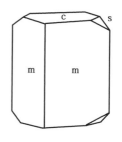

图 1.16　红柱石晶体
（m,s—斜方柱　c—平行双面（底面））

⑪高岭石($Al_2O_3 \cdot 2SiO_2 \cdot 2H_2O$) 一般呈隐晶质、粉末状、土状。白或浅灰、浅绿、浅红等色,条痕白色,土状光泽。硬度为1~2.5,相对密度为2.6~2.63。有吸水性(可黏舌)和水有可塑性。高岭石主要是富铝硅酸盐矿物特别是长石的风化产物,属黏土矿物之一,高岭石及其近似矿物和其他杂质的混合物,统称高岭土。高岭土是制造陶瓷的主要原料,因江西景德镇附近的高岭所产质佳而得名。

2)碳酸盐类矿物

①方解石($CaCO_3$) 晶体为菱面体(图1.17)。集合体常呈块状、粒状、鲕状、钟乳状及晶簇等。无色透明者称为冰洲石,具显著的重折射现象;一般为乳白色,灰、黑色等色,玻璃光泽。硬度为3,三组解理完全。相对密度为2.71,与盐酸反应产生气泡。方解石主要是由碳酸钙溶液或生物遗体沉积而成,是石灰岩的重要造岩矿物,在泉水出口处的方解石沉淀物疏松多孔称为石灰华,在低温条件下形成另一种同质多象体,常呈纤维状、柱状、晶簇状、钟乳状等称为文石(或称霰石)。冰洲石是重要的光学仪器材料。

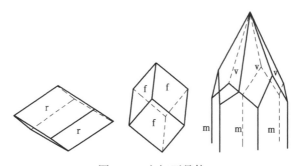

图1.17 方解石晶体
(r,f—菱面体 m—六方柱 v—复三方偏三角面体)

②白云石($CaMg[CO_3]_2$) 晶体常为菱面体,晶面稍弯曲呈弧形,集合体呈块状、粒状,乳白、粉红、灰绿等色,玻璃光泽。硬度为3.5~4,三组解理完全。相对密度为2.8~2.9,与盐酸反应缓慢,白云石主要是在咸化海(含盐量大于正常海)中沉淀而成,或者是普通石灰岩与含镁溶液置换而成。白云石是白云岩的主要造岩矿物,可用于建材、陶瓷、玻璃和耐火材料等。

③孔雀石($CuCO_3 \cdot Cu(OH)_2$)、蓝铜矿($2CuCO_3 \cdot Cu(OH)_2$) 这是两种经常共生的铜矿。形态近似,针状或柱状晶体,集合体呈钟乳状、肾状、被膜状或土状等。晶体成玻璃光泽,半透明。硬度为3.5~4,相对密度为3.8~4,遇酸起泡。孔雀石颜色和条痕色均为翠绿色,蓝铜矿颜色和条痕色为天蓝色。两种矿物由原生铜矿氧化而成的次生矿物,颜色鲜艳,可作为铜矿石,其粉末是上等绿色和蓝色颜料(石绿和石青),质纯色美者可作为装饰品及艺术品。

3)硫酸盐类矿物

①重晶石($BaSO_4$)(图1.18) 晶体为板状、柱状,集合体呈致密块状、板状、粒状,白、浅灰、浅黄、浅红色等色,条痕白色,玻璃光泽,透明至半透明。硬度为2.5~3.5,一般具三组相互垂直的完全解理,相对密度为4.3~4.6。重晶石多为中、低温热液矿脉,也有浅海中沉积而成的。用于钻探、颜料、涂料、药品等。我国产地有广西、湖南、青海、新疆、江西等省区,以及胶东、冀东等地区。

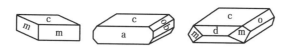

图 1.18　重晶石晶体

（m,d,o—斜方柱　a,b,c—平行双面）

②石膏（$CaSO_4 \cdot 2H_2O$）　晶体常为近菱形板状,有时呈燕尾双晶,集合体为纤维状、粒状。无色透明,或白、浅灰色,晶面为玻璃光泽,纤维状具丝绢光泽,硬度为2,一组最完全解理,薄片具有挠性,相对密度为2.3。石膏主要是干燥气候条件下湖海中的化学沉积物,属于蒸发盐类,可用于水泥、模型、医药、光学仪器等方面。我国产地有湖北应城、湖南湘潭、山西平陆、内蒙古鄂托克旗等地。

4)其他类矿物

①磷灰石（$Ca_5[PO_4]_3[F, Cl]$）　晶体常呈六方柱状（图1.19）,或以微小晶粒散布于各种火成岩中,有时呈块状、粒状集合体或结核状。绿、白、灰、褐色等,条痕白色,晶面具有玻璃光泽,断口油脂光泽,半透明至微透明,硬度为5,解理不完全,相对密度为3.17～3.23,加热发磷光。磷灰石是提取磷及制造磷肥的重要原料。

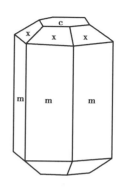

图 1.19　磷灰石晶体

（m—斜方柱　x—六方双锥　c—平行双面(底面)）

②萤石（CaF_2）　晶体为六面体或八面体,或为六面体穿插双晶（图1.20）,一般呈明显解理的致密块状。浅绿、浅紫、紫或白色、无色,条痕白色,玻璃光泽,透明至半透明。硬度为4,四组（八面体）解理完全。相对密度为3.01～3.25,加热发蓝紫色荧光。萤石常呈矿脉产出,与石英、方解石、方铅矿等共生。萤石在冶金工业上用做助熔剂,也是制造氢氟酸的原料,还可用于搪瓷、玻璃、光学仪器以及火箭燃料、原子能工业等方面。我国产地以浙江金华和义乌最为著名。

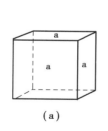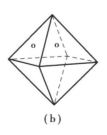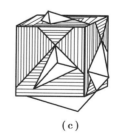

（a）　　　　　　（b）　　　　　　（c）

图 1.20　萤石晶体

（a—六面体　o—八面体　图(c)为萤石的六面体穿插双晶）

③石盐（NaCl）、钾石盐（KCl）　晶体为六面体,多呈粒状或块状,无色透明或浅灰色,玻璃光泽。硬度为2～2.5,三组立方解理完全。石盐相对密度为2.1～2.6,钾石盐相对密度为1.97～1.99。易溶于水。二者是干旱气候条件下内陆湖盆或封闭海盆中化学沉淀产物,属于蒸发盐类。石盐用于食用和化工原料,钾盐为钾肥的重要原料。柴达木盆地的察尔汗盐湖是最大的盐湖,是我国最大的钾盐矿。

常见的矿物及其特征见表1.2。

表 1.2　矿物的基本特征

类别	矿物名称	成分	形态	颜色	条痕	光泽	硬度	相对密度	解理或断口	其他特征	成因、共生矿物、用途
自然元素	石墨	C	片状、块状	钢灰色、铁黑色	黑灰色	金属	1	2.2	一组解理	易污手、有滑感	煤或炭质岩经变质作用生成，常与石榴子石共生，可用于电极、润滑剂，原子反应堆减速器
硫化物	方铅矿	PbS	立方体、粒状、块状	铅灰色	钢色	金属	2~3	7.3~7.6	三组解理	具导电性、检波性	岩浆作用生成，与闪锌矿、黄铜矿、黄铁矿共生，主要用于铅矿石
	闪锌矿	ZnS	粒状为主	浅黄色到铁黑色	黄褐色	半金属	3~4	3.5~4	六组解理	性脆、不导电	岩浆作用生成，与方铅矿、锡石、黄铜矿共生，主要用于锌矿石
	黄铁矿	FeS₂	立方体、粒状、块状	浅铜黄色	绿黑色	金属	6~6.5	4.9~5.2	参差状断口	晶面有平行条纹	岩浆作用、沉积作用、变质作用均可生成，制硫酸的主要原料
	黄铜矿	CuFeS₂	粒状、块状	铜黄色	绿黑色	金属	3~4	4.1~4.3	无解理	导电性强	主要由岩浆作用生成，常与磁铁矿、黄铁矿共生，主要用于铜矿石
卤化物	岩盐	NaCl	立方体、粒状	无色、白色	白色	玻璃	2	2.1~2.2	三组解理	有咸味、吸水性强	盐湖中沉积而成，与石膏、钾盐、方解石共生，食用、制碱、制腐剂、制盐酸等
	萤石（氟石）	CaF₂	粒状、块状	绿、紫、黄色	白色	玻璃	4	3~3.2	四组解理	加热或阴极射线照射后发荧光	岩浆作用生成，可与石英、方解石共生，也可生成金属硫化物共生，用于熔剂

类别	矿物	化学成分	形状	颜色	条痕	光泽	硬度	比重	解理、断口	其他性质	主要成因及用途
氧化物及氢氧化物	石英	SiO_2	双锥柱状、块状	无色、白色	白色	玻璃、油脂	7	2.6	贝壳状断口		主要由岩浆作用生成，广泛分布于地壳中，压电工业、用于无线电工业，在光学、化学、仪表、航空工业上也广泛应用
	赤铁矿	Fe_2O_3	块状、肾状、鲕状	钢灰、铁黑、红褐色	樱红色	半金属	5.5~6	5~5.3	无解理	性脆	岩浆作用、沉积作用、变质作用均可生成，是重要的铁矿石之一
	磁铁矿	Fe_3O_4	块状、粒状	铁黑色、深灰色	黑色	半金属	5.5~6	4.9~5.2	无解理	强磁性	岩浆作用、变质作用均可生成，常与赤铁矿共生，是重要的铁矿之一
	褐铁矿	$Fe_2O_3 \cdot nH_2O$	块状、土状、豆状、蜂窝状	褐色、黑色	淡黄褐色	半金属	1~4	3~4	无解理	许多氢氧化铁和含水氧化物的总称，成分不纯	风化作用生成，含铁高时可用于铁矿石
磷酸盐	磷灰石	$Ca_5[PO_4]_3$ $[F,Cl,\cdots]$	柱状、块状、粒状	白色或各种颜色	白色	玻璃、油脂	5	3.2	参差状断口	性脆	岩浆作用、沉积作用、变质作用均可生成，与石英、黄铁矿共生，可提取磷
硫酸盐	石膏	$CaSO_4 \cdot 2H_2O$	板状、块状、纤维状	白色、浅灰色	白色	玻璃、珍珠	1.5~2	2.3	纤维状石膏断口为锯齿状，板状石膏具一组解理	微具挠度	主要为沉积作用生成，与石盐、光卤石、钾盐共生，塑造模型、水泥原料
	重晶石	$BaSO_4$	板状、块状、粒状	无色、白色、浅红色	白色	玻璃、珍珠	2.5~3.5	4.3~4.7	三组解理	半透明、透明	岩浆作用、沉积作用生成，与方铅矿、方解石共生，用于加重剂等

续表

类别	矿物名称	成 分	形 态	颜 色	条 痕	光 泽	硬 度	相对密度	解理或断口	其他特征	成因、共生矿物、用途
碳酸盐	方解石	$CaCO_3$	菱面状、粒核状、结核状、钟乳状	无色、灰白	白色	玻璃	3	2.7	三组解理	性脆，遇稀盐酸起泡	主要由沉积作用形成，建筑材料，冶金熔剂，冰洲石用于光学仪器材料
	白云石	$CaMg(CO_3)_2$	菱面状、粒状、块状	白色、浅黄色、红色	白色	玻璃	3.5~4	2.9	三组解理	遇热盐酸起泡，遇镁试剂变蓝	湖海沉积形成，用于冶金熔剂，耐火材料，化肥原料
硅酸盐	橄榄石	$(Mg,Fe)_2[SiO_4]$	粒状	橄榄绿色	白色	玻璃	6.5~7	3.3	贝壳状断口	透明	岩浆作用生成，与辉石共生，主要造岩矿物可用于耐火材料，贫铁橄榄岩
	石榴子石	$(Ca,Mg,Fe)_3(Al,Fe)_2[SiO_4]_3$	菱形十二面体、粒状	多种	白色	玻璃、油脂	6.5~7.5	3~4	无解理	半透明，性脆	变质作用生成，典型变质矿物，可作研磨材料，有的可用于宝石
	普通辉石	$Ca(Mg,Fe,Al)[(SiAl)_2O_6]$	短柱状、横切面为八边形	黑绿色	灰绿色	玻璃	5~6	3.2~3.6	二组解理	性脆	岩浆作用生成，常与长石、橄榄石共生，主要造岩矿物
	透辉石	$CaMg[Si_2O_6]$	柱状、粒状、放射状	浅绿、浅灰色	白色	玻璃	5.5~6	3.3	二组解理	性脆	变质作用形成，与石榴子石、硅灰石共生，是矽卡岩的主要造岩矿物
	普通角闪石	$Ca_2Na(Mg,Fe)_4(Fe,Al)[(Si,Al)_4O_{11}][OH]_2$	长柱状、横切面为六边形	暗绿色至黑色	浅绿色	玻璃	5.5~6	3.3~3.4	二组解理	性脆	主要产于岩浆岩中，常与斜长石、石英共生，主要造岩矿物

类	矿物名称	化学成分	形态	颜色	条痕	光泽	硬度	密度	解理	其他	成因及用途
硅酸盐	透闪石	$Ca_2Mg_5[Si_4O_{11}]_2[OH]_2$	柱状、针状、放射状、纤维状	白色、浅绿色	白色	玻璃丝绢	5.5~6	3.0	二组解理		典型的变质作用产物,形成于石灰岩、白云岩与岩浆岩接触带上
	黑云母	$K(Mg,Fe)_3[AlSi_3O_{10}][OH]_2$	短柱状、板状、片状集合体	黑色、褐色、棕色	浅绿色	玻璃珍珠	2~3	3~3.1	一组解理	薄片具弹性	主要由岩浆作用形成,主要造岩矿物,大块黑云母可用于高温防护眼镜
	红柱石	$Al_2[SiO_4]O$	柱状、放射状	浅绿、浅红色	白色	玻璃	7~7.5	3.1~3.2	二组解理	放射状集合体,形菊花状故又名"菊花石"	变质作用生成,用于火材料
	滑石	$Mg_3[Si_4O_{10}][OH]_2$	板状、片状、块状	白色、浅绿、浅红色	白色	玻璃蜡状	1~1.5	2.7~2.8	一组解理		变质作用生成,用于造纸、陶器、橡胶工业
	正长石	$K[AlSi_3O_8]$	柱状、板状	肉红、玫瑰、褐黄色	白色	玻璃	6~6.5	2.6	二组解理	具消感	岩浆作用生成,用于陶瓷、玻璃工业,制钾肥原料
	斜长石	$Na[AlSi_3O_8]-Ca[Al_2Si_2O_8]$	板状、粒状	白色、浓黄色	白色	玻璃	6~6.5	2.7	二组解理	解理面上显条纹	岩浆作用生成,广泛分布于三大岩类中,用于陶瓷工业,雕刻石料
	白云母	$KAl_2[AlSi_3O_{10}][OH]_2$	板状、鳞片状集合体	无色	白色	玻璃珍珠	2~3	2.7~3.1	一组解理	绝缘性能极好	岩浆作用、变质作用生成,广泛分布于三大岩类中,用于电器工业

1.2 岩石的类型及其特征

自然界有各种各样的岩石,根据其成因可分为岩浆岩(火成岩)、沉积岩和变质岩三大类。

1.2.1 岩浆岩

岩浆(magma)是产生于地下的高温熔融体。其成分以硅酸盐为主,还具有数量不等的挥发性成分。岩浆沿着地壳薄弱带侵入地壳或喷出地表,温度降低,最后冷凝形成的岩石,称为岩浆岩(magmatite)。岩浆喷出地表后冷凝形成的岩石,称为喷出岩(extrusive rock);岩浆在地表下冷凝形成的岩石,称为侵入岩(intrusive rock)。在较深处形成的侵入岩,称为深成岩(plutonic rock);在较浅处形成的侵入岩,称为浅成岩(hypabyssal rock)。

(1)岩浆岩的矿物成分

组成岩浆岩的矿物种类很多,其主要矿物有石英、正长石、斜长石、角闪石、辉石、橄榄石及黑云母等。前三种矿物中硅、铝含量高,颜色浅,称为浅色矿物(light-colored mineral);后四种矿物中铁、镁含量高,颜色深,称为暗色矿物(dark-colored mineral)。

岩浆岩的矿物成分是岩浆化学成分的反映。岩浆的化学成分相当复杂,但含量高、对岩石的矿物成分影响最大的是二氧化硅(SiO_2)。

(2)岩浆岩的产状

岩浆岩的产状是指岩浆岩体的形态、规模与围岩接触关系,形成时所处地质构造环境及距离当时地表的深度等。岩浆岩的产状可分为侵入岩岩体产状和喷出岩岩体产状两大类,如图1.21所示。

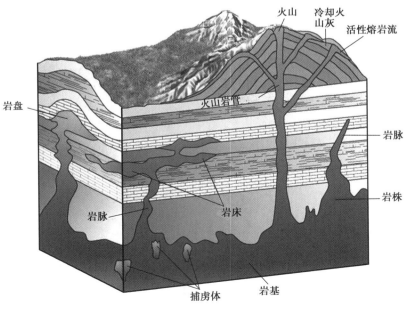

图 1.21　侵入岩的产状

1）侵入岩的产状

①岩基　岩基是岩浆侵入到地壳内凝结形成的岩体中最大的一种。其横截面积大于 100 km^2，常达数百到数千平方千米。形态不规则，通常略向一个方向伸长，其边界弯曲，其边缘常以小规模的岩脉或岩株形式穿插到围岩中。岩基主要由花岗岩组成，岩基内常含有围岩的崩落碎块，称为捕房体。

②岩脉　狭长形的侵入体，与围岩的层理和片理斜交。规模变化大，长由数米到数十千米，宽由数厘米到数十米。它是岩浆沿围岩的裂缝挤入后冷凝形成的。

③岩盘　岩盘又称岩盖。底平顶凸，并与围岩的成层方向吻合，呈伞状或蘑菇状，常由中酸性岩浆形成。

④岩床　侵入体为层状或板状，延伸方向与围岩层理平行，它是岩浆沿着围岩的层间空隙挤入后冷凝形成的，岩床的规模差别很大，厚为数米到数百米。

⑤岩株　分布面积较小，形态不规则，与围岩的接触面不平直。岩株的成分多样，但以酸性与中性较为普遍。

2）喷出岩的产状

喷出岩的产状受岩浆的成分、黏性、通道特征、围岩的构造及地表形态影响。常见喷出岩产状有熔岩流、火山锥及熔岩台地。

①熔岩流　岩浆多沿一定方向的裂隙喷发到地表且岩浆多是基性岩浆，黏度小、易流动，形成厚度不大、面积广大的熔岩流，由于火山喷发具有间歇性，所以岩流在垂直方向上具有不同喷发期的层状构造。在地表分布有一定厚度的熔岩流也称熔岩被。

②火山锥及熔岩台地　黏性较大的岩浆沿火山口喷出地表，流动性较小，常与火山碎屑物黏结在一起，形成以火山口为中心的锥状或钟状山体，称为火山锥或岩钟。当黏性较小，岩浆较缓慢的溢出地表，形成台状高地，称为熔岩台地。

（3）岩浆岩的结构与构造

①岩浆岩的结构（texture of magmatite）　它是指组成岩石的矿物的结晶程度、晶粒大小、形态及其相互关系的特征，这种结构特征是岩浆成分和岩浆冷凝环境的综合反映。

A.按结晶程度，岩浆岩的结构可分为：

a.全晶质结构（crystalline）：岩石全部由矿物晶体组成。它是在温度、压力降低缓慢，结晶充分条件下形成的。这种结构是侵入岩，尤其是深成侵入岩的结构。

b.非晶质结构（glassy）：它又称为玻璃质结构，岩石全部由火山玻璃组成。它是在岩浆温度、压力快速下降时冷凝形成的。这种结构多见于酸性喷出岩，也可见于浅成侵入体边缘。

c.半晶质结构（subcrystalline）：岩石由矿物晶体和部分未结晶的玻璃质组成，多见于喷出岩和浅成岩边缘。

B.按矿物颗粒大小，岩浆岩的结构可分为：

a.等粒结构（equigranular）：岩石中矿物为全晶质，同种矿物颗粒大小相近（图 1.22 中的 2，4）。按粒径大小可分为肉眼（包括用放大镜）可识别出矿物颗粒的显晶质结构（phaneritic）和需要显微镜才能识别矿物颗粒的隐晶质结构（aphanitic）。

显晶质结构又可根据矿物颗粒大小进一步分为粗粒结构（矿物的结晶颗粒粒径大于 5 mm）、中粒结构（矿物的结晶颗粒粒径 2~5 mm）、细粒结构（矿物的结晶颗粒粒径 0.2~2 mm）和微粒结构（矿物的结晶颗粒粒径小于 0.2 mm）。

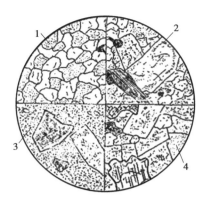

图 1.22　岩浆石的结构

1—等粒结构;2—不等粒结构;

3—斑状结构;4—似斑状结构

b.不等粒结构(inequigranular):岩石中同种矿物粒径大小悬殊。矿物颗粒可以从大到小连续变化,也可以明显地分成大小不同的两部分,其中晶形比较完好的粗大颗粒称为斑晶(phenocryst),小的结晶颗粒称为基质(groundmass)。如果基质为隐晶质或玻璃质,则称为斑状结构(图1.22中的1,3);如果基质为显晶质而斑晶与基质成分基本相同者,则称为似斑状结构。这是岩浆在地下深处温压较高,上升过程中温压缓慢降低,部分先结晶的矿物形成个体大的斑晶,随着岩浆上升到地壳浅部或喷出地表,未凝固的岩浆在温压降低较快的条件下迅速冷凝成隐晶质或玻璃质的基质。因而形成大小不等的两部分,即早期在地壳深处形成的斑晶和晚期在地壳浅处或地表形成的基质。斑状结构是浅成岩和喷出岩的重要特征之一。似斑状结构中的基质在地下较深处形成,一般为中粗粒矿物,主要出现于浅成岩和部分深成岩中。

②岩浆岩的构造(structure of magmatite)　它是指岩石中不同矿物与其他组成部分的排列填充方式所表现出来的外貌特征。构造的特征,主要取决于岩浆冷凝时的环境。岩浆岩最常见的构造有:

a.块状构造(massive):组成岩石的矿物颗粒无一定排列方向,而是均匀地分布在岩石中,不显层次,呈致密块状,这是侵入岩常见的构造。

b.流纹状构造(rhyotaxitic):岩石中不同颜色的条纹和拉长的气孔等沿一定方向排列所形成的外貌特征,这种构造是喷出地表的熔浆在流动过程中冷却形成的。

c.气孔状构造(vesicular):岩浆凝固时,挥发性的气体未能及时逸出,以致在岩石中留下许多圆形、椭圆形或长管形的孔洞。在玄武岩等喷出岩中常常可见到气孔构造。

d.杏仁状构造(amygdaloidal):岩石中的气孔为后期矿物(如方解石、石英等)充填所形成的一种形似杏仁的构造,如某些玄武岩和安山岩的构造。其中流纹状构造、气孔状构造和杏仁状构造为喷出岩所特有的构造。

结构和构造特征反映了岩浆岩的生成环境,因此,它是岩浆岩分类和鉴定的重要标志,也是研究岩浆作用方式的依据之一。

(4)岩浆岩的分类及常见的岩浆岩

根据岩浆岩中 SiO_2 的含量,岩浆岩可分为下面几类:

①酸性岩类(SiO_2含量高于65%)　矿物成分以石英、正长石为主,并含有少量的黑云母和角闪石。岩石的颜色浅,重度小。

②中性岩类(SiO_2含量52%~65%)　矿物成分以正长石、斜长石、角闪石为主,并含有少量的黑云母及辉石。岩石的颜色比较深,重度比较大。

③基性岩类(SiO_2含量45%~52%)　矿物成分以斜长石、辉石为主,含有少量的角闪石及橄榄石。岩石的颜色深,重度也比较大。

④超基性岩类(SiO_2含量低于45%)　矿物成分以橄榄石、辉石为主,其次有角闪石,一般不含硅铝矿物。岩石的颜色很深,重度很大。

常见的岩浆岩分类见表1.3。

表 1.3　常见的岩浆岩分类

颜　色					浅　←————————————————→　深			
岩浆岩类型					酸性	中性		基性	超基性
SiO_2 含量/%					>65	52~65		45~52	<45
成因类型		主要矿物			石英 正长石 斜长石	正长石 斜长石	角闪石 斜长石	斜长石 辉石	橄榄石 辉石
		次要矿物			云母 角闪石	角闪石 黑云母 辉石 石英 <5%	辉石 黑云母 正长石 <5% 石英<5%	橄榄石 角闪石 黑云母	角闪石 斜长石 黑云母
		产状	构造	结构					
喷出岩		岩钟 岩流	杏仁 气孔 流纹 块状	非晶质 (玻璃质)	火山玻璃:黑曜岩、浮岩等				少见
				隐晶质 斑状	流纹岩	粗面岩	安山岩	玄武岩	少见
侵入岩	浅成	岩床 岩墙	块状	斑状 全晶细粒	花岗斑岩	正长斑岩	闪长玢岩	辉绿岩	少见
	深成	岩株 岩基		结晶斑状 全晶中、粗粒	花岗岩	正长岩	闪长岩	辉长岩	橄榄岩 辉岩

常见的岩浆岩描述如下:

1) 酸性岩类

花岗岩(granite):深成侵入岩。多呈肉红色、灰色或灰白色,矿物成分主要为石英(含量高于 20%)、正长石和斜长石,其次有黑云母、角闪石等次要矿物。全晶质等粒结构(也有不等粒或似斑状结构),块状构造。根据所含暗色矿物的不同,可进一步分为黑云母花岗岩、角闪石花岗岩等。花岗岩分布广泛,性质均匀坚固,是良好的建筑石料。

花岗斑岩(granite-porphyry):浅成侵入岩。斑状结构,斑晶为钾长石或石英,基质多由细小的长石、石英及其他矿物组成。颜色和构造同花岗岩。

流纹岩(rhyolite):喷出岩。常呈灰白、浅灰或灰红色,具典型的流纹构造,斑状结构,细小的斑晶常由石英或透长石组成。

2) 中性岩类

正长岩(syenite):深成侵入岩。肉红色、浅灰或浅黄色,全晶质中粒等粒结构,块状构造。主要矿物成分为正长石,含黑云母和角闪石,石英含量极少。其物理力学性质与花岗岩相似,但不如花岗岩坚硬,且易风化。

正长斑岩(syenite-porphyry):浅成侵入岩。与正长岩所不同的是具斑状结构,斑晶主要是正长石,基质比较致密。一般呈棕灰色或浅红褐色。

闪长岩(diorite):深成侵入岩。灰白、深灰至灰绿色,主要矿物为斜长石和角闪石,其次有黑云母和辉石。全晶质中粗粒等粒结构,块状构造。闪长岩结构致密,强度高,且具有较高的韧性和抗风化能力,是良好的建筑石料。

闪长玢岩(diorite-porphyrite):浅成侵入岩。灰色或灰绿色,矿物成分与闪长岩相同,斑状结构,斑晶为斜长石或角闪石。基质为中细粒或微粒结构。

安山岩(andesite):喷出岩。灰色、紫色或绿色。主要矿物成分为斜长石、角闪石,无石英或石英极少。斑状结构,斑晶常为斜长石。有时具有气孔状或杏仁状构造。

3)基性岩类

辉长岩(gabbro):深成侵入岩。灰黑、暗绿色,全晶质中等等粒结构,块状构造。组成矿物以斜长石和辉石为主,有少量橄榄石、角闪石和黑云母。辉长岩强度高,抗风化能力强。

辉绿岩(diabase):浅成侵入岩。灰绿或黑绿色,结晶质细粒结构,块状构造。矿物成分与辉长岩相似,强度也高。

玄武岩(basalt):喷出岩。灰黑至黑色,矿物成分与辉长岩相似。具隐晶、细晶或斑状结构,常具气孔或杏仁状构造。玄武岩致密坚硬,性脆,强度很高。

4)超基性岩类

橄榄岩(peridotite):深成岩。暗绿色或黑色,组成矿物以橄榄石、辉石为主,其次为角闪石等,很少或无长石。中粒等粒结构、块状构造。

1.2.2　沉积岩

沉积岩(sedimentary rock)是在地表或接近地表的条件下,由母岩(岩浆岩、变质岩和早已形成的沉积岩)风化剥蚀的产物经搬运、沉积和固结硬化而成的岩石,是地壳表面分布最广的一种层状岩石。

(1)沉积岩的形成过程

沉积岩的形成过程一般可分为沉积物的生成、搬运、沉积和固结成岩四个过程。

1)沉积物质的生成

沉积物质的来源主要是先期岩石的风化产物。在外因作用下,岩石发生机械崩解或化学分解,变为松散的碎屑及土壤,为风化作用。岩石因机械作用或化学作用而被剥蚀,如河岸的岩石被流水冲刷,为剥蚀作用。

2)沉积物的搬运

风化、剥蚀后的产物经过风、流水、冰川和重力等原因被搬运到其他地方,分为物理搬运和化学搬运。以机械方式破坏的产物是以机械方式进行搬运。以化学方式破坏的产物是通过真溶液或胶体容易进行搬运。

3)沉积物的沉积

搬运物在适宜的地方发生沉积,分为机械沉积、化学沉积和生物沉积。机械沉积作用受重力支配,重的物质先沉积且搬运距离近,轻的物质后沉积且搬运距离远。化学沉积作用受化学反应的规律支配,包括真溶液和胶体沉积。生物沉积作用主要是由生物活动引起的活生物遗体的沉积。

4)固结成岩阶段

固结成岩作用较为复杂,固结脱水作用是上覆沉积物的挤压导致排水固结,孔隙空间减小。胶结作用是碎屑岩成岩作用的重要环节,将松散碎屑颗粒连接起来,固结成岩石。

(2)沉积岩的物质成分

组成沉积岩的物质成分中最常见的有:矿物、岩屑、化学沉淀物、有机质和胶结物。

矿物成分是指母岩风化后经搬运沉积下来的碎屑物质,如石英、长石、白云母等,以及由风化作用形成的黏土矿物;另一种是沉积过程中的新生矿物,如方解石、白云石、石膏、岩盐、铁和锰的氧化物或氢氧化物等,它们也是化学沉淀物。岩屑是母岩风化剥蚀搬运沉积下来的岩石碎屑。有机质包括动物物质和植物物质。有些岩石本身就是有机体或由有机体的碎屑组成,如煤、珊瑚礁、碎屑灰岩等。此外,还有其他方式生成的一些物质,如火山喷发产生的火山灰等。碎屑岩中的矿物碎屑或岩石碎屑由胶结物(cement)黏结起来,常见的胶结物成分有钙质($CaCO_3$)、硅质(SiO_2)、铁质(FeO 或 Fe_2O_3)、泥质等。

(3)沉积岩的结构与构造

1)沉积岩的结构

沉积岩的结构是指组成岩石成分的颗粒形态、大小和连接形式。一般分为碎屑结构、泥质结构、结晶结构及生物结构四种。

①碎屑结构(clastic)　碎屑物质被胶结物胶结起来的一种结构,是沉积岩所特有的结构。按碎屑颗粒粒径的大小,可分为砾状结构(gravelly),粒径大于 2 mm,最大可达 0.5 m,甚至更大;沙状结构(sandy),粒径为 0.05~2 mm;粉沙状结构(silty),粒径为 0.005~0.05 mm;

胶结物的类别可分为硅质、钙质、铁质、泥质和石膏质等,其中硅质的胶结物成分为 SiO_2,钙质胶结物成分为钙、镁的碳酸盐,铁质胶结物成分为铁的氧化物和氢氧化物,泥质胶结物成分为黏土,石膏质胶结物成分为 $CaSO_4$。根据胶结物类别的不同,岩石强度依次降低。

胶结类型指的是胶结物与碎屑颗粒含量及其相互之间的关系。常见的有三种类型(图 1.23):基底式胶结,胶结物含量大,碎屑颗粒散落在胶结物中,这是最牢固的胶结方式;孔隙式胶结,碎屑颗粒紧密劫持,胶结物充填在孔隙中间;接触式胶结,碎屑颗粒相互接触,胶结物很少,只存在颗粒接触处,这是最不牢固的胶结方式。

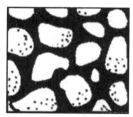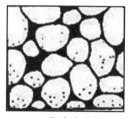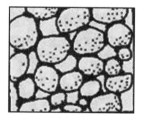

(a)基底式胶结　　　　(b)孔隙式胶结　　　　(c)接触式胶结

图 1.23　胶结类型

由此可见,胶结物的含量是逐渐减少的,相应岩石的储水能力逐渐增强。

②泥质结构(clayey)　它是黏土矿物组成的结构,矿物颗粒粒径小于 0.005 mm,也是泥岩、页岩等黏土岩的主要结构。

③结晶结构(crystalline)　它是化学沉淀的结晶矿物组成的结构,又可分为结晶粒状结构和隐晶质致密结构。结晶结构是石灰岩、白云岩等化学岩的主要结构。

④生物结构(organic)　它由生物遗体或碎片所组成的结构,也是生物化学岩所具有的结构。

2)沉积岩的构造

沉积岩的构造是指其组成部分的空间分布及其相互间的排列关系。沉积岩最主要的构造是层理构造和层面构造。它不仅反映了沉积岩的形成环境,而且是沉积岩区别于岩浆岩和某些变质岩的构造特征。

①层理构造(stratification)　它是先后沉积的物质在颗粒大小、形状、颜色和成分上的不同所显示出来的成层现象。层理是沉积岩成层的性质。层与层之间的界面,称为层面(bedding plane)。上下两个层面间成分基本均匀一致的岩石,称为岩层。它是层理最大的组成单位。一个岩层上下层面之间的垂直距离,称为岩层的厚度。在短距离内岩层厚度的减小,称为变薄;厚度变薄以至消失,称为尖灭;两端尖灭就成为透镜体;大厚度岩层中所夹的薄层,称为夹层。沉积岩内岩层的变薄、尖灭和透镜体(详见 3.2 节中图 3.24),可使其强度和透水性在不同的方向发生变化。软弱夹层,容易引起上覆岩层发生顺层滑动。

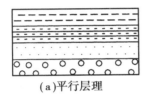 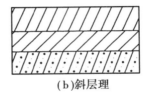 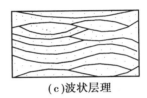

（a)平行层理　　　　　　　　（b)斜层理　　　　　　　　（c)波状层理

图 1.24　沉积岩的层理

由于形成层理的条件不同,层理有各种不同的形态类型,按形态层理可分为平行层理(图 1.24(a))、斜层理(图 1.24(b))、波状层理(图 1.24(c))等。根据层理可以推断沉积物的沉积环境和搬运介质的运动特征。

②层面构造(feature of bedding surface)　在层面上有时还保留有沉积岩形成时的某些特征,如波痕、泥裂、结核及生物成因构造,称为层面构造。

a.波痕:在湖滨、海滩及干旱地区的沙丘表面上,常形成一种由流水、波浪、风力作用产生的波浪状构造,称为波痕(图 1.25)。这种构造是沉积介质动荡的标志,常保留在沉积岩层的层面上。当介质作定向运动时所形成的波痕为非对称状,顺流坡较陡,逆流坡较缓,这是由流水或风引起的。当介质式来回运动的波浪形成对称波痕时,其两坡坡角相等。

b.泥裂:出现在河滩、湖滨、海边等泥质沉积物上,常可见到多角形的裂纹,称为泥裂(图 1.26)。

图 1.25　波痕　　　　　　　　　　　　　　图 1.26　泥裂

泥裂是在沉积当时沉积物未固结就露出水面,受到日晒,水分蒸发,体积收缩产生的。裂纹常具有上宽下窄的形态(图1.27),其中被泥沙充填,充填物与上覆岩层的成分相当。

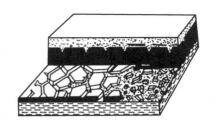

图 1.27 泥裂的形态

c.结核:在沉积岩中常含有与围岩成分有明显区别的某些矿物质团块,称为结核(图1.28)。常为圆球形、椭球形、透镜状及不规则形态。石灰岩中常见的燧石结核主要是 SiO_2,在沉积物沉积的同时以胶体凝聚方式形成的,部分燧石结核是在固结过程中由沉积物中的 SiO_2 自行聚集而形成的。含煤沉积物中常有黄铁矿结核,它是固结过程中沉积物中的 FeS_2 自行聚集形成的,一般为球形,黄土中的铁锰结核是地下水从沉积物中溶解 $CaCO_3$ 或 Fe、Mn 的氧化物后在适当的地点再沉积而形成的,其形状多不规则。

d.生物成因构造:在沉积岩中,特别是在古生代以来的沉积岩中,常保存着大量的种类繁多的生物化石,如图1.29所示。这是沉积岩区别于其他岩类的重要特征之一。借助化石不仅可以确定沉积岩的形成时代,研究生物的演化规律,而且还可以了解和恢复沉积当时的地理环境。

图 1.28 结核

图 1.29 生物成因构造

沉积岩的层理构造、层面构造和化石,是沉积岩在构造上区别于岩浆岩的重要特征。

(4)沉积岩的分类及常见的沉积岩

根据沉积岩物质组成的特点,沉积岩一般分为下面三类:

①碎屑岩类 主要由碎屑物质组成的岩石。其中:由先成岩石风化破坏产生的碎屑物质形成的,称为沉积碎屑岩(如沙岩、沙岩及粉沙岩等);由火山喷出的碎屑物质形成的,称为火山碎屑岩(如火山角砾岩、凝灰岩等)。

②黏土岩类 主要由黏土矿物组成的岩石,如泥岩、页岩等。

③化学及生物化学岩类 主要由方解石、白云石等碳酸盐类的矿物及部分有机物组成的岩石,如石灰岩、白云岩等。

沉积岩的分类见表1.4。

常见的沉积岩有:

a.砾岩(conglomerate):由粒径大于2 mm的粗大碎屑和胶结物组成。岩石中大于2 mm的碎屑含量在50%以上,碎屑呈浑圆状,成分一般为坚硬而化学性质稳定的岩石或矿物,如脉石英、石英岩等。胶结物的成分有钙质、泥质、铁质及硅质等。依据成因可分为河成砾岩和海成砾岩等。

表 1.4　沉积岩的分类表

分类	岩石名称	结	构	构造	矿物成分	
碎屑岩	角砾岩	砾状结构 （>2 mm）	角砾状结构 （>2 mm）	层理或块状	砾石成分为原岩碎屑成分	胶结物成分可为硅质、钙质、铁质、泥质、碳质等
	砾岩		砾状结构 （>2 mm）			
	粗沙岩	沙状结构 （0.005~2 mm）	粗沙状结构 （0.5~2 mm）		沙粒成分： ①石英沙岩（石英占95%以上） ②长石沙岩（长石占25%以上） ③杂质岩（含石英、长石及多量暗色矿物）	
	中沙岩		中沙状结构 （0.25~0.5 mm）			
	细沙岩		细砂状结构 （0.075~0.25 mm）			
	粉沙岩		粉砂状结构 （0.005~0.075 mm）			
黏土岩	页岩	泥状结构 （<0.005 mm）		页理	颗粒成分为黏土矿物，并含其他硅质、钙质、铁质、碳质等成分	
	泥岩			块状		
化学岩及生物化学岩	石灰岩	化学结构及生物化学结构		层理或块状或生物状	方解石为主	
	白云岩				白云石为主	
	泥灰岩				方解石、黏土矿物	
	硅质岩				燧石、蛋白石	
	石膏岩				石膏	
	盐岩				$NaCl$、KCl 等	
	有机岩				煤、油页岩等含碳、碳氢化合物的成分	

b.角砾岩（breccia）：与砾岩一样，碎屑粒径大于 2 mm 在 50%以上，但碎屑有明显棱角。角砾岩的岩性成分多种多样，胶结物的成分有钙质、泥质、铁质及硅质等。依据成因可分为火山角砾岩、断层角砾岩、溶解角砾岩、冰川角砾岩等。

c.沙岩（sandstone）：由粒径 2~0.05 mm 的沙粒胶结而成，且这种粒径的碎屑含量超过50%。按沙粒的矿物组成，可分为石英沙岩、长石沙岩和岩屑沙岩等。按沙粒粒径的大小，可分为粗粒沙岩、中粒沙岩和细粒沙岩。胶结物的成分对沙岩的物理力学性质有重要影响。根据胶结物的成分，又可将沙岩分为硅质沙岩、铁质沙岩、钙质沙岩及泥质沙岩几类。硅质沙岩的颜色浅，强度高，抵抗风化的能力强。泥质沙岩一般呈黄褐色，吸水性大，易软化，强度差。铁质沙岩常呈紫红色或棕红色，钙质沙岩呈白色或灰白色，强度介于硅质与泥质沙岩之间。沙岩分布很广，易于开采加工，是工程上广泛采用的建筑石料。

d.粉沙岩（siltstone）：由粒径 0.005~0.05 mm 的碎屑胶结而成，且这种粒径的碎屑含量超过 50%。矿物成分与沙岩近似,但黏土矿物的含量一般较高。胶结物的成分有钙质、泥质、铁质及硅质等。其结构较疏松,强度不高。

e.页岩(shale):由黏土脱水胶结而成,以黏土矿物为主,大部分有明显的薄层理,呈页片状。依据胶结物可分为硅质页岩、黏土质页岩、沙质页岩、钙质页岩及碳质页岩。除硅质页岩强度稍高外,其余岩性软弱,易风化成碎片,强度低,与水作用易于软化而降低其强度。

f.泥岩(mudstone):成分与页岩相似,常成厚层状。以高岭石为主要成分的泥岩,常呈灰白色或黄白色,吸水性强,遇水后易软化。以微晶高岭石为主要成分的泥岩,常呈白色、玫瑰色或浅绿色,表面有滑感,可塑性小,吸水性高,吸水后体积急剧膨胀。泥岩夹于坚硬岩层之间,形成软弱夹层,浸水后易于软化,致使上覆岩层发生顺层滑动。

g.石灰岩(limestone):石灰岩简称灰岩。矿物成分以方解石为主,其次含有少量的白云石和黏土矿物。常呈深灰、浅灰色,纯质灰岩呈白色。由纯化学作用生成的石灰岩具有结晶结构,但晶粒极细。经重结晶作用即可形成晶粒比较明显的结晶灰岩。由生物化学作用生成的灰岩,常含有丰富的有机物残骸。石灰岩分布相当广泛,岩性均一,易于开采加工,它是一种用途很广的建筑石料。

h.白云岩(dolomite):矿物成分主要为白云石,也含方解石和黏土矿物。一般为白色或灰色,主要是结晶粒状结构。性质与石灰岩相似,但强度比石灰岩高,它是一种良好的建筑石料。白云岩的外观特征与石灰岩近似,在野外难于区别,可用盐酸起泡程度辨认,石灰岩的起泡程度强于白云岩。

1.2.3　变质岩

变质岩(metamorphic rock)是岩浆岩、沉积岩甚至是变质岩在地壳中受到高温、高压及化学成分加入的影响,在固体状态下发生矿物成分及结构构造变化后形成的新的岩石。例如,大理岩是石灰岩变质而成的。各种岩石都可以形成变质岩:由岩浆岩形成的变质岩,称为正变质岩;由沉积岩形成的变质岩,称为副变质岩。它们不仅在矿物成分、结构、构造上具有变质过程中所产生的特征,而且还常保留着原来岩石的某些特征。

由于岩石的周围环境改变而导致岩石的成分、结构、构造发生变化,称为变质作用。变质作用不同于风化作用和岩浆作用,因为变质作用是在一定温度、压力、固态条件下较大范围内进行的,风化作用在一般温度、压力下进行,且只在一定范围内进行(只在表层),岩浆作用是岩浆冷凝时进行的。由火成岩经变质作用形成正变质岩(属多数),由沉积岩形成的为副变质岩。变质岩多分布于前寒武纪地层、古生代及其后的岩层中、在岩浆体周围、断裂带附近。产生变质作用的因素:①温度:在一定温度下矿物发生重结晶或生成新矿物。一般认为变质作用发生的上限温度为 $700 \sim 900$ ℃,下限温度为 $150 \sim 200$ ℃。如高岭石可变质为红柱石,方解石可变质为硅灰石,石灰岩变质成大理岩,沙岩变质成石英岩。②压力:包括静压力(围压)、动压力(构造运动产生),产生变质作用的压力范围 $0 \sim 109$ kPa。静压力的作用是生成高密度矿物,动压力的作用是矿物在结构、构造上发生变化。钙长石和橄榄石在地层深处发生变质作用生成石榴子石,前二者的密度分别为 2.76 和 3.3 kg/m³,而石榴子石的密度为 $3.5 \sim 4.3$ kg/m³。③化学因素:矿物的化学环境变化而产生变质作用,如菱镁矿在热水作用下生成滑石。

（1）变质岩的矿物成分

变质岩的物质成分十分复杂,它既有原岩成分,又有变质过程中新产生的成分。就变质岩的矿物成分而论可以分为两大类:一类是岩浆岩,也有沉积岩,如石英、长石、云母、角闪石、辉石、方解石、白云石等,它们大多是原岩残留物,或者是在变质作用中形成的;另一类只能是在变质作用中产生而为变质岩所特有的变质矿物,如石榴子石、滑石、绿泥石、蛇纹石、红柱石、蓝晶石、硅灰石、蓝闪石、透辉石和石墨等。根据变质岩特有的变质矿物,可将变质岩与其他岩石区别开来。

(2)变质岩的结构与构造

1)变质岩的结构

变质岩的结构一般分为变晶结构和变余结构两大类。

①变晶结构(crystalloblastic)　在变质过程中矿物重新结晶形成的结晶质结构。例如粗粒变晶结构、斑状变晶结构等。

②变余结构(palimpsest)　变质岩中残留的原岩结构,说明原岩变质较轻。例如变余粒状结构、变余花岗结构等。

2)变质岩的构造

原岩经过变质作用后,其中矿物颗粒在排列方式上大多具有定向性,能沿矿物排列方向劈开。变质岩的构造是识别变质岩的重要标志。常见的变质岩构造有:

①板状构造(platy)　具这种构造的岩石中矿物颗粒很细小,肉眼不能分辨,但它们具有一组组平行破裂面,沿破裂面易于裂开成光滑平整的薄板,破裂面上可见由绢云母、绿泥石等微晶形成的微弱丝绢光泽。

②千枚状构造(phyllitic)　具这种构造的岩石中矿物颗粒很细小,肉眼难以分辨,岩石中的鳞片状矿物呈定向排列,定向方向易于劈开成薄片,具丝绢光泽,断面参差不齐。

③片状构造(schistose)　重结晶作用明显,片状、板状或柱状矿物定向排列,沿平行面(片理面)很容易剥开呈不规则的薄片,光泽很强。

④片麻状构造(gneissic)　颗粒粗大,片理很不规则,粒状矿物呈条带状分布,少量片状、柱状矿物相间断续平行排列,沿片理面不易裂开。

⑤块状构造(massive)　岩石中结晶的矿物无定向排列,也不能定向劈开。

(3)变质作用的类型

变质作用的类型主要有以下几种:

1)接触变质作用

接触变质作用是指发生在侵入岩体与围岩之间的接触带上,主要由温度和挥发性物质所引起的变质作用。在接触变质带内岩石化学成分发生变化,矿物发生重结晶。产生新的矿物,形成新的岩石。例如,石灰岩变为大理岩,接触变质带内岩体破碎,裂隙发育,透水性增大,强度降低。

2)区域变质作用

区域变质作用是指大范围内发生,并由温度、压力及化学活动性流体等多种因素引起的变质作用。一般是由构造运动和大规模岩浆活动同时或单独引发的。区域变质岩的性质在很大范围内较均匀,岩体一般比较破碎,工程性质差。

3)动力变质作用

动力变质作用是指在地壳构造变动时产生的强烈定向压力使岩石发生的变质作用。一般发生在断裂带两侧,形成的变质岩有断层角砾岩(棱角状碎块,大于 2 mm),碎裂岩(原岩碎粒,小于 2 mm),糜棱岩(粉末碎屑,小于 0.05 mm),这些岩统称为构造岩。

(4)变质岩的分类及常见的变质岩

按变质岩作用类型分成接触变质岩、区域变质岩、动力变质岩三类。区域变质岩一般按构造再进一步分类,见表1.5。

表1.5 变质岩分类表

岩类	岩石名称	构造	结构	主要矿物成分	变质类型
片理状岩类	板岩	板状	变余结构、部分变晶结构	黏土矿物、云母、绿泥石、石英、长石等	区域变质(由板岩至片麻岩变质程度递增)
	千枚岩	千枚状	显微鳞片变晶结构	绢云母、石英、长石、绿泥石、方解石等	
	片岩	片状	显晶质鳞片状变晶结构	云母、角闪石、绿泥石、石墨、滑石、石榴子石等	
	片麻岩	片麻状	粒状变晶结构	石英、长石、云母、角闪石、辉石等	
块状岩类	大理岩	块状	粒状变晶结构	方解石、白云石	接触变质或区域变质
	石英岩		粒状变晶结构	石英	
	硅卡岩		不等粒变晶结构	石榴子石、辉石、硅灰石(钙质硅卡岩)	接触变质
	蛇纹岩		隐晶质结构	蛇纹石	交代变质
	云英岩		粒状变晶结构、花岗变晶结构	白云母、石英	
构造破碎岩类	断层角砾岩		角砾状结构、碎裂结构	岩石碎屑、矿物碎屑	动力变质
	糜棱岩		糜棱结构	长石、石英、绢云母、绿泥石	

根据变质岩的构造特征,变质岩主要分为片理状岩类和块状岩类两大类。

①片理状岩类 具有板状构造、千枚状构造、片状构造和片麻状构造的变质岩,如片麻岩、片岩、千枚岩、板岩等。

②块状岩类 具有块状构造的变质岩,如大理岩、石英岩、蛇纹岩等。

常见的变质岩有:

a.片麻岩(gneiss):片麻状构造,晶粒粗大,变晶或变余结构。主要矿物为石英和长石,其次有云母、角闪石、辉石等,由沙岩、花岗岩变质而成。片麻岩强度较高,如云母含量增多,强度相应降低。因具片麻状构造,故较易风化。

b.片岩(schist):片状构造,变晶结构。主要由一些片状、柱状矿物(如云母、绿泥石、角闪石等)和粒状矿物(石英、长石、石榴子石等)组成。片岩的片理一般比较发育,片状矿物含量高,强度低,抗风化能力差,极易风化剥落,岩体也易沿片理的倾斜方向塌落。

c.千枚岩(phyllite):千枚状构造,由黏土岩、粉沙岩、凝灰岩变质而成。矿物成分主要为石英、绢云母、绿泥石等。千枚岩的质地松软,强度低,抗风化能力差,容易风化剥落,沿片理倾斜方向容易产生塌落。

d.大理岩(marble):由石灰岩或白云岩经过重新结晶变质而成,等粒变晶结构、块状构造。主要矿物成分为方解石,遇稀盐酸强烈起泡。大理岩常呈白色、浅红色、淡绿色、深灰色以及其他各种颜色,常因含有其他带色杂质而呈现出美丽的花纹。大理岩强度中等,易于开采加工,色泽美丽,它是一种很好的建筑装饰石料。

e.石英岩(quartzite):结构和构造与大理岩相似。一般由较纯的石英沙岩或硅质岩变质而成。常呈白色,因含杂质可出现灰白色、灰色、黄褐色或浅紫红色,强度很高,抵抗风化的能力很强,是良好的建筑石料,但硬度很高,开采加工相当困难。

(5)三大岩类的关系

火成岩经外力地质作用形成沉积岩,经变质作用生成变质岩;沉积岩经变质作用生成变质岩,沉积岩经重熔结晶、花岗岩化生成火成岩;变质岩经重熔结晶、花岗岩化生成火成岩,经外力地质作用形成沉积岩。

三大岩石的分布、产状、结构、构造和矿物成分见表1.6。

表1.6 三大岩石的分布、产状、结构、构造和矿物成分

特点	岩类	火成岩	沉积岩	变质岩
分布情况	按质量	火成岩和变质岩:95%	5%	
	按面积	火成岩和变质岩:25%	75%	
	最多的岩石	花岗岩、玄武岩、安山岩、流纹岩	页岩、沙岩、石灰岩	混合岩、片麻岩、片岩、千枚岩、大理岩等(区域变质岩最多)
产 状		侵入岩:岩基、岩株、岩床、岩墙等,喷出岩:熔岩被、熔岩流等	层状产出	多随原岩产状而定
结 构		大部分为结晶的岩石:粒状、似斑状、斑状等,部分为隐晶质、玻璃质	碎屑结构(砾、沙、粉沙) 泥质结构 化学岩结构(微小或明显的结晶粒状、鲕状、致密状、胶体状等)	重结晶岩石:粒状、斑状、鳞片状等各种变晶结构
构 造		多为块状构造,喷出岩常具气孔、杏仁、流纹等构造	各种层理构造:水平层理、斜层理、交错层理,常含生物化石	大部分具片理构造:片麻状、条带状、片状、千枚状、板状,部分为块状构造(大理岩、石英岩、角岩、矽卡岩等)

特点＼岩类	火成岩	沉积岩	变质岩
矿物成分	石英、长石、橄榄石、辉石、角闪石、云母等	石英、长石等外,富含黏土矿物、方解石、白云石、有机质等	石英、长石、云母、角闪石、辉石等外,常含变质矿物,如石榴子石、滑石、绿泥石、蛇纹石、红柱石、蓝晶石、硅灰石、蓝闪石、透辉石、石墨

1.3　岩石的工程地质性质

岩石的工程地质性质主要包括物理性质和力学性质两个方面。影响岩石工程地质性质的因素主要是矿物成分、岩石的结构和构造以及风化作用等。下面将介绍有关岩石工程地质性质的一些常用指标,供分析和评价岩石工程地质性质时参考。

1.3.1　岩石的主要物理性质

(1)岩石的密度与重力密度

岩石的颗粒密度(particle density)是指岩石固体部分单位体积的质量。它不包括岩石的空隙,而取决于岩石的矿物密度及其在岩石中的相对含量。如含有铁、镁的暗色矿物密度较大,因而含这些矿物较多的基性岩和超基性岩一般具有较大的颗粒密度;而那些含有密度较小矿物的岩石,如酸性岩,一般颗粒密度较小。一般岩石的颗粒密度约在 2.65 g/cm³,大者可达 3.1~3.3 g/cm³。

岩石的密度(density)是指岩石(包括岩石成分中固、液、气三相)单位体积的质量。它是具有严格物理意义的参数,单位为 g/cm³ 或 kg/m³。根据岩石密度定义可知,它除与岩石矿物成分有关外,还与岩石空隙发育程度及空隙中含水情况密切相关。致密而空隙很少的岩石,其密度与颗粒密度很接近,随着空隙的增加,岩石的密度相应减小。常见的岩石,其密度一般为 2.1~2.8 g/cm³。

岩石的重力密度(gravity density)也称为重度,是指岩石单位体积的质量,在数值上等于岩石试件的总质量(包括空隙中的水重)与其总体积(包括空隙体积)之比,其单位为 kN/m³。岩石空隙中完全没有水存在时的重度,称为干重度。岩石中的空隙全部被水充满时的重度,则称为岩石的饱和重度。

(2)岩石的空隙率

天然岩石中包含着不同数量、不同成因的粒间孔隙、微裂隙和溶穴,将其总称为空隙(void)。空隙是岩石的重要结构特征之一,它影响着岩石工程地质性质的好坏。

岩石中的孔隙,有的产生于岩石的形成过程之中,有的则是岩石形成后产生的。例如,尚未被胶结物完全充填的碎屑岩中的粒间孔隙、火山熔岩中的气孔、结晶岩石中晶粒间残存的孔隙等都属于前者,岩石中可溶盐类溶解后产生的溶穴即属后者。

微裂隙主要包括颗粒边界以及在应力变化和温度升降作用下产生的裂纹。它们一般非常小,肉眼很难直接观察。

岩石的空隙率(void content)反映岩石中空隙(包括孔隙、微裂隙和溶穴)的发育程度,空隙率在数值上等于岩石中各种空隙的总体积与岩石总体积的比,用百分数表示。

岩石空隙率的大小主要取决于岩石的结构和构造。未受风化或构造作用的侵入岩和某些变质岩,其空隙率一般是很小的,而砾岩、沙岩等一些沉积岩类的岩石,则经常具有较大的空隙率。

(3)岩石的吸水性

岩石的吸水性,反映岩石在一定条件下的吸水能力。一般用吸水率、饱和吸水率和饱水系数来表示。

岩石的吸水率(water-absorptivity)是指岩石在一般大气压条件下的吸水能力。在数值上等于岩石的吸水质量与同体积干燥岩石质量的比,用百分数表示。

岩石的饱和吸水率(saturated water-absorptivity)是指岩石在高压条件下(一般为 15 MPa 压力)或真空条件下的吸水率,用百分数表示。

岩石的饱水系数(saturation coefficient)是岩石的吸水率与饱和吸水率的比值。

表征岩石吸水性的 3 个指标,与岩石空隙率的大小、孔隙张开程度等因素有关。岩石的吸水率大,则水对岩石颗粒间胶结物的浸湿、软化作用就强,岩石强度受水作用的影响也就越显著。

(4)岩石的软化性

岩石浸水后强度降低的性能称为岩石的软化性(softening)。岩石的软化性主要决定于岩石的矿物成分、结构和构造特征。岩石中亲水矿物或可溶性矿物含量高、空隙率大、吸水率高的岩石,与水作用后,岩石颗粒间的联结被削弱引起强度降低、岩石软化。

表征岩石软化性的指标是软化系数(softening coefficient)。软化系数是岩石在饱和状态下的极限抗压强度与岩石在干燥状态下的极限抗压强度之比。其值越小,表示岩石在水作用下的强度越差。未受风化作用的岩浆岩和某些变质岩,软化系数大都接近于 1.0,是弱软化的岩石,其抗水、抗风化和抗冻性强;软化系数小于 0.75 的岩石,认为是软化性强的岩石,工程性质比较差。

(5)岩石的抗冻性

岩石空隙中有水存在时,水一结冰,体积膨胀,就产生巨大的膨胀力,使岩石的结构和联结受到破坏,若岩石经反复循环冻融,则会导致其强度降低。岩石抵抗冻融破坏的性能称为岩石的抗冻性。在高寒冰冻地区,抗冻性是评价岩石工程性质的一个重要指标。

岩石的抗冻性用强度损失率(decrease rate of strength)表示。强度损失率是饱水岩石在 $-25 \sim +25$ ℃ 的条件下,反复冻结和融化 25 次,岩石在抗冻试验前后抗压强度的差值与试验前抗压强度的比。抗压强度损失率小于 20% ~ 25% 的岩石,认为是抗冻的,大于 25% 的岩石,认为是非抗冻性的。另外,利用吸水率、饱水系数等指标也可间接评价岩石的抗冻性。

一些常见岩石的物理性质的主要指标,见表1.7。

表 1.7　常见岩石的物理性质指标值

岩石名称	颗粒密度/(g·cm⁻³)	岩石密度/(g·cm⁻³)	空隙率/%	吸水率/%	软化系数
花岗岩	2.50~2.84	2.30~2.80	0.5~4.0	0.1~4.0	0.72~0.97
闪长岩	2.60~3.10	2.52~2.96	0.2~5.0	0.3~5.0	0.60~0.80
辉长岩	2.70~3.20	2.55~2.98	0.3~4.0	0.5~4.0	
辉绿岩	2.60~3.10	2.53~2.97	0.3~5.0	0.8~5.0	0.33~0.90
安山岩	2.40~2.80	2.30~2.70	1.1~4.5	0.3~4.5	0.81~0.91
玢　岩	2.64~2.84	2.40~2.80	2.1~5.0	0.4~1.7	0.78~0.81
玄武岩	2.60~3.30	2.50~3.10	0.5~7.2	0.3~2.8	0.30~0.95
凝灰岩	2.56~2.78	2.29~2.50	1.5~7.5	0.5~7.5	0.52~0.86
砾　岩	2.67~2.71	2.40~2.66	0.8~10.0	0.3~2.4	0.50~0.96
沙　岩	2.60~2.75	2.20~2.71	1.6~28.0	0.2~9.0	0.65~0.97
页　岩	2.57~2.77	2.30~2.62	0.4~10.0	0.5~3.2	0.24~0.74
石灰岩	2.48~2.85	2.30~2.77	0.5~27.0	0.1~4.5	0.70~0.94
泥灰岩	2.70~2.80	2.30~2.70	1.0~10.0	0.5~3.0	0.44~0.54
白云岩	2.60~2.90	2.10~2.70	0.3~25.0	0.1~3.0	
片麻岩	2.63~3.01	2.30~3.00	0.7~2.2	0.1~0.7	0.75~0.97
石英片岩	2.60~2.80	2.10~2.70	0.7~3.0	0.1~0.3	0.44~0.84
绿泥石片岩	2.80~2.90	2.10~2.85	0.8~2.1	0.1~0.6	0.53~0.69
千枚岩			0.4~3.6	0.5~1.8	0.67~0.96
泥质板岩	2.70~2.85	2.30~2.80	0.1~0.5	0.1~0.3	0.39~0.52
大理岩	2.80~2.85	2.60~2.70	0.1~6.00	0.1~1.0	
石英岩	2.53~2.84	2.40~2.80	0.1~8.7	0.1~1.5	0.94~0.96

1.3.2　岩石的主要力学性质

岩石在外力作用下所表现出来的性质称为岩石的力学性质,它包括岩石的变形和强度特性。研究岩石的力学性质主要是研究岩石的变形特性、岩石的破坏方式和岩石的强度大小。

(1)岩石的变形特性

岩石在外力作用下产生变形,且其变形性质分为弹性和塑性两种。岩石典型的完整的应力-应变曲线如图1.30所示。根据曲率的变化,可将岩石变形过程划分为4个阶段:

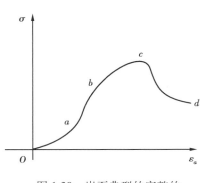

图 1.30　岩石典型的完整的
应力-应变曲线

①微裂隙压密阶段(图 1.30 中的 Oa 段)　岩石中原有的微裂隙在荷重作用下逐渐被压密,曲线呈上凹形,曲线斜率随应力增大而逐渐增加,表示微裂隙的变化开始较快,随后逐渐减慢。a 点对应的应力称为压密极限强度。对于微裂隙发育的岩石,本阶段比较明显,但致密坚硬的岩石很难划出这个阶段。

②弹性变形阶段(图 1.30 中的 ab 段)　岩石中的微裂隙进一步闭合,孔隙被压缩,原有裂隙基本上没有新的发展,也没有产生新的裂隙,应力与应变大致呈正比关系,曲线近于直线,岩石变形以弹性为主。b 点对应的应力称为弹性极限强度。

③裂隙发展和破坏阶段(图 1.30 中的 bc 段)　当应力超过弹性极限强度后,岩石中产生新的裂隙,同时已有裂隙也有新的发展,应变的增加速率超过应力的增加速率,应力-应变曲线的斜率逐渐降低,并呈曲线关系,体积变形由压缩转变为膨胀。应力增加,裂隙进一步扩展,岩石局部破损,且破损范围逐渐扩大形成贯通的破裂面,导致岩石"破坏"。c 点对应的应力达到最大值,称为峰值强度或单轴极限抗压强度。

④峰值后阶段(图 1.30 中 c 点以后)　岩石破坏后,经过较大的变形,应力下降到一定程度开始保持常数,d 点对应的应力称为残余强度。

由于大多数岩石的变形具有不同程度的弹性性质,且工程实践中建筑物所能作用于岩石的压应力远远低于单轴极限抗压强度。因此,可在一定程度上将岩石看作准弹性体,用弹性参数表征其变形特征。岩石的变形性能一般用弹性模量和泊松比两个指标表示。

弹性模量是在单轴压缩条件下,轴向压应力和轴向应变之比。国际制以"帕[斯卡]"为单位,用符号"Pa"表示($1\ Pa=1\ N/m^2$)。岩石的弹性模量越大,变形越小,说明岩石抵抗变形的能力越高。岩石在轴向压力作用下,除产生轴向压缩外,还会产生横向膨胀。这种横向应变与轴向应变的比,称为岩石的泊松比。泊松比越大,表示岩石受力作用后的横向变形越大。岩石的泊松比一般为 0.2~0.4。

严格来讲,岩石并不是理想的弹性体,因而表达岩石变形特性的物理量也不是一个常数。通常所提供的弹性模量和泊松比的数值,只是在一定条件下的平均值。

(2)岩石的强度

岩石抵抗外力破坏的能力称为岩石的强度(strength)。岩石的强度单位用"Pa"表示。岩石的强度和应变形式有很大关系。岩石受力作用破坏,有压碎、拉断和剪断等形式,其强度可分为抗压强度、抗拉强度和抗剪强度等。

岩石的抗压强度(compressive strength)是指岩石在单向压力作用下抵抗压碎破坏的能力。在数值上等于岩石受压达到破坏时的极限应力(即单轴极限抗压强度)。岩石抗压强度是在单向压力无侧向约束的条件下测得的。常见岩石的抗压强度值见表1.8。

表 1.8　主要岩石的抗压强度值

岩　石　名　称	抗压强度/MPa
胶结不好的砾岩、页岩、石膏	<20
中等强度的泥灰岩、凝灰岩，中等强度的页岩，软而有微裂隙的石灰岩，贝壳石灰岩	20～40
钙质胶结的砾岩、微裂隙发育的泥质沙岩、坚硬页岩、坚硬泥灰岩	40～60
硬石膏、泥灰质石灰岩、云母及沙质页岩、泥质沙岩、角砾状花岗岩	60～80
微裂隙发育的花岗岩、片麻岩、正长岩、致密石灰岩、沙岩、钙质页岩	80～100
白云岩、坚固石灰岩、大理岩、钙质沙岩、坚固硅质页岩	100～120
粗粒花岗岩、非常坚硬的白云岩、钙质胶结的砾岩、硅质胶结的砾岩、粗粒正长岩	120～140
微风化安山岩、玄武岩、片麻岩、非常致密的石灰岩、硅质胶结的砾岩	140～160
中粒花岗岩、坚固的片麻岩、辉绿岩、玢岩、中粒辉长岩	160～180
致密细粒花岗岩、花岗片麻岩、闪长岩、硅质灰岩、坚固玢岩	180～200
安山岩、玄武岩、硅质胶结砾岩、辉绿岩和闪长岩、坚固辉长岩和石英岩	200～250
橄榄玄武岩、辉绿辉长岩、坚固石英岩和玢岩	>250

抗拉强度(tensile strength)是岩石在单向受拉条件下拉断时的极限应力值。岩石的抗拉强度远小于抗压强度。常见岩石的抗拉强度值见表 1.9。

表 1.9　常见岩石的抗拉强度值

岩石类型	抗拉强度/MPa	岩石类型	抗拉强度/MPa
花岗岩	4～10	大理岩	4～6
辉绿岩	8～12	石灰岩	3～5
玄武岩	7～8	粗沙岩	4～5
流纹岩	4～7	细沙岩	8～12
石英岩	7～9	页　岩	2～4

岩石的抗剪强度(shear strength)是指岩石抵抗剪切破坏的能力。在数值上等于岩石受剪破坏时剪切面上的极限剪应力。试验表明，岩石的抗剪强度随着剪切面上压应力的增加而增加，其关系可以概括为直线方程：$\tau = \sigma \tan \phi + c$，其中 τ 为剪应力、σ 为剪切面上的压应力、ϕ 为岩石的内摩擦角、c 为岩石的内聚力。很显然，内聚力 c 和内摩擦角 ϕ 是岩石的两个最重要的抗剪强度指标。常见岩石的内聚力和内摩擦角值见表 1.10。

在岩石强度的几个指标中，岩石的抗压强度最高，抗剪强度居中，抗拉强度最小。抗剪强度为抗压强度的 10%～40%；抗拉强度仅是抗压强度的 2%～16%。岩石越坚硬，其值相差越大，软弱的岩石差别较小。岩石的抗拉强度很小，当岩层受到挤压形成褶皱时，常在弯曲变形较大的部位受拉破坏，产生张性裂隙。

表 1.10　常见岩石内摩擦角和内聚力的范围值

岩石名称	内摩擦角 ϕ/(°)	内摩擦系数 $\tan \phi$	内聚力 c/MPa
花岗岩	45～60	1.0～1.73	10～50
流纹岩	45～60	1.0～1.73	15～50
闪长岩	45～55	1.0～1.43	15～50
安山岩	40～50	0.84～1.19	15～40
辉长岩	45～55	1.0～1.43	15～50
辉绿岩	45～60	1.0～1.73	20～60
玄武岩	45～55	1.0～1.43	20～60
沙　岩	35～50	0.7～1.19	4～40
页　岩	20～35	0.36～0.70	2～30
石灰岩	35～50	0.70～1.19	4～40
片麻岩	35～55	0.70～1.43	8～40
石英岩	50～60	1.19～1.73	20～60
大理岩	35～50	0.70～1.19	10～30
板　岩	35～50	0.70～1.19	2～20
片　岩	30～50	0.58～1.19	2～20

思考题

1.1　矿物和岩石的定义是什么？

1.2　矿物的物理性质包括哪些？

1.3　简述岩浆岩的产状特征、岩浆岩的分类及岩浆岩的结构和构造特征。

1.4　简述沉积岩的形成过程、沉积岩的分类及沉积岩的结构和构造特征。

1.5　什么是变质作用？变质作用有哪些类型？变质岩的结构和构造特征有哪些？

1.6　岩石的颗粒密度、密度、重力密度和空隙率的定义是什么？

1.7　岩石的吸水性、软化性和抗冻性分别指什么？

1.8　岩石的力学性质包括哪些内容？

第 **2** 章
地质构造及岩体的工程性质

2.1 地壳运动的概念及地质年代的划分

2.1.1 地壳运动

（1）地壳运动概述

自然界有许许多多的现象可以有力地证明地壳是不断运动变化的。由自然动力引起地壳或岩石圈甚至地球的物质组成、内部结构和地表形态变化和发展的作用称为地质作用（geological process）。

地质作用一方面不停息地破坏着地壳中已有的矿物、岩石、地质构造和地表形态，另一方面又不断地形成新的矿物、岩石、地质构造和地表形态。各种地质作用既有破坏性，又有建设性。在破坏中进行新的建设，在建设中又同时遭受破坏。就一条河流来说，流水对所流经的河谷和沿岸进行冲刷破坏，又将冲刷下来的泥沙、砾石、矿物在适宜的场所堆积起来，最后形成河漫滩、三角洲和阶地等地貌形态。

地质作用按其消耗能量和作用部位的不同，分为内动力地质作用和外动力地质作用两种。由地球内能（如旋转能、重力能、热能和结晶能与化学能等）引起整个岩石圈物质成分、内部构造、地表形态发生变化的作用称为内动力地质作用；由太阳辐射能、生物能、日月引力能等外能引起地表形态、物质成分发生变化的作用称为外动力地质作用。其中主要由内动力地质作用引起岩石圈的变化、变形以及地壳的增生和消亡的作用称为构造运动（structural movement）。构造运动控制着海陆分布，引起海、陆轮廓的变化、地壳的隆起和凹陷以及山脉、海沟的形成等；构造运动引起岩浆活动、火山作用、地震活动和变质作用；构造运动产生岩层褶皱与断裂等各种地质构造；构造运动还决定地表外动力地质作用的方式，控制地貌发育的过程。因此，构造运动是使地壳不断变化发展的最重要的一种地质作用，习惯上所说的地壳运动就是指构造运动。

构造运动按其运动方向可以分为两类：水平运动和垂直运动。地壳或岩石圈大致沿地球表面切线方向的运动称为水平运动，水平运动使地壳产生拉张、挤压，因而引起岩层的褶皱和断裂,以及形成巨大的褶皱山系或巨大的地堑、裂谷;地壳或岩石圈沿垂直于地球表面方向的运动称为垂直运动,垂直运动表现为大面积的上升运动和下降运动,引起大型的隆起或凹陷,产生海陆变迁。

地壳运动的产生和发展是不均衡的,各地区的影响也是不同的,它可以从各个地质时期的岩层褶皱、断裂以及岩浆活动、火山作用等反映出来。

(2)地壳运动的主要证据

1)地貌标志

地貌是内外动力地质作用的产物,但不同类型的地貌分布多受构造运动的控制。在上升运动的地区以剥蚀地貌为主;在下降运动的地区,则以堆积地貌为主。

2)沉积物标志

利用沉积物或沉积岩的厚度资料可以反映地壳升降运动的速度与幅度。例如,一般认为浅海的深度在 200 m 以内,如果浅海沉积物或沉积岩的厚度大于 200 m,则表明是在地壳不断下降又不断接受沉积的条件下产生的。

利用岩相变化资料可以反映地壳升降运动。将能反映沉积物或沉积岩生成环境的物质成分、结构、构造、生物化石等各种综合特征的术语称为岩相。岩相变化与构造运动存在着微妙的内在联系,当地壳发生升降运动时,古地理环境随着改变,沉积岩相也相应发生变化。一般来说,地壳上升,引起海退,在同一位置来说,颗粒粗的浅海沉积物覆盖在颗粒细的深海沉积物之上,甚至没有沉积而遭受剥蚀。地壳下降,引起海进,颗粒细的深海沉积物覆盖在颗粒粗的浅海沉积物之上。

3)地质构造的标志

褶皱和断层是构造运动的产物,反过来它们又是构造运动的证据。通过对褶皱、断层的分析,可以恢复构造运动的性质和方向。孤立的平缓穹隆构造或高角度正断层的出现,代表整个地区有上升运动。水平运动导致地块的相互挤压则形成紧密的褶皱、逆断层、逆掩断层,特别是大规模的推复构造。水平运动导致地块的相互背离,则会引起断陷。

地层的接触关系反映构造运动直观明了。上下两套地层之间的接触关系是构造运动的综合表现。地层的接触关系有沉积岩之间的整合接触、不整合接触,以及岩浆岩与围岩之间的沉积接触和侵入接触 。沉积接触岩浆岩侵入体遭受风化剥蚀后,又被新沉积岩层所覆盖的接触关系。侵入接触是岩浆上升侵入于围岩之中,经冷凝后形成的岩浆岩体与围岩的接触关系。

对于岩浆岩,若其形成早于其上的沉积岩,称为沉积接触;若先形成沉积岩,其下又有岩浆活动形成岩浆岩,在岩浆岩中存在沉积岩的捕虏体,某些沉积岩产状不连续,间断部分为岩浆岩,此种接触关系称为侵入接触。断层接触关系不同于以上任何一种,存在于各种成因的岩石中。

整合(conformity)是指上下两套地层产状完全一致、时代连续的地层接触关系。这种地层接触关系反映除缓慢的地壳升降外没有发生过显著的构造运动,而且沉积作用是连续的,如图2.1(a)所示。

不整合(unconformity)是指上下两套地层时代不连续,即两套地层间有地层缺失的地层接触关系。这种地层接触关系反映了在一套地层沉积以后,发生了显著或较强烈的构造运动:或者是上升运动使该地区全部从海面以下上升成为陆地,或者是水平运动使该地区褶皱成山而高出海面,或者是两种运动兼而有之。总之,地壳升出水面以后,不仅沉积中断了,而且已经沉积的地层也被风化剥蚀掉一部分,后来又下降到海里,再接受沉积,新沉积的地层和原先沉积的并且经过构造运动的较老地层之间产生了不连续的接触关系,或者说发生了沉积间断,形成了不整合的接触关系。存在于接触面之间因沉积间断而产生的剥蚀面,称为不整合面。

不整合据其情况可以进一步分为:

①平行不整合:如果不整合面上下两套岩层之间的产状基本上是一致的称为平行不整合,也称为假整合(disconformity),如图 2.1(b)所示。平行不整合反映地壳有一次显著的升降运动。它的形成过程是:陆地下降接受沉积→上升接受剥蚀→再下降接受沉积,即反映该地区有显著的升降运动。

②角度不整合:如果不整合面上下两套岩层间的产状是斜交的,称为角度不整合(angular unconformity),如图 2.1(c)所示。角度不整合反映地壳有一次显著的水平运动。它的形成过程是:陆地下降接受沉积→水平挤压(岩层褶皱、断裂)上升接受剥蚀→再下降接受沉积,即反映该地区有显著的水平运动。

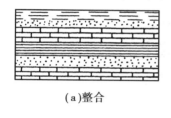 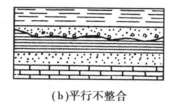 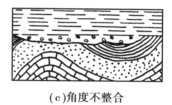

(a)整合　　　　　　　　　(b)平行不整合　　　　　　　　(c)角度不整合

图 2.1　地层的接触关系

2.1.2　地质年代

地球形成到现在已有 60 亿年以上的历史,在这漫长的岁月里,地球经历了一连串的变化,这些变化在整个地球历史中可分为若干发展阶段。地球发展的时间段落称为地质年代。地质年代在工程实践中常被用到,当需要了解一个地区的地质构造、岩层的相互关系以及阅读地质资料或地质图时都必须具备地质年代的知识。地质学上计算时间的方法有两种:一种是相对年代,另一种是绝对年龄(同位素年龄)。

(1)相对年代及其确定

整个地质历史时期地质作用在不停息地进行着。各个地质历史阶段,既有岩石、矿物和生物的形成和发展,也有它们被破坏和消亡。将各个地质历史时期形成的岩石,结合埋藏在岩石中能反映生物演化程序的化石和地质构造,按先后顺序确定下来,展示岩石的新老关系,这就是相对年代(relative time)。

相对地质年代的确定主要是依据岩层的沉积顺序、生物演化和地质构造关系,也可以说是主要依据地层学、古生物学、构造地质学方法。

沉积岩地层在形成过程中总是一层一层叠置起来的,它们存在下面老、上面新的相对关系。将一个地区所有的岩层按由下到上的顺序衔接起来,就能划分出不同时期形成的岩层,这种与时间含义相联系的岩层称为地层(stratum)。一个地区在地质历史上不可能永远处于沉积状态,常常是一个时期接受沉积,另一个时期遭受剥蚀,产生沉积间断。因此,现今任何地区保存的地层剖面中都会缺失某些时代的地层,造成地质记录的不完整。为了建立广大区域乃至全球性的地层系统,就需要将各地地层剖面加以综合研究和对比,归纳出一个大体上统一的地层剖面作为准绳。确定地层的上下关系和相对年代的方法称为地层学方法(stratigraphy)。

进行地层的对比和划分工作,除了利用沉积顺序之外,主要根据埋藏在岩石中古代生物的遗体或遗迹——化石(fossil)。地质历史中各种地质作用不断地进行,使地球表面的自然环境不断地变化,生物为了适应这种变化,不断地改变着自身内外器官的功能。据研究,生物的演化趋势总是由低级到高级、由简单向复杂。各个地质年代都有适应当时自然环境的特有生物群。一般来说,地质时代越老,生物越低级简单;地质时代越新,生物越高级复杂。老地层中保留简单而低级的化石,新地层中保留复杂而高级的化石。因此,无论岩石性质是否相同,只要它们所含化石相同,它们的地质时代就相同。根据地层中的化石种属建立地层层序和确定地质年代的方法称为古生物学法(palaeontology)。

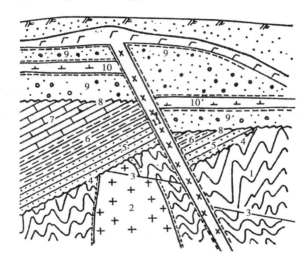

图 2.2　岩层、岩体的切割关系
(图中数字代表岩层形成顺序,2,10,11 为岩体)

构造运动和岩浆活动的结果,使不同时代的岩层、岩体之间出现断裂和穿插关系,利用这种关系可以确定这些地层(或岩层)的先后顺序和地质时代,这种方法称为构造地质学方法(tectonics)。如图 2.2 中,岩体 2 侵入到 1 中,说明 2 比 1 新;岩墙 11 穿插于 1 至 10 的各个岩层、岩体中,说明岩墙 11 的时代最新。

(2)地层年代的单位与地层单位

利用上述地质学方法,对全世界地层进行对比研究,综合考虑地层形成顺序、生物演化阶段、构造运动和古地理特征等因素,将地质历史划分为两大阶段,每个大阶段称为"宙",由老到新分别命名为隐生宙、显生宙;宙以下为代,隐生宙分为太古代和元古代;显生宙分为古生代、中生代和新生代;代以下为纪,如中生代分为三叠纪、侏罗纪、白垩纪;纪以下为世,如白垩纪分为早白垩世和晚白垩世。宙、代、纪、世是国际统一规定的名称和年代划分单位。每个年代单位有相应的地层单位,如显生宙为年代单位,相应的地层单位是显生宇。年代单位和地层单位的对应关系见表 2.1。

表 2.1　地质年代单位与对应的地层单位表

地质年代单位	宙	代	纪	世
年代地层单位	宇	界	系	统

(3)同位素年龄(绝对年龄)及其测定

相对年代只能说明各种岩石、地层的相对新老关系,而不能确切地说明某种岩石或岩层的形成距今多少年。确定相对年代的主要依据——化石,多含在沉积岩的较新的一部分岩石中。还有很厚一段目前尚未发现明显化石的古老地层和岩浆岩,不含化石的变质岩(部分变质岩中的化石不能说明变质岩的形成年代,只能说明变质前该岩石的形成年代),因而需要用其他方法来测定它们的形成年代。

自然界中某些物质的蜕变现象被发现以后,地质学家们就利用放射性同位素的蜕变规律来计算矿物或岩石的年龄,称为同位素年龄或绝对年龄。这种方法已在地质领域中广泛应用。

放射性同位素很多,大多数蜕变速率很快,但也有一些放射性元素蜕变很慢,具有以亿年计的半衰期,见表 2.2。

表 2.2　用于测定地质年代的放射性同位素

母同位素	子同位素	半衰期	衰变常数
铀(U^{238})	铅(Pb^{206})	$4.5 \times 10^9 a$	$1.54 \times 10^{-10} a^{-1}$
铀(U^{235})	铅(Pb^{207})	$7.1 \times 10^8 a$	$9.72 \times 10^{-10} a^{-1}$
钍(Th^{232})	铅(Pb^{208})	$1.4 \times 10^{10} a$	$0.49 \times 10^{-10} a^{-1}$
铷(Rb^{87})	锶(Sr^{87})	$5.0 \times 10^{10} a$	$0.14 \times 10^{-10} a^{-1}$
钾(K^{40})	氩(Ar^{40})	$1.5 \times 10^9 a$	$4.72 \times 10^{-10} a^{-1}$
碳(C^{14})	氮(N^{14})	$5.7 \times 10^3 a$	

如果能取得某种矿物中母同位素的总量 P、蜕变产物(子同位素)总量 D,利用已知蜕变系数 λ,可根据公式

$$t = \frac{1}{\lambda} \ln\left(1 + \frac{D}{P}\right)$$

可求得岩石或矿物的同位素年龄 t。

同位素年龄测定方法的应用,使地质年代学获得了巨大进展。随着测试成果的不断积累,地质历史的演化面貌逐渐清晰地展现出来,只是这种测试工作精度要求极高、耗资大,需由专门的实验室进行。

目前世界各地地表出露的古老岩石都已进行了同位素年龄的测定。例如,南美洲圭亚那的角闪岩为(4 130±170)Ma(铷-锶法测定);我国翼东铬云母石英岩为 3 650~3 770 Ma(铀-铅法测定);等等。

(4)地质年代表

通过对全球各个地区地层剖面的划分与对比,以及对各种岩石进行同位素年龄测定所积

累的资料,结合生物演化和地球构造演化的阶段性,综合得出地质年代表2.3。同位素年龄和相对年代对比应用,相辅相成,使地质历史演化过程的时间概念更加准确。

表2.3 地质时代及生物历史对照表

地质年代				距今年龄/百万年	主要地壳运动	主要现象
宙	代	纪	世			
显生宙 PH	新生代 Kz	第四纪 Q	全新世	2~3	喜马拉雅运动	人类出现、发展
			晚更新世			
			中更新世			
			早更新世			
		第三纪 R	晚第三纪 N 早、晚	25		
			早第三纪 E 早、中、晚	70		地壳初具现代轮廓,哺乳类动物、鸟类急速发展,并开始分化
	中生代 Mz	白垩纪 K 早、晚		135	燕山运动	地壳运动强烈,岩浆活动
		侏罗纪 J 早、中、晚		180		除西藏等地区外,我国广大地区已上升为陆,恐龙极盛,出现鸟类
		三叠纪 T 早、中、晚		225	印支运动	华北为陆,华南浅海,恐龙、哺乳类动物发育
	古生代 Pz	晚古生代 Pz2	二叠纪 P 早、晚	270	海西运动（华力西运动）	华北至此为陆,华南浅海,冰川广布,地壳运动强烈,间有火山爆发
			石炭纪 C 早、中、晚	350		华北时陆时海,华南浅海,陆生植物繁盛,珊瑚、腕足类、两栖类动物繁盛
			泥盆纪 D 早、中、晚	400		华北为陆,华南浅海,火山活动,陆生植物发育,两栖动物发育,鱼类极盛
		早古生代 Pz1	志留纪 S 早、中、晚	440	加里东运动	华北为陆,华南浅海,局部地区火山爆发,珊瑚、笔石极盛
			奥陶纪 O 早、中、晚	500		海水广布,三叶虫、腕足类、笔石极盛
			寒武纪 C 早、中、晚	600		浅海广布,生物开始大量发展,三叶虫极盛

续表

地质年代				距今年龄/百万年	主要地壳运动	主要现象
宙	代	纪	世			
元古宙 PT	新元古代 Pt3	震旦纪 Z_z		700	晋宁运动	浅海与陆地相间出露,有沉积岩形成,藻类繁盛
	中元古代 Pt2	青白口纪 Z_q		1 000	蓟县运动	
		蓟县纪 Z_j		1 400±50		
		长城纪 Z_c		1 700±	吕梁运动	
	古元古代 Pt1			2 050±		
太古宙 AR	新太古代 A_{r2}				五台运动	海水广布,构造运动及岩浆活动强烈,开始出现原始生命现象
	古太古代 A_{r1}			3 650	鞍山运动	
	冥古宙 HD					

2.2 地 质 构 造

组成地壳的岩层或岩体因受力而发生变位、变形留下的形迹称为地质构造(geological structure)。地质构造在层状岩石中最明显,在块状岩体中也存在。地质构造的基本类型有:水平构造、单斜构造、褶皱构造和断裂构造等。

确定岩层的产出状况是研究地质构造的基础。为此,地质学中常常应用岩层产状(attitude of stratum)的概念。

岩层产状是指岩层在空间的位置,是用岩层层面的走向、倾向和倾角三个产状要素(elements of attitude)(图 2.3)来表示的。

①走向(strike) 岩层面与水平面的交线所指的方向,该交线是一条直线,称为走向线,它有两个方向,相差 180°。

②倾向(dip) 岩层面上最大倾斜线在水平面上投影所指的方向,或岩层面上法线在水平面上投影所指的方向。该投影线是一条射线,称为倾向线,只有一个方向。倾向线与走向线互为垂直的关系。

③倾角(dip angle) 岩层面与水平面的交角。一般指最大倾斜线与倾向线之间的夹角。

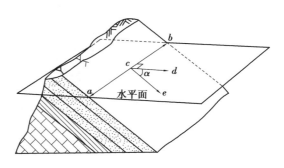

图 2.3 岩层的产状要素

ab—走向线;*cd*—倾向线;*ce*—倾斜线;*α*—倾角

可以看出,用岩层产状的三个要素,能表达经过构造变动后的构造形态在空间的位置。

岩层产状测量是地质调查中的一项重要工作,在野外是用地质罗盘直接在岩层的层面上测量的,如图2.4所示。

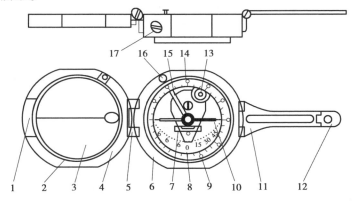

图 2.4 地质罗盘结构

1—瞄准钉;2—固定圈;3—反光镜;4—上盖;5—连接合页;6—外壳;
7—长水准器;8—倾角指示器;9—压紧圈;10—磁针;11—长准照合页;
12—短水准合页;13—圆水准器;14—方位刻度环;15—拔杆;
16—开关螺钉;17—磁偏角调整器

测量走向时,使罗盘的长边紧贴层面,将罗盘放平,水准泡居中,读指北针所示的方位角,就是岩层的走向。测量倾向时,将罗盘的短边紧贴层面,水准泡居中,读指北针所示的方位角,就是岩层的倾向。因为岩层的倾向只有一个,所以在测量岩层的倾向时要注意将罗盘的北端朝向岩层的倾斜方向。测量倾角时,需将罗盘竖起来,使长边与岩层的走向垂直,紧贴层面,等倾斜器上的水准泡居中后,读悬锤所示的角度,就是岩层的倾角,如图2.5所示。

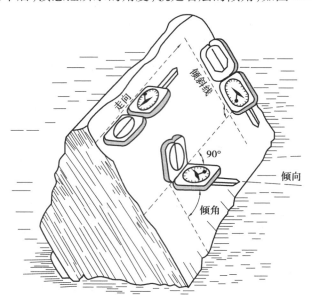

图 2.5 岩层产状的测量方法

由地质罗盘仪测得的数据,一般有两种记录方法,即象限角法和方位角法,如图 2.6 所示。

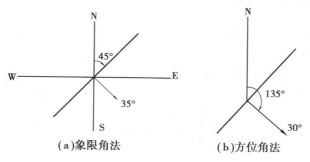

图 2.6 岩层产状表示法

①象限角法 以东、南、西、北为标志,将水平面划分为四个象限,以正北或正南方向为 0°,正东或正西方向为 90°,再将岩层产状投影在该水平面上,将走向线和倾向线所在象限及它们与正北或正南方向所夹的锐角记录下来。一般按走向、倾角、倾向的顺序记录。例如:N45°E∠30°SE,表示该岩层产状走向 N45°E,倾角 30°,倾向 SE。

②方位角法 将水平面按顺时针方向划分为 360°,以正北方向为 0°,再将岩层产状投影到该水平面上,将倾向线与正北方向所夹角度记录下来,一般按倾向、倾角的顺序记录。例如:135°∠30°,表示该岩层产状为倾向距正北方向 135°,倾角 30°。因岩层走向与倾向之间的夹角为 90°,所以由倾向加减 90°就是走向。

③地质图上的表示(图 2.7):

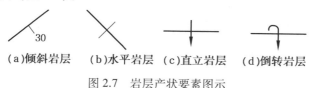

图 2.7 岩层产状要素图示

a.倾斜岩层:长线代表走向,短线代表倾向,数字表示倾角;

b.水平岩层(倾角为 0°~5°):长线代表走向;

c.直立岩层:长线代表走向,箭头指向新岩层;

d.倒转岩层:长线代表走向,箭头指向倒转后的倾向。

2.2.1 水平构造

岩层产状近于水平(一般倾角小于 5°)的构造称为水平构造(horizontal structure),如图 2.8所示。水平构造出现在构造运动较为轻微的地区或大范围均匀抬升或下降的地区,一般都在平原、高原或盆地中部,其岩层未见明显变形。如川中盆地上侏罗统岩层,在某些地区表现为水平构造。水平构造中较新的岩层总是位于较老的岩层之上。当岩层受切割时,老岩层出露在河谷低洼区,较新岩层出露在较高的地方。不同地点在同一高程上,出现的是同一岩层。

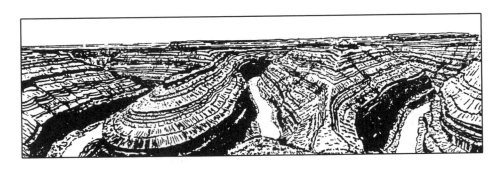

图 2.8　水平构造和深切曲线

（圣·胡安河峡谷,据 E.C.La Rue 改绘）

2.2.2　单斜构造

岩层层面与水平面之间有一定夹角时,称为单斜岩层(dipping structure),如图 2.9 所示。单斜构造是大区域内的不均匀抬升或下降,使原来水平的岩层向某一方向倾斜形成的简单构造。

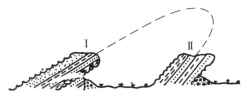

图 2.9　正常层序和倒转层序

Ⅰ—正常层序,波峰朝上;Ⅱ—倒转层序,波峰朝下

岩层形成后,经受构造运动产生变位、变形,改变了原始沉积时的状态,但仍然保持顶面在上、底面在下、岩层是下老上新的正常层序。倘若岩层受到强烈变位,使岩层倾角近于 90°时,称为直立岩层。当岩层顶面在下、底面在上时,则岩层层序发生倒转,层序是下新上老,称为倒转层序。

岩层的正常与倒转主要依据化石确定,也可以根据岩层层面特征以及沉积岩岩性和构造特征来判断确定。如泥裂的裂口正常特征是上宽下窄,直至尖灭;波痕的波峰一般比波谷窄而尖,正常情况是波峰向上。根据沉积岩层层面上的泥裂、波痕等特征可以确定岩层的正常与倒转(图 2.9)。

2.2.3　褶皱构造

(1)褶皱的基本形态

组成地壳的岩层受构造应力的强烈作用,使岩层形成一系列波状弯曲而未丧失其连续性的构造,称为褶皱构造(folding structure)。褶皱构造是岩层产生塑性变形的表现,是地壳表层广泛发育的基本构造之一。

褶皱(fold)的基本类型有两种:背斜和向斜,如图 2.10 所示。

背斜(anticline)是岩层向上拱起的弯曲,其中心部分为较老岩层,向两侧依次变新。向斜(syncline)是岩层向下凹的弯曲,其中心部分为较新岩层,向两侧依次变老。如岩石未经剥蚀,则背斜成山,向斜成谷,地表仅见到时代最新的地层。若褶皱遭受风化剥蚀,则背斜山被削平,整个地形变得比较平坦,甚至背斜遭受强烈剥蚀形成谷地,向斜反而成为山脊,如图 2.11 所示。

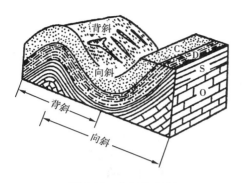

图 2.10　向斜和背斜

图 2.11　背斜成谷,向斜成山

背斜和向斜遭受风化剥蚀后,地表可见不同时代的地层出露。在平面上认识背斜和向斜,是根据岩层的新老关系作有规律地分布确定的。若中间为老地层,两侧依次对称出现新地层,则为背斜构造;若中间为新地层,两侧依次对称出现老地层,则为向斜构造。

(2)褶皱要素

对于各式各样的褶皱进行描述和研究,认识和区别不同形状、不同特征的褶皱构造,需要统一规定褶皱各部分的名称。组成褶皱各个部分的单元称为褶皱要素(geometric elements of fold)。

①核(core)　褶皱的中心部分。这里指褶皱岩层受风化剥蚀后,出露在地面上的中心部分。如图 2.12 中,背斜的核部为奥陶纪地层分布地区;向斜的核部为石炭纪地层分布地区。在剖面上看,图 2.12 中寒武纪地层组成了背斜的核部。背斜剥蚀越深,核部地层出露越老。因此,一个褶皱的不同地段,往往由于剥蚀深度上的差异,可以出露不同时代的地层,故核与翼仅是相对概念。

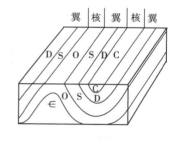

图 2.12　组成褶皱的岩层经剥蚀后,平面上岩层呈对称排列

②翼(limb)　褶皱核部两侧对称出露的岩层。图 2.12 中志留纪、泥盆纪地层为背斜的翼部,又是向斜的翼部。相邻的背斜和向斜之间的翼是共有的。

③枢纽(hinge line)　褶皱在同一层面上各最大弯曲点的连线。褶皱的枢纽有水平的,有倾斜的,也有波状起伏的。

④轴面(axial plane)　连接褶皱各层的枢纽构成的面。在一定情况下,它是平分褶皱的一个假想面。褶皱的轴面可以是一个简单的平面,也可以是一个复杂的曲面。轴面可以是直立的、倾斜的或平卧的。

(3)褶皱的主要类型

褶皱的几何形态很多,其分类也不相同,现在仅介绍按轴面产状及枢纽产状两种分类:

1)按褶皱的轴面产状分类

①直立褶皱(upright fold)　轴面直立,两翼岩层倾向相反,倾角基本相等,如图 2.13(a)所示。在横剖面上两翼对称,所以也称为对称褶皱。

②倾斜褶皱(inclined fold)　轴面倾斜,两翼岩层倾向相反,倾角不等,如图 2.13(b)所示。在横剖面上两翼不对称,所以又称为不对称褶皱。

③倒转褶皱(overfold) 轴面倾斜,两翼岩层倾向相同,一翼岩层层位正常,另一翼老岩层覆盖于新岩层之上,层位发生倒转,如图2.13(c)所示。

④平卧褶皱(recumbent fold) 轴面水平或近于水平,两翼岩层产状也近于水平,一翼岩层层位正常,另一翼发生倒转,如图2.13(d)所示。

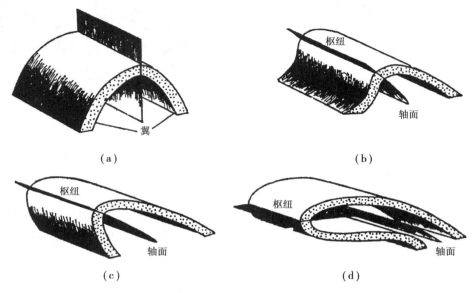

图 2.13　各种褶皱

在褶皱构造中,褶皱的轴面产状和两翼岩层的倾斜程度,常和岩层的受力性质及褶皱的强烈程度有关。在褶皱不太强烈和受力性质比较简单的地区,一般多形成两翼岩层倾角舒缓的直立褶皱或倾斜褶皱;在褶皱强烈和受力性质比较复杂的地区,一般两翼岩层的倾角较大,褶皱紧闭,并常形成倒转或平卧褶皱。

2)按褶皱的枢纽产状分类

①水平褶皱(nonplunging fold) 褶皱枢纽水平,两翼岩层的露头线平行延伸,如图2.14(a)、(c)所示。

②倾伏褶皱(plunging fold) 褶皱的枢纽向一端倾伏,两翼岩层的露头线不平行延伸,或呈"之"字形分布,如图2.14(b),(d)所示。

当褶皱的枢纽倾伏时,在平面上会看到,褶皱的一翼逐渐转向另一翼,形成一条圆滑的曲线。在平面上,褶皱从一翼弯向另一翼的曲线部分,称为褶皱的转折端,在倾伏背斜的转折端,岩层向褶皱的外方倾斜(外倾转折)。在倾伏向斜的转折端,岩层向褶皱的内方倾斜(内倾转折)。在平面上倾伏褶皱的两翼岩层在转折端闭合,是区别于水平褶皱的一个显著标志。

褶皱规模有大有小,大的可以延伸几十千米到数百千米,小的在手标本上可见。若褶皱长宽比大于10:1,延伸的长度大而分布宽度小的,称为线形褶皱。

褶皱向两端倾伏,长宽比为10:1~3:1,呈长圆形的,如是背斜,称为短背斜;如是向斜,称为短向斜。长宽比小于3:1的圆形背斜,称为穹隆;向斜称为构造盆地。

（4）褶皱构造的工程地质评价

从地质构造条件看,在路线工程中往往遇到的是大型褶皱构造的一部分,无论是背斜还是向斜,在褶皱的翼部遇到的,基本上是单斜构造。因此,在实际工程中,倾斜岩层的产状与路线

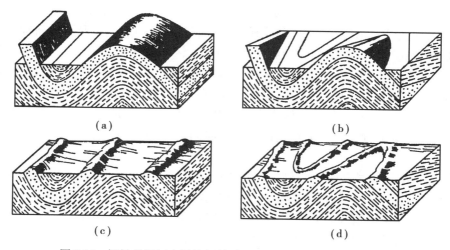

图 2.14　褶皱的枢纽水平及倾斜时,风化剥蚀后岩层的沿展状况

或隧道轴线走向的关系问题就显得尤其重要。

对于深路堑和高边坡来说,路线垂直岩层走向或路线和岩层走向平行但岩层倾向与边坡倾向相反时,只就岩层产状与路线的走向而言,对路基边坡的稳定性是有利的;不利的情况是路线走向和岩层的走向平行,边坡与岩层的倾向相同,特别在云母片岩、绿泥石片岩、滑石片岩、千枚岩等软质岩石分布地区,坡面容易发生风化剥落,产生严重坍塌,对路基边坡及路基排水系统造成经常性的危害;最不利的情况是路线与岩层走向平行,岩层倾向与路基边坡一致,而边坡的坡角大于岩层的倾角,特别在石灰岩、沙岩与泥岩互层,且有地下水作用时,如路堑开挖过深,边坡过陡,或者由于开挖使软弱结构面暴露,都容易引起斜坡岩层发生大规模的顺层滑移,破坏路基稳定。

对于隧道工程而言,从褶皱的翼部通过是比较有利的。如果中间有软质岩层或软弱构造面时,则在顺倾向一侧的洞壁出现明显的压扁现象,甚至会导致支撑破坏,发生局部坍塌。

在褶皱构造的轴部,从岩层的产状来说,是岩层倾向发生显著变化的地方,就构造作用对岩层整体性的影响来说,又是岩层受应力作用最集中的地方。所以在褶皱构造的轴部,不论公路、隧道和桥梁工程,容易遇到工程地质问题。主要是由于岩层破碎而产生的岩体稳定性问题和向斜轴部的地下水问题。这些问题在隧道工程中更为突出,容易产生隧道塌顶和涌水问题,时常会严重影响正常施工。

(5) 褶皱的野外识别方法

在野外辨别褶皱时,首先判断褶皱是否存在并区别背斜和向斜,然后确定其形态特征。在少数情况下,如沿着山区河谷,岩层的弯曲经常直接暴露,背斜或向斜容易识别,但在大多数情况下,地面岩层呈倾斜状态,岩层弯曲的面貌不能一目了然,因此,需要正确判别背斜和向斜是一项基本技能。

首先,地形上的高低并不是判断背斜和向斜的标志。岩石变形之初,背斜高而向斜低,即背斜成山,向斜成谷,这时的地形是地质构造的直观反映。但是经过较长时间剥蚀后,地形发生变化,可能背斜变成低地或沟谷,称为背斜谷。向斜的地形较相邻背斜高,称为向斜山。这种地形高低与褶皱形态凹凸相反的现象,称为地形倒置。

地形倒置的形成原因是背斜遭受剥蚀的速度较向斜快。因为背斜轴部裂隙发育,岩层较为破碎,而且地形突出,剥蚀作用易于快速进行。如果褶皱的上层岩石坚硬,下层岩石较弱,强烈的剥蚀作用便首先切开上层,一旦剥蚀到下层,其破坏速度加快。相反,向斜轴部岩层较为完整,并常有剥蚀产物在轴部堆积,起到"保护"作用,因而剥蚀速度较背斜轴部慢。除了地形倒置,有些山岭既非背斜,也非向斜,而是由单斜岩层组成,称为单斜山。单斜山中,如岩层倾角平缓,且顺岩层倾向一侧的山坡较缓,另一侧山坡较陡,称为单面山。另外,岩层的倾斜状况也非判别背斜和向斜的可靠标志。因为直立褶皱或倾斜褶皱两翼岩层的倾斜方向虽然相反,但是倒转褶皱、平卧褶皱的两翼岩层均向同一方向倾斜,如果单纯从倾向来看,会错误的将其视为单斜。

褶皱存在的标志是在沿倾向方向上相同年代的岩层以对称式重复出现,就背斜而言,核部岩层较两侧岩层为老,而向斜的核部较两侧岩层为新,可根据此来区分背斜和向斜。如果进一步观测与比较两翼岩层层序及倾向和倾角,就可确定褶皱的形态。两翼岩层倾向相反、倾角相等,则为直立褶皱;两翼岩层倾向相反、倾角不等,则为倾斜褶皱;两翼岩层倾向相同,其中一翼岩层倒转,则为倒转褶皱;两翼岩层界线彼此基本平行延伸,则为水平褶皱;两翼岩层界线在一端弯曲封闭,则为倾伏褶皱。在进行褶皱定名时,应按褶皱横剖面分类,褶皱纵剖面分类和褶皱基本形式进行综合定名,如倾斜倾伏背斜等。

2.2.4 断裂构造

岩体、岩层受力作用发生变形,当所受的力超过岩石本身的强度时,岩石的连续性和完整性遭到破坏,形成断裂构造(fracturing structure)。断裂构造是常见的地质构造,包括节理和断层。

(1) 节理

节理(joint)是存在于岩层、岩体中的一种破裂,破裂面两侧的岩块没有发生显著位移的小型断裂构造。

节理是野外常见的构造现象,自然界的岩体中几乎都有节理存在,而且一般是成群出现。凡是在同一时期同一成因条件下形成的彼此平行或近于平行的节理归为一组,称为节理组(joint set)。节理的长度不一,有的节理仅几厘米长,有的达几米到几十米长;节理的间距也不一样。节理面有平整的,也有粗糙弯曲的。其产状可以是直立、倾斜或水平的。按形成节理的力学性质,节理可分为在张力作用下形成的张节理和在剪切力作用下形成的剪节理。张节理的特点是:产状不稳定,规模小;有张开的裂口,节理面粗糙,面上无擦痕;节理间距大,分布稀疏且不均匀;节理面常绕开较硬的碎屑颗粒。剪节理的特点是:产状稳定且沿走向延伸较远;裂口紧闭,节理面平直光滑,面上常有擦痕;节理间距小,分布密集且均匀;节理面常常见碎屑颗粒被切开。

节理的成因多种多样。在岩石形成过程中产生的节理称为原生节理(primary joint),如喷出岩在冷凝过程中形成的柱状节理。岩石形成后才形成的节理称为次生节理(secondary joint),如构造运动产生的节理。

岩体中的节理,在工程上除有利于开挖外,对岩体的强度和稳定性均有不利的影响。岩体中存在节理,破坏了岩体的整体性,促进岩体风化速度,增强岩体的透水性,因而使岩体的强度和稳定性降低。当节理主要发育方向与线形工程路线走向平行,倾向与边坡一致时,无论岩体的产状如何,都容易发生崩塌等不良的地质现象。在路基施工中,如果岩体存在节理,还会影响爆破作业的效果。因此,当节理有可能成为影响工程设计的重要因素时,应当对节理进行深入的调查研究,详细论证节理对岩体工程建筑条件的影响,采取相应措施,以保证建筑物的稳定和正常使用。

（2）断层

岩层或岩体受力破裂后,破裂面两侧岩块发生了显著位移,这种断裂构造称为断层（fault）。因此,断层包含了破裂和位移两重含义。断层是地壳中广泛发育的地质构造,其种类很多,形态各异,规模大小不一。小的断层在手标本上就可以看到,大的断层延伸数百甚至数千千米。断层深度也不一致,有的很浅,有的很深,甚至切穿岩石圈。

断层主要由构造运动产生,也可以由外动力地质作用（如滑坡、崩塌、岩溶陷落、冰川等）产生。外动力地质作用产生的断层一般规模较小。

1）断层要素

一条断层由几个单元组成,称为断层要素。通常根据各要素的不同特征来描述和研究断层。最基本的断层要素是:断层面和断盘（图 2.15）。

①断层面（fault surface）　两侧岩块发生相对位移的断裂面。断层面可以是直立的,但大多数是倾斜的。断层面的产状和岩层层面的产状一样,用走向、倾向和倾角来表示。规模大的断层,经常不是沿着一个简单的面发生,它的断层面往往是由许多破裂面构成的断裂带,其宽度从数厘米到数十米不等。断层的规模越大,断裂带也就越宽、越复杂。由于两侧岩块沿断层面发生错动,所以在断层面上常留有擦痕,在断层带中常有破碎岩石构成的糜棱岩、断层角砾岩和断层泥等。

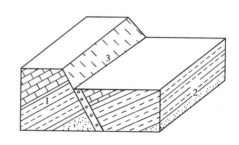

图 2.15　断层要素图
1,2—断盘;3—断层面

②断层线（fault line）　断层面和地面的交线。

③断盘（fault wall）　断层面两侧的岩块。当断层面倾斜时,位于断层面上部的称为上盘;位于断层面下部的称为下盘。当断层面直立时,常用断块所在的方位表示,如东盘、西盘等。如以断盘位移的相对关系为依据,则将相对上升的一盘称为上升盘,相对下降的一盘称为下降盘。上升盘和上盘,下降盘和下盘并不完全一致,上升盘可以是上盘,也可以是下盘。同样,下降盘可以是下盘,也可以是上盘,两者不能混淆。

④断距（displacement）　断层两盘沿断层面相对滑动的距离。

2）断层的主要类型

断层的分类方法很多,因而有各种不同的类型。根据断层两盘相对位移的情况,可以分为以下 3 种:

①正断层（normal fault）　上盘沿断层面相对下降,下盘相对上升的断层。其断层面倾角较陡,一般在 45°以上。正断层一般是由于岩体受到张力及重力作用,使上盘沿断层面向下错动形成的,如图 2.16（a）所示。

②逆断层（reverse fault）　上盘沿断层面相对上升,下盘相对下降的断层。逆断层一般是由于岩体受到水平方向强烈挤压力的作用,使上盘沿断层面向上错动而成,如图 2.16（b）所示。断层面从陡倾角至缓倾角都有。其中断层面倾角大于 45°的,称为逆冲断层;断层面倾角

介于 25°~45°之间的,称为逆掩断层;断层面倾角小于 25°的,称为碾掩断层(又称为碾掩构造或推复构造)。逆掩断层和碾掩断层常是规模很大的区域性断层。

③平移断层(strike-slip fault) 由于岩体受水平剪切作用,使两盘沿断层面产生相对水平位移的断层,如图 2.16(c)所示。平移断层的倾角很大,断层面近于直立,断层线比较平直。

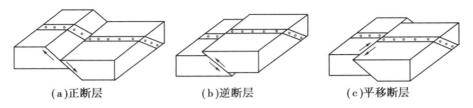

(a)正断层   (b)逆断层   (c)平移断层

图 2.16 断层类型

3)断层的组合类型

断层的形成和分布受着区域性或地区性地应力场的控制,因而常常是成列出现,并且以一定的排列方式有规律地组合在一起,形成不同形式的组合类型。

①阶状断层(step faults) 由两条或两条以上倾向相同而又相互平行的正断层组合形成,其上盘依次下降呈阶梯状,如图 2.17(a)所示。

②地堑(graben) 由两条走向大致平行而性质相同的断层组合成一个中间断块下降,两边断块相对上升的构造,如图 2.17(b)所示。

③地垒(horst) 由两条走向大致平行而性质相同的断层组合成一个中间断块上升、两边断块相对下降的构造,如图 2.17(b)所示。

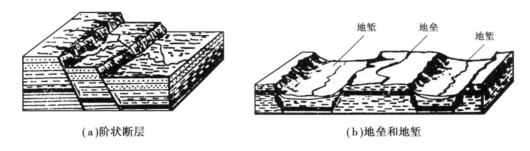

(a)阶状断层   (b)地垒和地堑

图 2.17 断层的组合类型

构成地堑、地垒的断层一般为正断层,但也可以是逆断层。

④叠瓦构造(imbricate structure) 逆断层可以单独出现,也可以成群出现。当多条逆断层平行排列、倾向一致时,便形成叠瓦构造。

在地形上,地堑常形成狭长的凹陷地带,如我国山西的汾河河谷、陕西的渭河河谷等,都是有名的地堑构造。地垒多形成块状山地,如天山、阿尔泰山等都广泛发育地垒构造。

4)断层的工程地质评价

由于岩层发生强烈的断裂变动,致使岩体的裂隙增多、岩石破碎、风化严重、地下水发育,从而降低了岩石的强度和稳定性,对工程建设造成了种种不利影响。因此,在公路工程建设中确定路线布局、选择桥位和隧道位置时,要尽量避开大的断层破碎带。

在研究路线布局,特别在安排河谷路线时,要特别注意河谷地貌与断层构造的关系。当断层走向与路线平行,路基靠近断层破碎带时,由于开挖路基,容易引起边坡发生大规模坍塌,直接影响施工和公路的正常使用。在进行大桥桥位勘测时,要注意查明桥基部分有无断层存在及其影响程度如何,以便根据不同情况,在设计基础工程时采取相应措施。

在断层发育地带修建隧道是最不利的一种情况。由于岩层的整体性遭到破坏,加之地面水和地下水的侵入,其强度和稳定性是很差的,容易产生洞顶塌落,影响施工安全。因此,当隧道轴线与断层走向平行时,应尽量避免与断层破碎带接触。隧道横穿断层时,虽然只有个别地段受断层影响,但因地质与水文地质条件不良,必须预先考虑措施,保证施工安全。特别当断层破碎带规模很大时,会使施工十分困难。在确定隧道平面位置时,应尽量设法避免。

5)断层的野外识别

断层的存在,在许多情况下对土木工程是不利的。为了采取措施,防止其对工程建筑物或构筑物的不良影响,首先必须识别断层的存在。

当岩层发生断裂并形成断层后,不仅会改变原有地层的分布规律,还常在断层面及其相关部分形成各种伴生构造,并形成与断层构造有关的地貌现象。在野外可以根据这些标志来识别断层。

①地貌特征　当断层的断距较大时可能形成陡峭的断层崖,如经剥蚀,则会形成断层三角面;断层破碎带岩石破碎,易于侵蚀下切,可能形成沟谷或峡谷地形。此外,如山脊错断、错开,河谷跌水瀑布,河谷方向发生突然转折,串珠状泉水出露等,很可能都是断裂在地貌上的反映。

②地层特征　如岩层发生重复(图 2.18(a))或缺失(图 2.18(b))、岩层被错断(图 2.18(c))、岩层沿走向突然发生中断或者不同性质的岩层突然接触等地层方面的特征,则进一步说明断层存在的可能性很大。

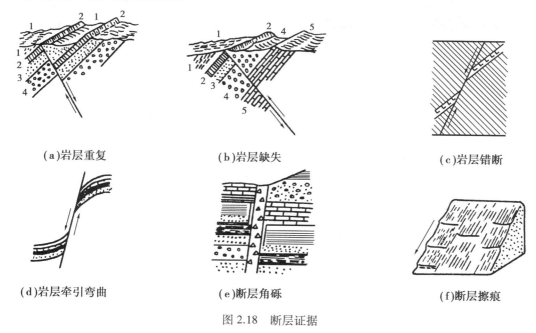

(a)岩层重复　　　　　(b)岩层缺失　　　　　(c)岩层错断

(d)岩层牵引弯曲　　　(e)断层角砾　　　　　(f)断层擦痕

图 2.18　断层证据

③断层的伴生构造现象　断层的伴生构造是断层在发生、发展过程中遗留下来的形迹。常见的有岩层牵引弯曲、断层角砾、糜棱岩、断层泥和断层擦痕等。

岩层的牵引弯曲,是岩层因断层两盘发生相对错动,因受牵引而形成的弯曲(图 2.18(d)),多形成于页岩、片岩等柔性岩层和薄层岩层中。当断层发生相对位移时,其两侧岩石因受强烈的挤压力,有时沿断层面被研磨成细泥,称为断层泥;如被研碎成角砾,则称为断层角砾(图2.18(e))。断层角砾一般是胶结的,其成分与断层两盘的岩性基本一致。断层两盘相互错动时,因强烈摩擦而在断层面上产生的一条条彼此平行密集的细刻槽,称为断层擦痕(图2.18(f))。顺擦痕方向抚摸,感到光滑的方向即为对盘错动的方向。

可以看出,断层伴生构造现象,是野外识别断层存在的可靠标志。

2.3　怎样分析和阅读地质图

2.3.1　不同岩层产状在地质图上的表现

岩层的产状包括三种情况:水平的、倾斜的、直立的。地形也有不同情况,平坦的、起伏的、沟谷纵横的。由于岩层产状不同、地形起伏不同,岩层在地面或反映在地质图上的形状也不一样,如图2.19所示。

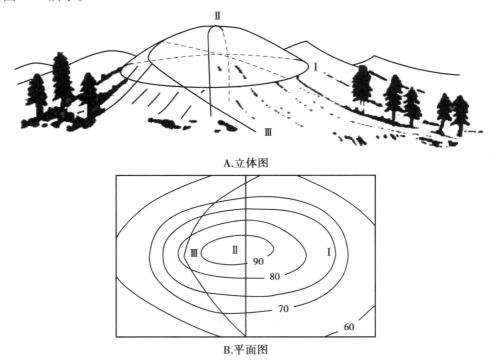

A.立体图

B.平面图

图2.19　不同产状的岩层界线示意图

Ⅰ—水平岩层;Ⅱ—垂直岩层;Ⅲ—倾斜岩层

(1)水平岩层

如果地形平坦,又未经河流切割,在地面上只能看见最新的岩层的顶面,表现在地质图上只有一种岩层。如华北平原,在地面上只能看见松散沉积物的最上面的一层。

如果平坦地面经过河流下切,或者地面起伏很大,可以看到下面较老的岩层,其在地质图上的特点是:①岩层界线与等高线平行或重合(图2.20(a));②同一岩层在不同地点的出露标高相同;③岩层的厚度等于顶面和底面的高度差。

(2)直立岩层

除岩层走向有变化外,岩层界线在地质图上按岩层走向呈直线延伸,不受地形任何影响(图 2.20(c))。

(3)倾斜岩层

如果地形平坦,在地质图上岩层界线按其走向呈直线延伸。

如果地形有较大起伏(比方有山有谷),在地质图上岩层界线与等高线斜交,在沟谷和山脊处常常形成"V"字形弯曲,称"V"。其弯曲程度与岩层倾角的大小和地形坡度的大小有关,即岩层倾角越小,"V"字形越紧闭;倾角越大,"V"字形越开阔。地形起伏越大,弯曲形状越复杂;地形越平坦,弯曲度越小,甚至近于直线。倾斜岩层的露头形状与地形起伏的关系如下:

①岩层倾向与沟谷坡向相反,"V"字形尖端指向上游,但"V"字形弯曲度大于等高线的弯曲度(图 2.20(b));

②岩层倾向与沟谷坡向相同,而岩层倾角大于沟谷坡度,"V"字形尖端指向下游(图 2.20(d));

③岩层倾向与沟谷坡向相同,而岩层倾角与沟谷坡度一致,在沟谷两侧岩层露头互相平行(图 2.20(e));

④岩层倾向与沟谷坡向相同,而岩层倾角小于沟谷坡度,"V"字形尖端指向上游,但"V"字形弯曲度小于等高线的弯曲度(图 2.20(f))。

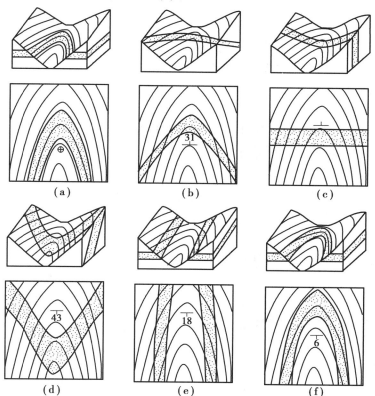

图 2.20　"V"字形法则的岩层露头形式

上述"V"字形规律都是指在沟谷中岩层的露头形状;若在倾斜的山脊山梁或山坡等处,岩层的"V"字形尖端指向与在沟谷中的正好相反。

对于初学者来说,"V"字形法则比较难于理解和掌握,在野外穿过沟谷时,常常看到岩层向沟头方向或沟口方向呈"V"字形弯曲,总以为是岩层产状有了变化或发生了褶曲,实际上岩层的产状并没有变化,而是由于地面坡度、岩层倾向和倾角这三者之间的复杂关系对露头形状所产生的错觉。换句话说,倾斜岩层的露头形状并不等于岩层的产状(垂直岩层除外)。这种法则在地质图上特别是大比例尺的地质图上有明显的反映。

其他构造线如断层线,其露头形状也适用于"V"字形法则。

2.3.2 阅读步骤及阅读内容

地质图上内容多,线条、符号复杂,阅读时应遵循由浅入深、循序渐进的原则。一般步骤及内容如下:

(1)图名、比例尺、方位

了解图幅的地理位置,图幅类别,制图精度。图上方位一般用箭头指北表示,或用经纬线表示。若图上无方位标志,则以图正上方为正北方。

(2)地形、水系

通过图上地形等高线、河流径流线,了解地区地形起伏情况,建立地貌轮廓。地形起伏常常与岩性、构造有关。

(3)图例

图例是地质图中采用的各种符号、代号、花纹、线条及颜色等的说明。通过图例,可对地质图中的地层、岩性、地质构造建立起初步概念。

(4)地质内容

可按如下步骤进行:

①地层岩性 了解各年代地层岩性的分布位置和接触关系。

②地质构造 了解褶曲及断层的产出位置、组成地层、产状、形态类型、规模和相互关系等。

③地质历史 根据地层、岩性、地质构造的特征,分析该地区地质发展历史。

2.3.3 读图实例

阅读资治地区地质图,如图2.21所示。

(1)图名、比例尺、方位

①图名 资治地区地质图。

②比例尺 1∶10 000;图幅实际范围:1.8 km×2.05 km。

③方位 图幅正上方为正北方。

(2)地形、水系

本区有三条南北向山脉,其中东侧山脉被支沟截断。相对高差350 m左右,最高点在图幅东南侧山峰,海拔350 m。最低点在图幅西北侧山沟,海拔±0以下。本区有两条流向东北的山沟,其中东侧山沟上游有一条支沟及其分支沟,从北西方向汇入主沟。西侧山沟沿断层发育。

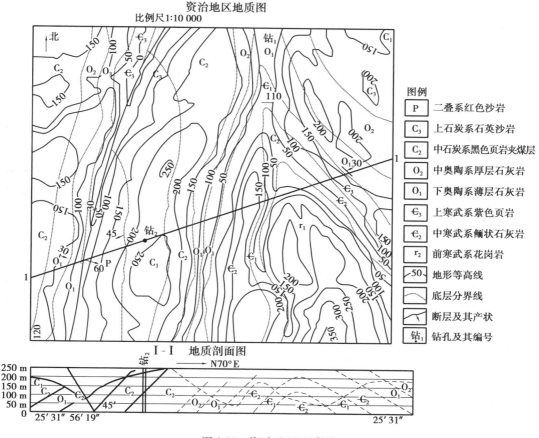

图 2.21　资治地区地质图

（3）图例

由图例可见,本区出露的沉积岩由新到老依次为:二叠系(P)红色沙岩、上石炭系(C_3)石英沙岩、中石炭系(C_2)黑色页岩夹煤层、中奥陶系(O_2)厚层石灰岩、下奥陶系(O_1)薄层石灰岩、上寒武系($\in_3$)紫色页岩、中寒武系($\in_2$)鲕状石灰岩。岩浆岩有前寒武系花岗岩(r_2)。地质构造方面有断层通过本区。

（4）地质内容

1）地层分布与接触关系

前寒武系花岗岩岩性较好,分布在本区东南侧山头一带。年代较新、岩性坚硬的上石炭系石英沙岩,分布在中部南北向山梁顶部和东北角高处。年代较老、岩性较弱的上寒武系紫色页岩,则分布在山沟底部,其余地层均位于山坡上。

从接触关系上看,花岗岩没有切割沉积岩的界线,且花岗岩形成年代老于沉积岩,其接触关系为沉积接触。中寒武系、上寒武系、下奥陶系、中奥陶系沉积时间连续,地层界线彼此平行,岩层产状彼此平行,是整合接触。中奥陶系与中石炭系之间缺失了上奥陶系至下石炭系的地层,沉积时间不连续,但地层界线平行、岩层产状平行,是平行不整合接触。中石炭系至二叠系又为整合接触关系。本区最老地层为前寒武系花岗岩,最新地层为二叠系红色石英沙岩。

2）地质构造

①褶曲构造 由图2.19可见,图中以前寒武系花岗岩为中心,两边对称出现中寒武系至二叠系地层,其年代依次越来越新,故为一背斜构造。背斜轴线从南到北由北西转向正北。顺轴线方向观察,地层界线封闭弯曲,沿弯曲方向凸出,因此,这是一个轴线近南北,并向北倾伏的背斜,此倾伏背斜两翼岩层倾向相反,倾角不等,东侧和东北侧岩层倾角较缓（30°）,西侧岩层倾角较陡（45°）,故为一倾斜倾伏背斜,轴面倾向北东东。

②断层构造 本区西部有一条北北东向断层,断层走向与褶曲轴线及岩层界线大致平行,属纵向断层。此断层的断层面倾向东,故东侧为上盘,西侧为下盘。比较断层线两侧的地层,东侧地层新,故为下降盘;西侧地层老,故为上升盘。因此,该断层上盘下降,下盘上升,为正断层。从断层切割的地层界线看,断层生成年代应在二叠系后。由于断层两盘位移较大,说明断层规模大。断层带岩层破碎,沿断层形成沟谷。

3）地质历史简述

根据以上读图分析,说明本地区在中寒武系至中奥陶系之间地壳下降,为接受沉积环境,沉积物基底为前寒武系花岗岩。上奥陶系至下石炭系之间地壳上升,长期遭受风化剥蚀,没有沉积,缺失大量地层。中石炭系至二叠系之间地壳再次下降,接受沉积。这两次地壳升降运动并没有造成强烈褶曲及断层。中寒武系至中奥陶系期间以海相沉积为主,中石炭系至二叠系期间以陆相沉积为主。二叠系以后至今,地壳再次上升,长期遭受风化剥蚀,没有沉积,并且二叠系后先遭受东西向挤压力,形成倾斜倾伏背斜,后又遭受东西向拉张应力,形成纵向正断层。此后,本区就趋于相对稳定至今。

（5）地质剖面图的制作

1）选择剖面方位

剖面图主要反映图区内地下构造形态及地层岩性分布。作剖面图前,首先要选定剖面线方向。剖面线应放在对地质构造有控制性的地区,其方向应尽量垂直岩层走向和构造线,这样才能表现出图区内的主要构造形态。选定剖面线后,应标在平面图上。

2）确定剖面图比例尺

剖面图水平比例尺一般与地质平面图一致,这样便于作图。剖面图垂直比例尺可以与平面图相同,也可以不同。当平面图比例尺较小时,剖面图垂直比例尺常大于平面图比例尺。

3）作地形剖面图

按确定的比例尺做好水平坐标和垂直坐标。将剖面线与地形等高线的交点,按水平比例尺铅直投影到水平坐标轴上,然后根据各交点高程,按垂直比例尺将各投影点定位到剖面图相应高程位置,最后圆滑连接各高程点,就形成地形剖面图。

4）作地质剖面图

一般按如下步骤进行:

①将剖面线与各地层界线和断层线的交点,按水平比例尺垂直投影到水平轴上,再将各界线投影点铅直定位在地形剖面图的剖面线上。如有覆盖层,下伏基岩的地层界线也应按比例标在地形剖面图上的相应位置。

②按平面图示产状换算各地层界线和断层线在剖面图上的视倾角。当剖面图垂直比例尺与水平比例尺相同时,按下式计算:

$$\tan \beta = \tan \alpha \cdot \sin \theta$$

式中　β——垂直比例尺与水平比例尺相同时的视倾角,(°);

　　　α——平面图上的真倾角,(°);

　　　θ——剖面线与岩层走向线所夹锐角,(°)。

当垂直比例尺与水平比例尺不同时,还要按下式再换算:

$$\tan \beta' = n \cdot \tan \beta$$

式中　β'——垂直比例尺与水平比例尺不同时的视倾角,(°);

　　　n——垂直比例尺放大倍数。

③绘制地层界线和断层线。按视倾角的角度,并结合考虑地质构造形态,延伸地形剖面线上各地层界线和断层线,并在下方标明其原始产状和视倾角。一般先画断层线,后画地层界线。

④在各地层分界线内,按各套地层出露的岩性及厚度,根据统一规定的岩性花纹符号,画出各地层的岩性图案。

⑤最后进行修饰。在剖面图上用虚线将断层线延伸,并在延伸线上用箭头表出上、下盘运动方向。遇到褶曲时,用虚线按褶曲形态将各地层界线弯曲连接起来,以恢复褶曲形态。在作出的地质剖面图上,还要写上图名、比例尺、剖面方向和各地层年代符号,绘出图例和图签,即成一幅完整的地质剖面图,如图 2.19 所示。在工程地质剖面图上还需画出岩石风化界线、地下水位线、节理产状、钻孔等内容。

(6)地层综合柱状图

地层综合柱状图,是根据地质勘察资料(主要是根据地质平面图和钻孔柱状图资料),将地区出露的所有地层、岩性、厚度、接触关系,按地层时代由新到老的顺序综合编制而成。一般有地层时代及符号、岩性花纹、地层接触类型、地层厚度、岩性描述等,见表 2.4。地层综合柱状图和地质剖面图,作为地质平面图的补充和说明,通常编绘在一起,构成一幅完整的地质图。

表 2.4　地层综合柱状图

时　代	代　号	柱状剖面图	层　序	厚度/m	岩层描述	备　注
白垩纪	K		9	8.5	黄褐色泥质石灰岩	
			8	7.0	暗灰色黏土质页岩	
侏罗纪	J		7	11.5	暗灰色泥质页岩,底部为砾石	不整合
二叠纪	P		6	12.5	灰色硅质灰岩	
			5	5.0	白色致密沙岩	
石炭纪	C		4	15.0	淡红色厚层砾岩	
			3	10.0	薄层页岩,沙岩夹煤层,底部为砾岩	不整合
奥陶纪	O		2	12.0	灰色致密白云岩	
			1	4.5	淡黄色泥质石灰岩	

2.4　岩体的结构类型及其工程地质评价

岩石的工程地质性质,与土相比,有极为显著的区别。对于新鲜而完整的岩石块体来说,组成它们的固体矿物颗粒之间存在着致密而牢固的联结,决定了它们具有渗透性能很低、力学性能很高的基本特点。因此,如果自然界中存在着相对于拟建建筑物规模来说其体积足够大的岩石,显然可以认为它是能够满足工程要求的。

在实际的自然条件下,情况却要复杂得多。岩石是自然历史的产物,由于它们的生成条件以及生成以后的漫长地质历史时期中,形成了许多各式各样的、显形或潜在的结构面(不连续面),如侵入岩与围岩的接触面、不整合面、解理、断层等,它们严重地破坏了岩石的完整性。在这种情况下,岩石的工程地质性质通常不能对工程建筑物的安危起主要的控制作用,而起控制作用的有时主要是结构面,有时则是由岩石和结构面共同控制,而且在许多结构面中,还时常充填着黏土物质,这就使得它们的力学性质更加恶化。岩体中结构面的间距一般总是比任何一个建筑物所涉及的和其应力影响的范围小得多;换言之,对于任何一个建筑物都很难不涉及结构面,尽管不含有或基本上不含有大量显形结构面的完整岩石,也在所拟建的建筑物的稳定和安全方面起着不同程度的作用,但是直接影响建筑物安全的却往往是结构面的工程地质性质。

岩体(rock mass)是工程影响范围内的地质体。它由处于一定应力状态的和被各种结构面所分割的岩石组成。一个岩体的规模大小,可视所研究的工程地质问题所涉及的范围和岩体的特点而定,它可由一种岩石或几种岩石组成,甚至可以是不同成因岩石的组合体。

从工程地质观点考虑,结构面是岩体的重要组成部分。它的工程地质性质与其分割的岩石块体显著不同,一般远远低于后者。因此,岩体中结构面的存在和它的性质,对于岩体的工程地质性质影响极大。此外,由于结构面的存在,还赋予岩体明显的非均质性和各向异性。在各类岩石中,除少数胶结程度很差的沉积碎屑岩外,大多数岩体的透水能力都决定于岩体裂隙的发育程度、开启程度和充填程度。结构面对于岩体工程地质性质的影响更为突出的是,不仅在结构面发育程度、开启程度和充填程度不同的各个部位上工程地质性质不同,甚至在同一部位上,随水的渗透方向和作用力方向与结构面方向间夹角的大小不同,工程地质性质也会出现明显的差异。这些特点,在土体中是不明显的。

随着生产力的发展,大规模开发地下矿藏、铁路向山区延伸、在丛山峡谷中修建巨型水工建筑物等,都需要工程技术人员和工程地质工作者对岩体的工程地质性质进行广泛而深入的研究。

2.4.1　岩体的结构面

分割岩体的任何地质界面,统称为结构面,也称不连续面(discontinuity)。它们是使岩体工程地质性质显著下降的重要结构因素。

岩体的结构面,是在岩体形成的过程中或生成以后漫长的地质历史时期中产生的。根据其成因,可以将岩体的结构面划分为表2.5中的基本类型。

表 2.5　结构面的基本类型

成因类型	原生结构面			次生结构面		
	沉积结构面	火成结构面	变质结构面	内动力地质作用形成的结构面	外动力地质作用形成的结构面	综合成因的结构面
主要地质类型	①层理、层面 ②沉积间断面 ③沉积软弱夹层	①侵入体与围岩的接触面 ②火山熔岩的层面 ③冷凝裂隙	①变余结构 ②结晶片理	①断层 ②构造裂隙 ③劈理 ④层间滑动面	①风化结构面 ②卸荷裂隙 ③人工爆破裂隙 ④次生充填软弱夹层	泥化、软弱、夹层

上表对结构面的划分清晰明了。这里需要特别指出的是,由于次生结构面中综合作用形成的泥化软弱夹层在工程地质实践中具有重要意义,有必要在下面作专门的阐述。

软弱夹层一般指的是:岩体中,在岩性上比上、下岩层显著较弱而且单层厚度也比上、下岩层明显较小的岩层。在某些情况下,软弱夹层在整个厚度上或者在它同上、下较强岩层接触部分上,联结时常遭受比较明显的破坏而成为黏性土,当在地下水作用下含水量达到塑限以上时,夹层泥化,即成为泥化软弱夹层,也简称为泥化夹层。泥化夹层的存在,就使得在一个大部分由强度很高的岩石组成的岩体中出现了工程地质性质低如软泥的部位。这些部位时常会在一些水利水电工程中引起一种极为严重的工程地质问题——坝基滑移。因此,可以看出,对这种结构面的研究,具有非常重大的实际意义。

软弱夹层的成因是多种多样的。实际上,表 2.5 中其余各种成因的结构面中都包含这种类型,其中大多数的生成原因比较单纯,这里不再详述。下面只对沉积岩中成因比较复杂、工程地质性质最劣的泥化软弱夹层作简略的阐述。

大部分泥化软弱夹层是由原生沉积软弱夹层发展变化而成的,产状与原夹层完全一致。泥化厚度有 1~50 mm 不等。当原夹层较薄时则全部泥化,如果原夹层厚度较大,则往往靠近上、下层面的部分泥化而中部仍保持原来的状态。尽管泥化夹层有时很薄(不大于 1 mm),但当沿层面承受剪应力时,它却能够起重要的润滑剂作用。在沿层面的方向上,除原夹层本身分布就不连续而泥化夹层必然也因之断续分布以外,即使原夹层延续很广,但有时泥化未必连续,此时,夹层即呈泥化与未泥化相间存在。泥化夹层在空间分布上的这种复杂性,造成了实际工作中探寻它们分布规律的困难。

在垂直层面的方向上,靠近泥化带但尚未泥化的原夹层中,有时也包括其上、下坚硬岩层,破裂面比较发达,并时常具有分带规律,即靠近泥化带的部分劈理密集(劈理,英文名称cleavage,是一种将岩石按一定方向分割成平行密集的薄片或薄板的次生面状构造,是岩石在外力作用下发生塑性变形或构造变形的结果),劈理带外面则裂隙交错。有时在泥化夹层内部也可出现密集的破劈理以及揉皱现象。在泥化夹层的层面上常出现磨光面,有时存在擦痕。这说明层间发生过构造错动。

泥化夹层的黏粒组(粒径小于 0.005 mm 的颗粒)绝大多数大于 30%,最高可达 70% 以上。

天然含水量一般介于塑限和液限之间,在天然条件下处于可塑状态。

在上述泥化夹层的几个基本特点中可以看出:泥化夹层是在原生结构面的基础上由内、外动力综合作用形成的一种次生结构面。

2.4.2　结构面的特征

在工程地质实践中,对岩体结构面特征的研究是十分重要的。国际岩石力学学会实验室和野外试验标准化委员会推荐了结构面研究的内容,它包括结构面的方位、间距、延续性、结构面的粗糙程度、结构面侧壁的抗压强度、张开度、被填充情况、渗流、结构面的组数和块体大小等 10 个方面。

(1)方位(orientation)

方位是指结构面的空间位置,用倾向和倾角表示。其中应特别注意对结构面方位与工程构筑物方位间关系的研究,它往往对岩体稳定性和构筑物的安全起着重要作用。

(2)间距(spacing)

间距一般指的是沿所选择的某一测线上相邻结构面间的距离。结构面间距是反映岩体完整程度和岩石块体大小的重要指标。根据所测得的结构面的平均间距,可将岩体按表 2.6 进行描述。

表 2.6　结构面间距的描述

描　　述	间距/cm	描　　述	间距/cm
极窄的 很窄的 窄的 中等的	<2 2~6 6~20 20~60	宽的 很宽的 极宽的	60~200 200~600 >600

(3)延续性(persistence)

延续性是指结构面展布的范围和大小。结构面的绝对延续性固然是有意义的,但结构面与整个岩体或工程构筑物范围的相对大小则更重要。根据在露头中对结构面可追索的长度,可将结构面的延续性作表 2.7 中的描述。

表 2.7　结构面延续性的描述

描　　述	延续长度/m	描　　述	延续长度/m
延续很差的 延续差的 中等延续的	<1 1~3 3~10	延续好的 延续很好的	10~30 >30

(4)结构面的粗糙程度(roughness)

它是决定结构面力学性质的重要因素,但是其重要程度随充填物厚度的增加而降低。

在研究结构面的粗糙程度时,首先应考虑其起伏形态,一般可将其归纳为 3 种典型剖面,即阶坎状的、波状的和平直的。在每种形态中,将其粗糙程度分为 3 等:粗糙的、平滑的和光滑的。这样,即可将结构面粗糙程度分为 9 种类型。

（5）**结构面侧壁的抗压强度**

结构面侧壁容易遭受风化,且风化程度在垂直于侧壁的方向上变化很大。因此,有必要研究结构面的强度特征。

（6）**张开度（aperture）**

张开度是指结构面两壁间的垂直距离。结构面的张开度通常不大,一般小于 1 mm。根据表 2.8 中列出的张开度界限值可以描述结构面的这一特征。

（7）**被充填情况（filling situation）**

结构面时常被外来物质所充填而形成次生充填软弱夹层。在研究结构面的充填情况时,应考虑充填程度与方式、充填物的成分与结构、充填物的厚度等 3 个方面的内容。

（8）**渗流（seepage flow）**

结构面是地下水运移的主要通道。研究结构面中是否存在渗流以及渗流量,对于评价结构面的力学性质和对岩体中的有效应力的改变以及预测岩体稳定性和施工的困难性等方面,都是有意义的。

（9）**结构面组数（set）**

在研究结构面时,将方位相近的结构面归为一组。结构面组数的多少是决定被切割的岩石块体形状的主要因素,它与间距一起决定了岩石块体的大小和整个岩体的结构类型。

表 2.8　结构面的张开度

描　　述		张开度/mm
闭和的	很紧密的 紧密的 不紧密的	<0.1 0.1~0.25 0.25~0.5
裂开的	窄的 中等宽度的	0.5~2.5 2.5~10
张开的	宽的	很宽的 10~100 极宽的 100~1 000 洞穴式的 >1 000

（10）**块体大小（size）**

在岩体结构的研究中,也将岩体中被结构面切割而成的岩石块体称为结构体。严格地说,它不属于结构面的特征,而是结构面的特点所决定的岩体的特征之一。建议采用体积裂隙数（volumetric joint count）表示块体大小（表 2.9）。体积裂隙数是指单位体积岩体中通过的结构面的数量。

表 2.9　岩石块体大小

描　　述	体积裂隙数/$(n \cdot m^{-3})$	描　　述	体积裂隙数/$(n \cdot m^{-3})$
很大的块体 大块体 中等块体	<1 1~3 3~10	小块体 很小的块体	10~30 >30

2.4.3 岩体结构类型

结构面的切割,破坏了岩石的完整性,使岩体成为岩石块体的组合体,这些岩石块体即所谓结构体。由于结构面的类型、密集程度和相互组合形式的不同,结构体即具有不同的大小和形状。结构体的形状一般都很不规则,但可归纳为6种基本形状,即块状、柱状、菱状、楔状、锥状和板状。

正是由于类型、方位、延续程度、密集程度和组合形式各不相同的结构面及其所切割成的不同大小和形状的结构体,才赋予了岩体各种不同的结构特征。显然,具有不同结构的岩体必然具有不同的工程地质性质。岩体结构可以划分为4个基本类型,其中包括8个亚类。基本特征见表2.10。

表 2.10 岩体结构的基本类型

岩体结构类型		地质背景	结构面特征	结构体特征
类	亚类			
整体块状结构	整体结构	岩性单一,构造变形轻微的巨厚层沉积岩、变质岩和火成熔岩,巨大的侵入体	结构面少,一般不超过3组,延续性差,多呈闭合状态,一般无充填物或含少量碎屑	巨型块状
	块状结构	岩性单一,受轻微构造作用的厚层沉积岩、变质岩和火成熔岩侵入体	结构面一般为2~3组,裂隙延续性差,多呈闭合状态。层间有一定的结合力	块状、菱形块状
层状结构	层状结构	受构造破坏轻或较轻的中厚层状岩体(单层厚大于30 cm)	结构面2~3组,以层面为主,有时有层间错动面和软弱夹层,延续性较好,层面结合力较差	块状、柱状、厚板状
	薄层状结构	单层厚小于30 cm,在构造作用下发生强烈褶皱和层间错动	层面、层理发达,原生软弱夹层、层间错动和小断层不时出现。结构面多为泥膜、碎屑和泥质充填物	板状、薄板状
碎裂结构	镶嵌结构	一般发育于脆硬岩体中,结构面组数较多,密度较大	以规模不大的结构面为主,但结构面组数多、密度大,延续性差,闭合无充填或充填少量碎屑	形态不规则,但棱角显著
	层状碎裂结构	受构造裂隙切割的层状岩体	以层面、软弱夹层、层间错动带等为主,构造裂隙较发达	以碎块状、板状、短柱状为主
	碎裂结构	岩性复杂,构造破碎较强烈;弱风化带	延续性差的结构面,密度大,相互交切	碎屑和大小不等的岩块,形态多样,不规则
散状结构		构造破碎带、强烈风化带	裂隙和劈理很发达,无规则	岩屑、碎片、岩块、岩粉

2.4.4　岩体的工程地质特性

岩体的工程地质性质首先取决于岩体结构类型与特征,其次才是组成岩体的岩石的性质(或结构体本身的性质)。例如,散体结构的花岗岩岩体的工程地质性质往往要比层状结构的页岩岩体的工程地质性质要差。因此,在分析岩体的工程地质性质时,必须首先分析岩体的结构特征及其相应的工程地质性质,其次再分析组成岩体的岩石的工程地质性质,有条件时配合必要的室内和现场岩体(或岩块)的物理力学性质试验,加以综合分析,才能确切地把握和认识岩体的工程地质性质。

下面简述不同结构类型岩体的工程地质性质:

(1)整体块状结构岩体的工程地质性质

整体块状结构岩体因结构面稀疏、延续性差、结构体块度大且常为硬质岩石,故整体强度高、变形特征接近于各向同性的均质弹性体,变形模量、承载能力与抗滑能力均较高,抗风化能力一般也较强,所以这类岩体具有良好的工程地质性质,往往是较理想的各类工程建筑地基、边坡岩体及洞室围岩。

(2)层状结构岩体的工程地质性质

层状结构岩体中结构面以层面与不密集的节理为主,结构面多为闭合到微张开、一般风化微弱、结合力不强,结构体块度较大且保持着母岩岩块性质,故这类岩体总体变形模量和承载能力均较高。作为工程建筑地基时,其变形模量和承载能力一般均能满足要求。但当结构面结合力不强,又有层间错动面或软弱夹层存在,则其强度和变形特性均具各向异性特点,一般沿层面方向的抗剪强度明显地低于垂直层面方向的抗剪强度。一般来说,在边坡工程中,这类岩体当结构面倾向坡外时要比倾向坡内时的工程地质性质差得多。

(3)碎裂结构岩体的工程地质性质

碎裂结构岩体中节理、裂隙发育、常有泥质充填物质,结合力不强,其中层状岩体常有平行层面的软弱结构面发育,结构体块度不大,岩体完整性破坏较大。其中镶嵌结构岩体因其结构体为硬质岩石,尚具较高的变形模量和承载能力,工程地质性能尚好;而层状碎裂结构和碎裂结构岩体则变形模量、承载能力均不高,工程地质性质较差。

(4)散体结构岩体的工程地质性质

散体结构岩体节理、裂隙很发育,岩体十分破碎,岩石手捏即碎,属于碎石土类,可按碎石土类研究。

思考题

2.1　地壳运动的主要证据有哪些?

2.2　地层接触的类型有几种?

2.3　什么是绝对地质年代? 什么是相对地质年代?

2.4　什么是岩层产状? 产状三要素是什么?

2.5　什么是褶皱? 褶皱的主要类型有哪些?

2.6　节理的定义是什么? 节理有哪两种类型?

2.7　什么是断层? 断层要素有哪些? 断层的主要类型有哪些?

2.8　什么是岩体的结构面? 结构面有哪些特征?

第 **3** 章
第四纪沉积物及其工程地质特征

第四纪(Quaternary)是地质年代中新近的一个纪,第四纪沉积物(diposit)是指第四纪所形成的各种堆积物。它是由地壳的岩石风化后,经风、地表流水、湖泊、海洋、冰川等地质作用的破坏,搬运和堆积而形成的现代沉积层。其沉积历史不长,硬结成岩作用较低,是一种松散的沉积物。由于沉积环境比较复杂,沉积物的性质、结构、厚度在水平方向或垂直方向都具有很大的差异性。

下面介绍主要的第四纪沉积物的形成和工程地质特征。

3.1 风化作用及残积土

3.1.1 风化作用

地表或接近地表的岩石在大气、水和生物活动等因素影响下,发生物理的和化学的变化,致使岩体崩解、剥落、破碎,变成松散的碎屑性物质,这种作用称为风化作用(weathering)。风化作用在地表最为明显,往深处则逐渐消失。风化后的岩石改变了原有的物理力学性能,使强度大大降低,变形增加,直接影响作为建筑物地基的工程特性。风化作用使岩石产生裂隙,破坏岩石的整体性,影响地基边坡的稳定性,这种作用还破坏地势高低的基本形态。

根据风化作用的性质及其影响因素,岩石的风化可分为物理风化(physical weathering)、化学风化(chemical weathering)和生物风化(biological weathering)作用等3种类型。

(1)物理风化作用

物理风化作用是指岩石破碎成各种大小的碎屑而成分不发生变化的机械破坏作用。

昼夜及季节的温度变化是物理风化作用的主要因素。一方面,岩石是不良导体,白天温度升高,岩石表面受热膨胀,但内部尚处于较冷状态;夜间温度下降,表面冷却收缩,而内部余热未散,仍处于膨胀状态。由于内外胀缩不一致,岩石的外层与内层之间便产生裂隙,逐渐相互脱离,最后变成岩屑。另一方面,岩石大多数是由多种矿物组成的,各种矿物的膨胀系数不同,当温度变化时,矿物之间因膨胀不一而失去联结,岩体便崩解成松散的矿物或岩屑。水在岩石裂隙中楔入、冻胀,也促使岩石崩解。

（2）化学风化作用

化学风化作用是指岩石在水和各种水溶液的作用下所引起的破坏作用。这种作用不仅使岩石在块体大小上发生变化，更重要的是使岩石成分发生变化。化学风化作用有水化作用（hydration）、氧化作用（oxidition）、碳酸盐化作用（carbonatination）及溶解作用（dissolution）等。

1）水化作用

水化作用是水和某种矿物结合，这种作用可使岩石因体积膨胀而招致破坏。例如：

$$CaSO_4 + 2H_2O —— CaSO_4 \cdot 2H_2O$$
$$（硬石膏）\qquad\qquad（石膏）$$

2）氧化作用

这种作用是氧和水的联合作用，对氧化亚铁、硫化物、碳酸盐类矿物表现比较突出。例如：

$$FeS_2 + 7O + H_2O —— FeSO_4 + H_2SO_4$$
$$（黄铁矿）\qquad\qquad（硫酸亚铁）（硫酸）$$

$$6FeSO_4 + 3O + 3H_2O —— 2Fe_2(SO_4)_3 + 2Fe(OH)_3$$
$$（硫酸铁）\qquad（氢氧化铁）$$

黄铁矿风化后产生的硫酸对混凝土起腐蚀破坏作用。

3）碳酸盐化作用

碳酸盐化作用指岩石在二氧化碳和水的作用下形成碳酸盐化合物。例如：

$$4K(AlSi_3O_8) + 2CO_2 + 4H_2O —— Al_4(Si_4O_{10})(OH)_8 + 8SiO_2 + 2K_2CO_3$$
$$（正长石）\qquad\qquad（高岭土）$$

正长石碳酸盐化作用后，碳酸钾被水溶解带走，剩下的是疏松的高岭土和石英混在一起。

4）溶解作用

自然界的水能直接溶解岩石使岩石破坏，例如：

$$CaCO_3 + H_2O + CO_3 —— Ca(HCO_3)_2$$
$$（碳酸钙）\qquad\qquad（重碳酸钙）$$

碳酸钙变成重碳酸钙后，被水溶解带走，结果石灰岩便形成溶洞（solution cave）。

（3）生物风化作用

生物风化作用是指岩石由生物活动所引起的破坏作用。这种破坏作用包括机械的作用（例如，植物的根在岩石裂缝中生长，像楔子一样劈裂岩石）和化学作用（例如，生物新陈代谢所析出的碳酸、硝酸及有机酸等对岩石的破坏作用）两种。应该指出，人类的工程活动对岩石的风化也产生一定的影响。例如：基槽（foundation ditch）或边坡（slope）的开挖使岩石的新鲜面暴露，爆破使岩石在一定的深度内产生裂隙，这些都对岩石的风化起促进作用。工业废水中的化学物质也对岩石起破坏作用。

在自然界中，各种岩石风化作用不是单独进行的，而是互相联系并同时存在。在不同地区有主次之分而已，岩石的矿物成分是影响岩石风化的决定因素。分析常见原生矿物对化学风化的相对稳定性，结果表明：最稳定的，如石英、白云母；稳定的，如正长石、方解石、白云石；稍稳定的，如角闪石、辉石；不稳定的，如斜长石、黑云母、黄铁矿。因此，一般深色岩石的风化快于浅色岩石，含有较多不稳定矿物的岩石较易风化。另外，多种矿物的岩石，其风化一般快于单矿物的岩石。

3.1.2 岩石风化程度的划分和防止风化的措施

岩石风化后的强度(strength)显著的降低,风化越强烈,强度降低幅度越大。为了在工程设计中采取相应的措施和确定岩石地基承载力(bearing capacity),根据我国 GB 50021—2001《岩土工程勘察规范》(2009 年版)规定,岩石风化程度(weathering degree of rock)可分为未风化、微风化、中等风化、强风化、全风化和残积土,见表 3.1。

表 3.1 岩石按风化程度分类

风化程度	野外特征	风化程度参数指标	
		波速比 K_v	风化系数 K_f
未风化	岩质新鲜,偶见风化痕迹	0.9~1.0	0.9~1.0
微风化	结构基本未变,仅节理面有渲染或略有变色,有少量风化裂隙	0.8~0.9	0.8~0.9
中等风化	结构部分破坏,仅节理面有次生矿物,风化裂隙发育,岩体被切割成岩块。用镐难挖,岩芯钻方可钻进	0.6~0.8	0.4~0.8
强风化	结构大部分破坏,矿物成分显著变化,风化裂隙很发育,岩体破碎,用镐可挖,干钻不易钻进	0.4~0.6	<0.4
全风化	结构基本破坏,但尚可辨认,有残余结构强度,可用镐挖,干钻可钻进	0.2~0.4	
残积土	组织结构全部破坏,已风化成土状,锹镐易挖掘,干钻易进,具有可塑性	<0.2	

注:①波速比 K_v 为风化岩石与新鲜岩石压缩波速之比;②风化系数 K_f 为风化岩石与鹅岩石饱和单轴抗压强度之比;③岩石风化程度,除按表列野外特征和定量指标划分外,也可根据当地经验划分;④花岗岩类岩石,可采用标准贯入试验划分,$N \geq 50$ 为强风化;$50 > N \geq 30$ 为全风化;$N < 30$ 为残积土;⑤泥岩和半成岩,可不进行风化程度划分。

工程中防止岩石风化的措施有:

(1)覆盖防止风化营力入侵的材料

为防止水和空气侵入岩石,可用沥青、三合土、黏土以及喷射水泥浆或石砌护墙来覆盖岩石表面。施工时先将岩石表面已风化的部分清除,然后在新鲜岩面上进行覆盖。为防止温度变化对岩石的影响,可在其上铺一层黏土或沙,其厚度应超过年温度影响深度的 5~10 cm,此方法主要起隔绝作用。

(2)灌注胶结和防水材料

将水泥、水玻璃、沥青或黏土浆通过高压将其灌入岩石的裂隙内及喷射于表面,不仅能起到隔绝作用,而且能提高岩石的强度和稳定性。

(3)加强排水

水是岩石风化的主要因素之一,将岩石与水隔绝能减少岩石的风化速度。

在实际工程中,为防止基岩的风化,特别是容易风化的岩石如泥岩、页岩及片岩等,特意不将基坑(foundation pit)或路堑(cut)底部挖至所设计的深度,直到封闭基坑的施工前才挖至设计深度。

3.1.3　残积土

岩石风化后产生的碎屑物质,一部分被风和大气降水带走,一部分残留在原地,这种残留在原地的岩石风化碎屑物称为残积土(residual soil)。

残积土主要分布在岩石暴露于地表而受到强烈风化作用的山区(mountain area)、丘陵(hills)及剥蚀平原(abrasion plain)。

残积土从地表向深处颗粒由细变粗,一般不具层理,碎块呈棱角状,土质不均,具有较大孔隙,厚度在山坡顶部较薄,低洼处较厚。残积土与它下面的母岩之间无明显的界限而是逐渐过渡的,其成分与母岩成分及所受风化作用的类型有密切的关系。例如:酸性岩浆岩地区的残积土中,除含有由长石等矿物分解的黏土矿物外,常以富含石英颗粒的沙土为其特征;石灰岩风化形成的残积土则多为含石灰岩碎石的红色或黄褐色的钙质黏性土(如云贵高原分布的红黏土)。

残积土由于山区原始地形变化较大和岩石风化程度不一,厚度变化很大(贵州省某单位职工住宅地勘资料显示,在一个单元内,有的地方岩石已露头,而有的地方岩石深达 11 m),因而在其平面及空间上,分布很不均匀。因此,在残积土上进行工程建设时,要特别注意地基土的不均匀性。当残积土由岩块、碎屑等组成时,施工开挖应考虑边坡的稳定性。如果残积土的厚度不大时,最好将其清除,并将基础直接放置在基岩(连续于地壳内部的很厚的基本岩层称为基岩 bedrock)上,因岩石的承载力高,在许多情况下将基础放在基岩上反而更安全经济,尤其是高层建筑。在我国南部亚热带地区由石灰岩经强烈风化而成的残积红黏土,其承载力较高,压缩性较低,是一种良好的地基。但应注意由于土层厚度不均匀而引起地基的不均匀性。

3.2　地表流水的地质作用及坡积土、洪积土、冲积土

分布在江河、湖泊、海洋内的液态水,或在陆地上的冰雪称为地表水(surface water)。存在于地面以下土和岩石的孔隙、裂隙或溶洞中的水,称地下水(ground water)。在陆地上有两种地表水:一种是时有时无的,称为暂时流水,如雨水、融雪水及山洪急流;另一种是终年不息的称为长期流水,如江水、河水。研究流水地质作用及其相应的堆积物具有重大意义,因为我国大部分城镇和各种工程建筑大多兴建在流水堆积物上。

3.2.1　地表暂时流水的地质作用及坡积土、洪积土

(1)雨水、溶雪水的地质作用及坡积土

雨水和溶雪水的地质作用以冲刷作用(wash)为主,它们沿着斜坡面流动,将地表的碎屑物质顺斜坡向下搬运或移动。通常冲刷作用是在整个斜坡面上进行,好像是把地面剥去一层一样,其结果是使地形逐渐变得平缓,并造成水土流失。冲刷作用在地表无植物覆盖的情况下最强烈;在有茂密植物覆盖的地面上,则不显著。

高处的风化碎屑物由于雨水或溶雪水的搬运,或者由于本身的重力作用,运移到坡下或山麓堆积而成的土,称为坡积土(slope wash),如图 3.1 所示。

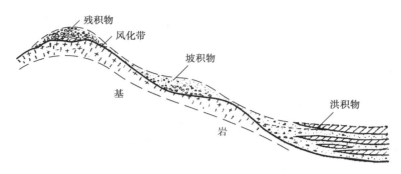

图 3.1　坡积土、洪积土、冲积土

坡积土随斜坡自上而下逐渐变缓,呈现由粗而细的分选作用。但由于每次雨、雪水搬运能力不大,故无明显区别,大小颗粒混杂,层理不明显。坡积土的矿物成分与下卧基岩没有直接过渡关系,这是与残积土明显区别之处。

在坡积土上进行工程建设时,应注意以下几个问题:

1)下卧基岩表面的坡度及其形态

坡积土底部倾斜度取决于基岩的倾斜度,而表面的倾斜度则与生成的时间有关,时间越长,搬运、沉积在山坡下部的坡积土越厚,表面倾斜度就越小。故坡积土的厚度变化较大,由几厘米到一二十米,在斜坡较陡的地段厚度较薄,在坡脚地段堆积较厚。一般当斜坡的坡度越大时,坡脚堆积土的范围越大。一般基岩表面的坡度越大,坡积土的稳定性就越差。有时在地表很平缓的地区出现了坡积土滑动的情况,这主要是由于下卧基岩表面的坡度较大的缘故。因此,不能单凭地表的坡度来判断坡积土的稳定性。在山区常可遇到坡积土覆盖在老的沟槽上,这种情况在沟槽的横方向上,坡积土由于受到空间的限制而不易产生滑动,因而它的稳定性主要取决于沿沟槽方向的基岩表面的坡度。下卧基岩表面形态对坡积土的稳定性也有影响,如果基岩的表面凹凸不平或成阶梯状,则对坡积土的稳定有利。

2)坡积土本身的性质

如果坡积土含较多的黏土颗粒,雨季时它的含水量将大大增加,这不仅使坡积土的重力增大,而且还会变得稀湿,因而其稳定性就大大降低。

3)下卧基岩的性质

如果坡积土下的基岩是不透水或弱透水的岩石时,渗入土中的水就会在坡积土中聚集成地下水并沿基岩坡面向下运动,这对坡积土的稳定性是不利的。如果下卧基岩又是遇水容易软化的岩石(如泥岩、页岩等),将更容易引起坡积土的滑动。

4)坡积土的破坏情况

如果坡积土的坡脚受水冲刷或遭不合理的开挖(如挖坡脚、挖方路基等)以及在堆积土上不合理堆载等,都可造成坡积土滑动。

5)不均匀沉降问题

坡积土组成物质粗细混杂,土质不均匀,尤其是新近堆积的坡积土,土质疏松,压缩性较高,且坡积土的厚度多是不均匀的。因此,在这种坡积土上修建建筑物时,应注意不均匀沉降的问题。如遇薄的坡积土时,可以采用挖除的办法。当坡积土层较厚时,应当尽量避免开挖,因为很不经济。这种情况下可以考虑采用桩基,根据一些实践经验,在不会产生滑动的情况下,坡积土可不进行处理而作为一般建筑物的地基。

（2）山洪急流的地质作用及洪积土

山洪急流是暴雨或骤然大量的融雪水形成的。山洪急流的流速和搬运力都很大,它能冲刷岩石,形成冲沟(combe),并能将大量的碎屑物质搬运到沟口或山麓平原堆积成洪积土(diluvial soil)。

1)冲沟

冲沟是暂时性流水流动时冲刷地表所形成的沟槽。冲沟形成的主要条件有:①较陡的斜坡;②斜坡由疏松的物质构成(如黄土、黏土等);③降水量多,尤其是多暴雨和骤然大量融雪水的地区容易形成冲沟。此外,斜坡上无植被覆盖,人为的不合理的开发,以及废水排泄不当等也能促进冲沟的发生和发展。在我国黄土地区如甘肃、山西及陕西等地冲沟极为发育。

冲沟的发展可分为 4 个阶段(图 3.2):①初始阶段,在斜坡上出现不深的沟槽,流水开始沿沟槽冲刷。②下切阶段,冲沟强烈加深底部,并向上游伸展,沟壁几乎直立,沟的纵剖面为凸型,这阶段冲沟发展最强烈,破坏性很大。③平衡阶段,沟的纵剖面已较平缓,沟底破坏基本停止,沟壁的坡度变缓,但沟的宽度仍在增加。④衰老阶段,沟底坡度平缓,沟谷宽阔,沟中的堆积物变厚,斜坡上有植物覆盖。

冲沟对建筑工程往往带来许多困难和危害:如修建铁路时常因冲沟的阻拦而只能进行填方或架设跨越的桥梁;冲沟不断增长可能切断已有线路,使交通中断;在选择建筑场地时,也会带来困难。因此,认识和研究冲沟对总图布置具有很大的意义。实践证明,在山沟河谷修建水库、谷坊、冲坝淤地,拦蓄山洪和泥沙,这些措施有力地防止了冲沟的发展及水土流失。

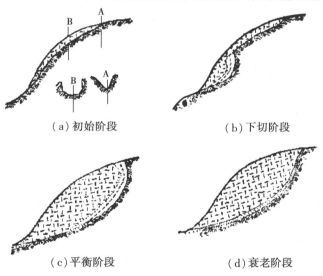

(a)初始阶段　　　　　　　　　(b)下切阶段

(c)平衡阶段　　　　　　　　　(d)衰老阶段

图 3.2　冲沟的发展阶段

2)洪积土

当山洪急流携带大量石块泥沙在山口以外的平缓地带沉积下来便形成洪积土(diluvial soil)。当山洪挟带的大量石块泥沙流出沟谷口后,因为地势开阔,水流分散,搬运力骤减,所搬运的块石、碎石及粗沙就首先在沟谷口大量堆积起来;而较细的物质继续被流水搬运至离沟谷口较远的地方,离谷口的距离越远,沉积的物质越细。经过多次洪水后,在山谷口就堆积起锥形的洪积物,称为洪积扇,如图 3.3 所示。洪积扇逐渐扩大、延伸与相邻沟谷的洪积扇互相连接起来,就形成洪积裙或洪积冲积平原,如成都平原。由于长年累月的重叠堆积便形成山前洪

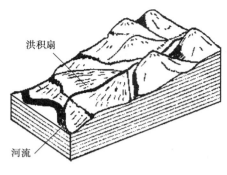

图 3.3 洪积扇

积平原,由山口向平地以缓和的坡度伸展出去,由于地形上的优点,这种地带常为城镇、工厂、道路的修建提供条件,北京就位于山前倾斜平原上。

洪积土的特征:

①物质大小混杂,分选性差,颗粒多带有棱角。洪积扇顶部以粗大块石为多;中部地带颗粒变细,多为沙砾黏土交错;扇的边缘则以粉沙和黏性土为主。

②洪积物质随近山到远山呈现由粗到细的分选作用,但碎屑物质的磨圆度由于搬运距离短而仍不佳。山洪大小交替的分选作用,常呈不规则的交错层状构造,交错层状构造往往形成夹层(intercalation)、尖灭(thinning out)及透镜体(lens)等产状,如图 3.4 所示。

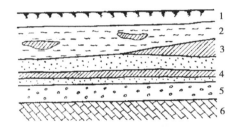

图 3.4 土的层理构造

1—表土层;2—淤泥夹黏土透镜体;

3—黏土尖灭层;4—沙土夹黏土层;

5—砾石层;6—石灰岩层

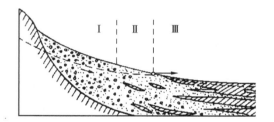

图 3.5 洪积土剖面图

用工程观点评价洪积土,可将全区分为 3 个工程地质分带(图 3.5)。

a.靠近山区地带(Ⅰ带):土层为较粗的碎屑土,地势高,地下水位低,地基承载力较高,土质较均匀,故是良好的天然地基。

b.离山区远的(前沿)地带(Ⅲ带):土层虽为粉土、黏土颗粒组成,但由于形成过程中受到周期性干燥.土粒被析出的可溶性盐类所胶结而较坚硬,承载力较高,也是较好的天然地基。

c.中间过渡地带(Ⅱ带):由于受前沿地带细颗粒土(其渗透性极小)的影响,在此地带常有地下水溢出,有时还形成沼泽地带,故土质稀软而承载力较低,对工程建设不利。

另外,在洪积层中往往都有丰富的地下水可作为供水水源,但对于水工建筑就应注意粗碎屑物质的透水问题。此外,在高山边缘地区常有现代正在形成的洪积锥,当道路通过这类洪积锥时,由于洪积锥的发展、移动,能埋没道路,所以应该能够识别洪积锥是正在发展的,还是已经固定的。识别这两类洪积锥的方法之一是观察植物生长情况,通常在正在发展的洪积锥上很少生长植物,已固定的洪积锥上则长有草或其他植物。线路经过正在发展的洪积锥地区时,最好是从洪积扇的顶部通过,这样可以避免道路遭到山洪泥沙的破坏。

3.2.2 河流的地质作用及冲积土

河流是改变陆地地形的最主要的地质作用之一。河流不断地对岩石进行破坏,并将破坏后的物质搬运到海洋或陆地的低洼地区堆积起来。河流的地质作用主要决定于河水的流速和流量。由于流速、流量的变化,河流表现出侵蚀、搬运和沉积3种性质不同但又相互关联的地质作用。

(1) 河流的侵蚀作用

侵蚀作用(erosion)是指河水冲刷河床,使岩石发生破坏的作用。破坏的方式有:水流冲击岩石,使岩石破碎(冲蚀 washout);河水所夹带的泥沙、砾石等在运动的过程中摩擦破坏河床(磨蚀 ablation);河水在流动的过程中溶解岩石(溶蚀 solution)。

河流的侵蚀作用依照侵蚀作用的方向又可分为垂直侵蚀和侧方侵蚀两种:

1) 垂直侵蚀

在坡度较陡、流速较大的情况下,河流向下切割能使河床底部逐渐加深,这种侵蚀在河流上游地区表现得很显著。在向下切割的同时,河流并向河源方向发展,缩小和破坏分水岭,这种作用称为向源侵蚀。

垂直侵蚀不能无止境地发展下去,它有一定的侵蚀界限,垂直侵蚀的界限面称为侵蚀基准面,如图 3.6 所示。它是河流所流入的水体的水面。地球上大多数河流流入海洋,它们的侵蚀基准面是海平面。河流仅河口部分能达到侵蚀基准面,其余部分只能侵蚀成高出海平面的平滑和缓的曲线,因为河床达到一定的坡度后,水流的能力仅能维持搬运的物质而无力再向下切割。

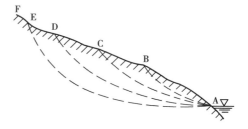

图 3.6 侵蚀基准面示意图

河流的垂直侵蚀使河床加深,能使桥台或桥墩基础遭到破坏。

2) 侧方侵蚀

在流水速度较小或河道弯曲时,流水冲刷两岸,则形成侧方侵蚀。这种侵蚀能使河床逐渐加宽。河水在运动过程中横向环流的作用,是促使河流产生侧蚀的经常性因素。此外,如河水受支流或支沟排泄的洪积物以及其他重力堆积物的障碍顶托,致使主流流向发生改变,引起对岸产生局部冲刷,这也是一种在特殊条件下产生的河流侧蚀现象。在天然河道上能形成横向环流的地方很多,但在河湾部分最为显著,如图 3.7(a) 所示。当运动的河水进入河湾后,由于受离心力的作用,表层流束以很大的流速冲向凹岸,产生强烈冲刷,使凹岸岸壁不断坍塌后退,并将冲刷下来的碎屑物质由底层流束带向凸岸堆积下来,如图 3.7(b) 所示。由于横向环流的作用,使凹岸不断受到强烈冲刷,凸岸不断发生堆积,结果使河湾的曲率增大,并受纵向流的影响,使河湾逐渐向下游移动,因而导致河床发生平面摆动。这样天长日久,整个河床就被河水的侧蚀作用逐渐地拓宽。通常侧方侵蚀是和垂直侵蚀同时进行的,但在垂直侵蚀十分强烈的情况下,侧方侵蚀不十分明显。随着垂直侵蚀的减弱,扩展河床的侧方侵蚀就很明显,甚至在垂直侵蚀完全停止的时候侧方侵蚀还仍然在继续。

河水侵蚀常造成下述结果:

河流的流水切入地壳的槽形凹地称为河谷(river valley)。河谷在多数情况下都是由于流

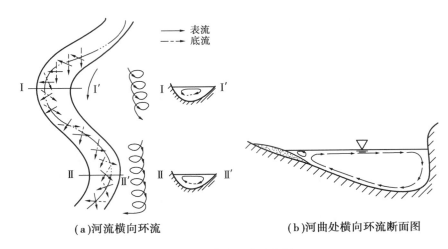

（a）河流横向环流　　　　　　　　（b）河曲处横向环流断面图

图 3.7　横向环流示意图

水的侵蚀作用形成的。大多数的河谷都有河漫滩及河岸阶地等地貌单元,如图 3.8 所示。

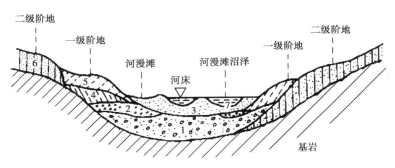

图 3.8　平原河谷横断面图

1—砾卵石;2—中粗沙;3—粉细沙;4—粉质黏土;

5—粉土;6—黄土;7—淤泥

河谷的形态由于侵蚀作用的强弱变化以及两岸岩石的性质和地质构造的不同,在上游、中游和下游地区是不一样的。在上游地区,由于坡度陡,流速大,垂直侵蚀作用强,河谷多成深狭的"V"字形,即所谓的峡谷。在"V"字形断面的情况下,水位容易高涨,因而有破坏性的急流。在这种地区,宜于修建水电站,利用水能来发电。在中游地区,一般两岸受侧方侵蚀作用的冲刷较强,因而河谷斜坡的形状比较开展,谷底比较宽阔,成"U"字形河谷。卵石、砾石多分布在此宽谷地区,该区适宜于修建水库。在下游地区,冲刷作用弱而沉积作用强,河谷开展,成宽广的平谷。泥沙类的沉积物多,成广大平原,洪水容易泛滥,应注意防洪。

河谷的形状除宽狭之外,尚有两岸谷坡大致相等的对称河谷和两岸谷坡不等的不对称河谷,以及阶梯状的河谷。若按照成因、地质构造进行分类时,还有其他种种名称,可参阅有关专业书籍,本书从略。

（2）河流的蛇曲和改道

当河流的垂直侵蚀减弱时,侧方侵蚀就明显表现出来。

天然河道本身就有弯曲。在河道弯曲处,河水最大流速的水流就直接指向河的凹岸,使凹岸冲刷破坏,同时河水又将凹岸冲刷下来的物质搬运到凸岸处堆积起来。这样凹岸被侵蚀,不断向后退,凸岸被堆积,不断向前发展,河道的弯曲就逐渐增大,在前一个弯曲刚刚结束的地方,又能产生另一个弯曲,最后河流就变成弯弯曲曲的蛇曲形状,如图 3.9 所示。

河流的发展有时使两个河弯比较接近,洪水时河水的强烈冲刷终于使两个河弯连通,河流便裁弯取直,改道而行。河流改道后,老河床由于冲积物的逐渐填塞以及植物的生长,形成弯月形的湖泊,称为牛轭湖(ox-bow lake)。牛轭湖干涸后便成为沼泽(marsh),如图 3.10 所示。

(3)河流的搬运作用

河流的搬运作用(transportation)是河水将冲刷下来的物质搬运到其他的地方。例如,将冲刷下来的物质从上游搬运到中游或下游,从陆地搬运到海洋。通常流水搬运力和搬运量的大小,决定于流速及流量的大小。由水力学可知,流水的搬运力与流速的六次方成正比,即流速如果增加一倍,搬运力就增加 64 倍。因此,流水搬运物质的颗粒大小和质量将随流速的变化而急剧变化,所搬运物质的颗粒一般是上游颗粒较粗,越向下游,颗粒越细。这就是河流的分选作用,即在一定河段内流水搬运物质的大小具有一定的范围。在搬运的过程中,被搬运的物质与河床摩擦,或相互之间碰撞,带棱角的颗粒就变成了圆形或亚圆形的颗粒。例如,石块变成了卵石、圆砾。

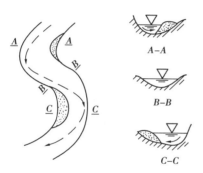

图 3.9　凹岸侵蚀凸岸沉积及水流图
（细点范围为沉积物）

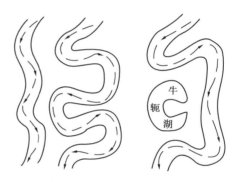

图 3.10　河曲的发展及河流的改道

(4)河流的沉积作用

河流在河床坡降平缓的地带及河口附近,河水的流速变缓,水流所搬运的物质便沉积下来,这种沉积过程称为河流的沉积作用,所沉积的物质称为冲积土(alluvial soil)或河流沉积物。

河流沉积的物质有粗碎屑的漂石、块石、卵石、砾石,以及细碎屑的沙、黏性土、淤泥等。

冲积土的特征:物质有明显的分选现象。上游及中游沉积的物质多为大块石、卵石、砾石及粗沙等,下游沉积的物质多为中、细沙、黏性土等;颗粒的磨圆度较好;多具层理,并有尖灭、透镜体等产状。

河流冲积土在地表分布很广,可分为:平原河谷冲积物、山区河谷冲积物、山前平原冲积物、三角洲及溺谷沉积物等类型。

平原河谷通常深度不大,宽度很大,谷坡平缓,河床坡降小,而山区河谷的特点是:深度大,谷坡陡,河床坡降大。因此,平原地区与山区的河流具有显著差别,河流的沉积物也有所不同。

1)平原河谷冲积物

平原河谷上游,河谷成"V"字形,不能形成固定的冲积层。所沉积的沙砾物质,在洪水期时多被流水带到中下游。在河谷下游出现河曲,在凹岸处侵蚀,在凸岸处沉积沙砾、卵石层。

平原河谷冲积层包括河床冲积物、河漫滩冲积物、牛轭湖沉积物、湖积物等。河床冲积物有卵石、砾石、沙、黏性土、淤泥等。河漫滩冲积物是洪水期河水溢出河床两侧时形成的泛滥沉积物,主要是沉积一些较细的物质,如细沙、黏性土。其主要特征是:上部的细沙和黏性土与下部的河床沉积的粗粒土组成二元结构,具斜层理与交错层理。牛轭湖沉积物主要是有机沉积物,如淤泥、泥炭等。

一般河床冲积物是构成河谷谷底的最重要的沉积物,它分布在整个河谷谷底范围内,厚度较大。在河床冲积物上覆盖着厚度较小的河漫滩冲积物,而牛轭湖沉积物则以透镜体的产状分布在河床冲积物和河漫滩冲积物中。

在工程地质特征上,卵石、砾石及密实沙层的承载力较高,作为建筑物地基是比较稳定的。细沙具有不太大的压缩性,饱和时边坡不稳定。至于淤泥、泥炭和松软的黏性土,如作为地基时,建筑物会发生较大的沉降,而且沉降的完成需要很长的时间。总的来说,牛轭湖及河漫滩地带因含松软的淤泥及黏性土,工程性质差。但河漫滩上升为阶地后,因干燥脱水,则工程性质能够改善,一般越老的阶地,则工程性质越好。

2)山区河谷冲积土

山区河谷的冲积物大多由含纯沙的卵石、砾石等组成。分选性较平原河谷冲积物差,大小不同的砾石互相交替,成为水平排列的透镜体或不规则的袋状。由于山区河流流速大而河床的深度不大,故冲积物的厚度也不大(多不超过 10~15 m)。一段山区河谷谷地是由单一的河床砾石组成,不像平原河谷冲积物那样复杂。山区冲积物透水性很大,抗剪强度高,实际上是不可压缩的,是建筑物的良好地基。当山区河谷宽广时,也会有河漫滩洪积物出现,主要为含泥的砾石,并具有交错层理。此外,山区河谷中还可能有泥石流沉积物。

3)山前平原冲积洪积物

常沿山麓分布,厚度有时能达数百米。这种沉积物有分带性,近山处为冲积和部分洪积成因的粗碎屑物质组成,向平原低地逐渐变为沙砾、沙以至黏性土。因此,山前平原的工程地质条件也随分带岩性的不同而变化。越往平原低处,工程地质条件越差。

4)三角洲及溺谷沉积物

三角洲(dalta)沉积物是河流所搬运的大量物质在河口(河流入海或湖处)沉积而成。三角洲沉积物的厚度很大,能达几百米或几千米,面积也很大。三角洲沉积物可分为水上部分及水下部分。水上部分主要是河床及河漫滩冲积物——沙、黏性土及淤泥,产状一般为层状或透镜体。水下部分则由河流冲积物和海或湖的堆积物混合组成,呈倾斜沉积层,如图 3.11 所示。

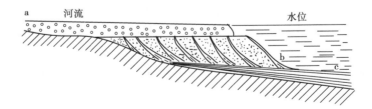

图 3.11 三角洲沉积层
a—顶积层;b—前积层;c—底积层

三角洲沉积物的颗粒较细,含水量大,呈饱和状态,承载力较低。有的还有淤泥分布。在三角洲沉积物的最上层,由于经过长期的干燥和压实形成所谓"硬壳",承载力较下面的为高,在工程建设中应该很好地利用这一层。另外,在三角洲上建筑时还应查明暗浜或暗沟的分布情况。

溺谷(drowned valley)是被海水淹没的河谷。溺谷沉积物中大多含有有机混合物的淤泥物质,具有高的孔隙比及接近流动状态,压缩性高,抗剪强度低,不宜作为重型建筑物的地基。

由于河流沉积作用的影响,其结果能形成下列几种常见的冲积物地形:

①冲积扇(alluvial fan)　由冲积物形成的扇形碎屑堆积,若为冲积洪积物堆积则称为冲积洪积扇。

②三角洲(delta)　在河流入海处形成的堆积,如珠江三角洲、长江三角洲。

③冲积平原(alluvial plain)　由冲积物所形成的平原,如华北平原、江汉平原。

④沙洲(bar)　沙洲是在河身宽阔处,水流流速减小,由泥、沙、砾石等碎屑物沉积而成,如南京附近的江心洲。沙洲沉积多不稳定。

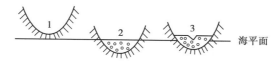

图 3.12　河岸阶地的形成过程

1—为原来河谷的标高;2—当地壳下降时,河流坡度减小,形成厚的冲积物;3—由于地壳上升,河流冲刷增大,便在河谷中冲刷出一条较狭的河床,在新河床的两侧便形成一级阶地

⑤河岸阶地(river terrace)　河谷两岸由流水作用所形成的狭长而平坦的阶梯状的平台,称为河岸阶地。它是在流水的侵蚀、沉积以及地壳的升降等作用相互配合的情况下形成的。图3.12为河岸阶地的形成方式之一,如此多次变化,就能形成多级的河岸阶地。阶地主要有两种类型:一种是侵蚀阶地(图3.13),它的特点是阶面平缓基岩出露,阶地上沉积物很薄甚至没有;另一种是沉积阶地(图3.14),它的特点是沉积物较厚,基岩不出露。阶地顺河流方向分布在河谷的两侧,地形比较平坦,常被选作建筑场地。

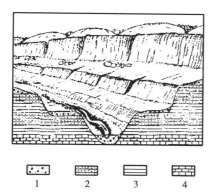

图 3.13　侵蚀阶地

1—冲积层;2—沙岩;
3—页岩;4—石灰岩

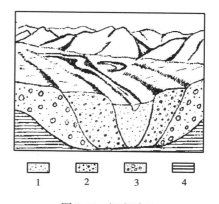

图 3.14　沉积阶地

1—河漫滩冲积层;2—第一阶地冲积层;
3—第二阶地冲积层;4—基岩

（5）河岸地区进行建筑应注意的工程地质问题

①必须事先了解河流的最高洪水位,避免在洪水淹没区进行建筑。

②应注意河岸的稳定性,不在有崩塌、滑坡等不稳定的地区建筑。如必须建筑,要对崩塌、滑坡进行处理。

③河床上是不宜建厂的,如需要建设船台、码头以及取水构筑物时,应考虑由于进行建设而改变河床断面后的最高洪水位、冲刷深度、含泥量,同时也要考虑河水对岸边及构筑物的冲刷。

④河流的凹岸受冲刷,容易形成河岸的崩塌、滑坡,特别是松散沉积物构成的河岸更易被侵蚀后退,选择建筑场地时,建筑物距阶地边缘应留有适当的安全距离,必要时应采取保护河岸的措施。为阻止水流冲刷可用丁坝、导流堤等,加固河岸可用石笼、抛石块及挡墙护岸等。河流凸岸是沉积区,一般多可建筑,但可能存在淤积的问题。因此,建筑场地选在河岸平直的地段较好。

⑤应注意冲积物的产状。冲积物中埋藏有黏性土的透镜体或尖灭层时,能使建筑物产生不均匀沉降。

⑥阶地上有古老河床的沉积物和牛轭湖沉积物时,应注意它们的分布、厚度及工程地质性质。

⑦冲积层中常有丰富的地下水,可作为供水水源。但在故河床地区,地下水多且水位较高,施工时排水较为困难。另外,地下水可造成河岸阶地边缘的潜蚀现象,影响阶地的稳定性。

（6）河流侵蚀、淤积作用的治理

1）不同类型河床主流线与崩岸位置

河流的主流线靠近河岸时,河岸土层会发生崩塌。由于河床类型不同,主流线靠岸的位置不相同,崩岸的位置也不相同。在弯曲河床的上半段,主流线靠近凸岸上方,然后流入凹岸顶点;在弯曲河床的下半段,主流线靠向凹岸。因此,在弯曲河床的凸岸边滩的上方、凹岸顶点的下方,常常都是崩岸部位（图 3.15（a））。在顺直河床上,深槽与边滩往往成犬牙交错地分布;在深槽处,主流线常常是靠近河岸的,成为顺直河床的崩岸部位（图 3.15（b）),随着深槽的下移,崩岸的部位一般不固定。游荡河床,主流线也随着江心洲的变化在河床中动荡不定,崩塌部位也是不固定的。分叉河床,江心洲洲头常常处在主流顶冲的部位（图 3.15（c）),常常都是护岸工程重点守护的地段。

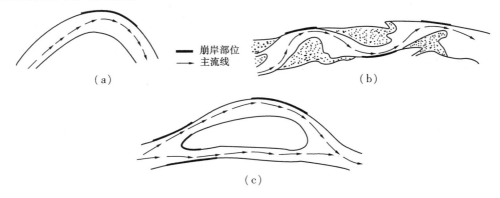

图 3.15 不同类型河床主流线与崩岸位置

2)防护措施

全球悬河化现象在发展,治河问题研究有重要意义。对于河流侧向侵蚀及因河道局部冲刷而造成的坍岸等灾害,一般采用护岸工程或使主流线偏离被冲刷地段等防治措施。

①护岸工程

a.直接加固岸坡常在岸坡或浅滩地段植树、种草。

b.护岸有抛石护岸和砌石护岸两种,即在岸坡砌筑石块(或抛石),以消减水流能量,保护岸坡不受水流直接冲刷。石块的大小,应以不致被河水冲走为原则,可按下式确定:

$$d \geqslant v^2/25$$

式中　d——石块平均直径,cm;

　　　v——抛石体附近平均流速,m/s。

抛石体的水下边坡一般不宜超过1∶1,当流速较大时,可放缓至1∶3。石块应选择未风化、耐磨、遇水不崩解的岩石。抛石层下应有垫层,如图 3.16 所示。

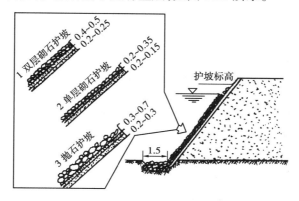

图 3.16　砌石护岸和抛石护岸

②约束水流

a.顺坝和丁坝:顺坝又称导流坝,丁坝又称半堤横坝。常将丁坝和顺坝布置在凹岸以约束水流,使主流线偏离受冲刷的凹岸。丁坝常斜向下游,夹角为 60°~70°,它可使水流冲刷强度降低 10%~15%,如图 3.17 所示。

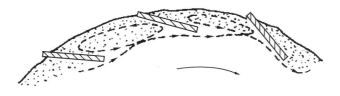

图 3.17　丁坝

b.约束水流,防止淤积:束窄河道、封闭支流、截直河道、减少河流的输沙率等均可起到防止淤积的作用。也常采用顺坝、丁坝或二者组合使河道增加比降和冲刷力,达到防止淤积的目的。

3.3 海洋的地质作用及海相沉积物

3.3.1 海洋区域的划分

海洋的总面积为 36 km×107 km,占地球表面面积的 70.8%。

(1)大陆边缘

地壳表面的基本形态特征是大陆及海洋盆地。二者间的过渡地带是大陆边缘(border land)。在一个理想的典型剖面上,大陆边缘划分为 3 个单元:大陆架、大陆斜坡和陆基。大陆架是大陆在水下的延伸部分,其外线接大陆斜坡(平均坡度 3°~5°),大陆斜坡以下是一较平坦的海底,称为陆基,其外线平均深度达 4 km,与它相连的是大洋盆地。

(2)大陆架

据 1953 年国际委员会的定义,大陆架(continental shelf)是指大陆周围的浅水地带。它从低潮位线开始以极缓的倾斜延至海底坡度显著增大的地方,如图 3.18 所示。岛屿周围的类似地带称为岛架。大陆架的外界边缘很不固定,一般外界边缘深度为 20~550 m,平均深度约 30 m;宽度为 10~1 000 km 以上,平均宽度为 65 km,平均坡度为 0.1°。世界上的大陆架约占海洋总面积的 8%,占陆地面积的 18%~20%,约相当于欧洲及南美洲的总和。联合国提出关于大陆架的法律界限为 600 m 海水深度处。

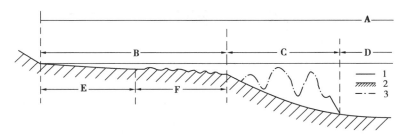

图 3.18 大陆水下边缘底部地形要素示意图
1—海面;2—岸坡及底部表面;3—边缘地槽表面
A—大陆边缘;B—大陆架;C—大陆坡
D—大陆坡脚;E—内陆架;F—外陆架

从地质特征上讲,大陆架与大陆地质结构是一致的。在绝大多数情况下,大陆架具有大陆型地壳。

(3)海岸带

海岸带是指海陆相互作用最活跃的地带。海岸带一般包括海岸、潮间带和水下岸坡 3 部分,如图 3.19 所示。海岸是指现代海岸线以上狭窄的近海陆上地带,包括上升的古海岸带。而现代海岸线是指海水面与陆地接触的分界线,它随潮水涨落在随时变化着。潮间带是平均高潮位与平均低潮位之间的地带。水下岸坡是平均低潮位以下的地带,其下界一般为水深相当于波长的 2~3 处。简言之,海岸带上界是激浪达到的地方,下界是水深等于 2~3 波长的位置。

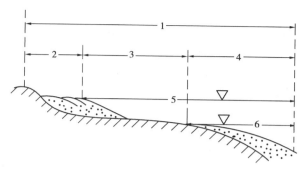

图 3.19　海岸带结构示意图

1—海岸带；2—海岸；3—潮间带

4—水下岸坡；5—高潮位；6—低潮位

大陆架上生物资源非常丰富，并蕴藏着大量的石油、天然气和其他矿产资源。科学技术的发展使得在大陆架区广泛开展地质勘探及资源的开发成为可能。根据海水的深度及海底的地形可以将海洋区域分为以下几个带（图 3.20）：

①海岸是海水高潮和低潮之间的地区，海水深度 0~20 m。

②大陆架（或陆棚）浅海带：海水深度 20~200 m，坡度很平缓。

③大陆坡次深海带：海水深度 200~3 000 m，坡度一般自几度到二十几度。

④深海带：海水深度 3 000~6 000 m，有时在接近大陆处有深达万米的海渊。

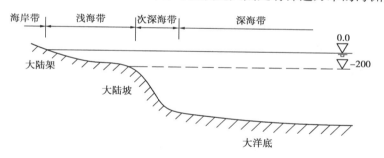

图 3.20　海洋按深度分带示意图

3.3.2　海洋的地质作用及海相沉积物

（1）海洋的破坏作用

海洋的破坏作用有冲蚀、磨蚀及溶蚀 3 种。海浪、潮汐和岸流等都能起破坏作用，其中海浪是破坏海岸的主要力量。波浪形成的原因有风力、洋流、潮汐、地震、海底火山喷发等，但最常见的及最有实际意义的是风成浪。

当风吹过水面时，对水面产生风压力，它迫使不可压缩并不具抗剪切强度的水质点作"相互补偿"的单向轨道运动，在水面产生峰谷。因此，人们将水质点的振动运动的发生与传播，称为波浪。海浪时刻都在冲击着海岸，风力越强，它的冲击力也越大。海浪冲击海岸岩石时，对岩石产生很大的压力，使其破坏。海浪可把海岸岩石掏成凹槽或形成洞穴，当这些凹槽和洞穴扩大到一定程度时，它上面悬空的岩石便会崩塌下来。海浪又将这些崩塌下来的岩块忽前忽后反复推动着，将它们当作撞击的工具，这就更加速了对海岸的破坏作用。海浪冲蚀作用进行得越久,海岸向后撤退就越远,而海滩也就变得越宽。陡岸向后撤退得越远,海浪要达到岸边就越困难,因为海浪前进的能量都消耗在对海滩的摩擦上了。当海滩增长到海浪达不到陡岸的时候,海浪的破坏作用也就暂告结束。

在浅水区不仅波浪对海底产生影响,而且海底也影响着波浪,当水深 $H<\lambda/2$ 时(λ 波长),产生浅水波。水质点运动轨道由于海底摩擦影响而变形。在海底摩擦力最大,水质点几乎是一来一往的直线运动。随着摩擦力向海面方向逐渐减小,水质点轨道由直线形渐变为椭圆形。当 $H=h(h$ 波高)时,水质点在运行中,由于波峰比波谷受摩擦力弱,波浪上半部前进速度大于下半部后退速度,从而造成波峰前端陡峻,使波浪呈不对称形状。一旦波浪进入水深不及一个波高的浅海中部,遂不能形成完整的波峰。波峰前端弯曲过甚,甚至由重力而下坠,波浪完全破碎,形成拍岸浪,称之为激浪。向岸壅的水体称之为击浪流。击浪是冲击海岸的主要力量,尤其在强暴风力影响下,冲击力可达 1 万~3 万 kg/m^2,再加上海水携带很多沙石,因而对海岸的破坏作用是很大的,称之为海浪的磨蚀作用。

(2)海洋的沉积作用

绝大部分沉积岩是在海洋内沉积形成的,因而海洋的地质作用中最主要的是沉积作用。河水带入海洋的物质和海岸破坏后的物质在搬运过程中,随着流速的逐渐降低,就沉积下来。靠近海岸一带的沉积多是比较粗大的碎屑物,离海岸越远,沉积物也就越细小。这种分布情况,同时还与海水深度和海底的地形有直接的关系。海洋的沉积物质,有机械的、化学的和生物的 3 种,形成各类海相沉积物(或海相沉积层)。海相沉积物按分布地带的不同有:

1)海岸带沉积物

主要是粗碎屑及沙,它们是海岸岩石破坏后的碎屑物质组成的。粗碎屑一般厚度不大,没有层理或层理不规则。碎屑物质经波浪的分选后,是比较均匀的。经波浪反复搬运的碎屑物质磨圆度好。有时有少量胶结物质,以沙质或黏土质胶结占多数。海岸带沙土的特点是磨圆度好,纯洁而均匀,较紧密,常见的胶结物质是钙质、铁质及硅质。海岸带沉积物沿海岸往往成条带分布,有的地区沙土能伸延好几千米长,然后逐渐尖灭。此外,海岸带特别是在河流入海的河口地区常常有淤泥沉积,它是由河流带来的泥沙及有机物与海中的有机物沉积的结果。海岸地区的沉积物可以形成以下的地形,如图 3.21 所示。①海滩:高潮与低潮间的沙滩。②沙坝:与海岸平行的天然堤坝。③沙嘴:在海岸弯曲处堆积成伸入海中的沙嘴,当沙嘴继续增长,将海湾与海水分开,这种水体称为潟湖,如杭州的西湖。一般在潟湖地区多堆积有淤泥和泥炭,建筑条件差。④海岸阶地:由海浪侵蚀和海水沉积造成的平台。由于海岸带沉积物在垂直方向和水平方向变化均很大,因此要求布置较密的勘探点及沿深度多取试样来进行研究,才能获得可靠的资料。

2)浅海带沉积物

主要是较细小的碎屑沉积(如沙、黏土、淤泥等)以及生物化学沉积物(硅质沉积物、钙质沉积物)。在浅海环境里,由于阳光充足,从陆地带来的养料丰富,故生物非常发育。

在沉积物中往往保存有不少化石。浅海带沙土的特征是:颗粒细小而且非常均匀,磨圆度好,层理正常,较海岸带沙土为疏松,易于发生流沙现象。浅海沙土分布范围大,厚度从几米到几十米不等。浅海带黏土、淤泥的特征是:黏度成分均匀,具有微层理,可呈各种稠度状态,承载力也有很大变化。一般近代的黏土质沉积物密度小,含水量高,压缩性大,强度低;而古老的黏土质沉积物密度大,含水量低,压缩性小,承载力很高(有时可达 5~10 kg/cm^2),陡坡也能保

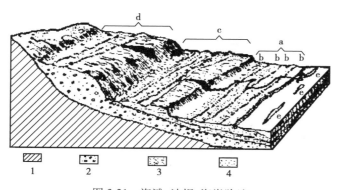

图 3.21 海滩、沙坝、海岸阶地

1—基岩;2,3—松散岩石;4—沙和卵石

a—海滩;b——海岸沙坝;c,d—海滨阶地;e—沙礁

持稳定,这种硬黏土常常有很多裂隙,因而具有透水的能力,也易于风化。浅海带沉积物的成分及厚度沿水平方向比较稳定,沿垂直方向变化较大。因此,在工程地质勘察时,水平方向可布置较稀的勘探点,但在沿深度方向上要求较多的试样,才能获得代表性的资料。

3)次深海带及深海带沉积物

主要由浮游生物的遗体、火山灰、大陆灰尘的混合物所组成,很少有粗碎屑物质出现。沉积物主要是一些软泥。

3.3.3 海岸稳定性的评价

海浪冲击海岸,能使海岸失去稳定,产生滑坡和崩塌,位于岸边的建筑如码头、道路及住宅等也随之破坏。因此,在海岸地区进行建筑时,必须对海岸的稳定性进行评价。

海岸的稳定性取决于构成海岸岩石的成分、产状和海浪冲蚀的情况等。松软的岩石比坚硬的岩石易受海浪的冲刷破坏。由松散沉积物所构成的海岸,常因稳定性不足而产生滑动。岩层的产状很重要。若组成海岸的岩层以较陡的倾角倾向海面时,受冲刷后岩层就较容易顺着层面滑动或崩塌,如图 3.22 所示。若岩层倾向海面但倾角很缓,这种海岸比较稳定,因为海浪是顺着层面向上滚动,它的冲击力都消耗在摩擦作用上,如图 3.23 所示。如果岩层是水平的,组成的岩石又是软硬相间,受海浪冲蚀后容易形成浪蚀阶地,这样就削弱了海浪的破坏力,如图 3.24 所示。若岩层倾向陆地时,海岸也较为稳定,如图 3.25 所示。在注意岩层产状的同时,也应研究岩石的裂隙发育情况。

图 3.22 岩层以陡倾角倾向海面
时海岸受冲刷的情形

图 3.23 岩层以缓倾角倾向海面
时海岸受冲刷的情形

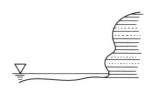

图 3.24　水平岩层的海岸
受冲刷的情形

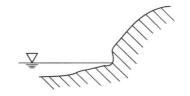

图 3.25　岩层倾向陆地时
受冲刷的情形

海浪的破坏力不仅与风力大小密切相关,而且还受海水的深度及海底地形的影响。与海浪破坏作用相似的还有潮汐的破坏作用,在评价海岸的稳定性时也应加以考虑。例如,我国钱塘江口的潮汐破坏作用对于海塘工程的影响就很大。为了防止海岸受波浪的冲击,可砌筑护岸建筑,如突堤、防浪堤、海塘等。

3.3.4　海岸及沿岸建筑物的防护方法

一般护岸、护港措施有两个目的:①保护海岸、海港,使其免遭冲刷,并保护岸边建筑物的安全;②防止海岸、港口遭受淤积,保证建筑物及潮汐电站等正常运转。为达到上述目的,常采用下列两种方法:

(1)整流工程

利用一定的水工建筑物调整水流,造成对防止冲刷或防止淤积的有利的水文动态条件,改变局部地区海岸形成作用的方向。例如,建筑防波堤、破浪堤、丁坝等来防止冲刷。防波堤是一种有效的防淤建筑(图 3.26),它可以将泥沙截留在海港以外。建筑这样的防波堤造价很高。因此,目前有人试验用漂浮防波堤来促成沙嘴的形成,以截留冲积物,如图 3.27 所示。破浪堤(水下防波堤)(图 3.28)是设置于距岸 40 ~ 50 m 的水下长堤。当波浪向岸推进而达堤处时,由于水深变浅,波浪受到阻力,能量减弱(其能量可消失 75%)。同时,泥沙堆积,形成新的平衡剖面,造成海滩的出现。海岸便被保护起来,堤本身也不致受波浪的巨大冲击而破坏。

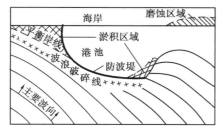

图 3.26　防波堤及其作用示意图

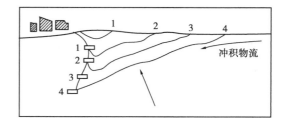

图 3.27　漂浮防波堤
(1~4 为飘浮物的相继位置以及历次
形成的沙嘴位置)

(2)直接防蚀工程

修建一定的水工建筑物,直接保护海岸,免遭冲刷,如修筑护岸墙、护岸衬砌等。根据波浪动态和边岸的特点,修筑凹面石墙比直立护墙防掏蚀效果好,如图 3.29 所示。选择和设计所有这些防护措施,都要在深入研究地区的自然条件的基础上进行,这样才会使护岸工程合理。此外,在选择和设计防护措施时,还必须考虑该工程的兴建对相邻地区海岸将发生怎样的影

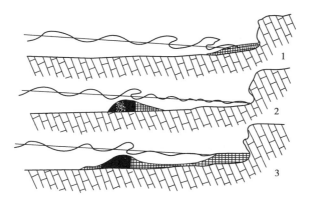

图 3.28　破浪堤及其作用

1—修筑破浪堤前;2—修筑后 1 年;3—修筑后 4 年

响,否则也常导致不良的后果。因此,需要对整个海岸或海湾作统筹规划,采取综合性的措施。

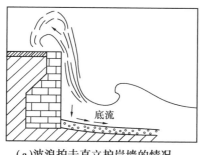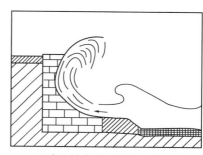

（a）波浪拍击直立护岸墙的情况　　　　（b）波浪拍击凹面护岸墙的情况

图 3.29

3.3.5　海岸带工程地质研究的一般原则

为了选择港口、海岸工程的位置,确定护岸护港措施,工程地质研究的主要任务是了解建筑地区海岸带形成作用的特点,以便进行工程地质评价。为此,必须研究现代海滨地貌的特征、沉积物的性质和分布,并结合河流阶地的研究及分析历史的记载等,找出其规律。同时,还需研究沿岸地区的水文气象条件、海岸的动态和专门性长期观测工作。一般海岸带工程地质测绘,应查明如下几个方面:

（1）搜集水文气象资料

①风向、风力及风作用的延续时间。

②激浪及浅水浪的波浪要素及作用时间。

③泥沙流的特点:补给区、堆积区的位置,流动方向,强度及物质组成。

④潮汐运动特点。

（2）野外地形调查

①海岸带的地形地貌特征:海岸形状,海滩及水下斜坡的宽度及动态特征。

②海岸带地质条件:地层岩性、地质构造、水文地质特征、岸边稳定性研究（海岸滑坡、崩坍等不良物理地质作用）。

③沿岸被冲刷地带和接受沉积地带的分布情况及其强度。

④已有的水工建筑物配置、类型、砌置深度及距海平面的距离以及变形破坏情况。

根据建筑工程规模和设计阶段的不同,工程地质测绘的比例尺可采用1:5万~1:10万,必要时可采用大比例尺。有时配合必要的勘探工作,以查明岸坡的地质结构和自然地质作用的性质等。在综合研究的基础上,应对海岸的区域稳定性、地基稳定性及工程建筑的适宜性提出工程地质评价。

3.4 湖泊的地质作用及湖沼沉积物

3.4.1 湖泊的地质作用及湖相沉积物

(1)湖泊的破坏作用

湖的面积较大,由于风的作用及湖水的涨落,能产生湖浪及湖流,冲蚀湖岸,使岸壁破坏。湖岸地区的地下水位常因湖水位的变化而升降,四周的岩土被水浸湿发生松软现象,能使建筑物的地基沉降,岸坡也可能出现崩塌或滑动。

(2)湖泊的沉积作用

湖泊的沉积物称为湖相沉积层。通常在岸边沉积较粗的碎屑物质,湖底的中部多沉积细小颗粒的物质。湖相沉积的碎屑物质包括砾石、沙及黏土等,其中应当特别提出的是层状黏土。层状黏土主要是由夏季沉积的细沙薄层及冬季沉积的黏土薄层所交互沉积组成。这种黏土压缩性很高,容易滑动和产生不均匀沉降。在开挖基坑时,层状黏土易于隆起,或在地下水的动力作用下出现破坏现象。湖相沉积物中尚有淤泥和泥炭。它们的承载力低,压缩性高,是建筑物的不良地基。另外,在盐水湖中还有石膏、岩盐及碳酸盐等盐类沉积物,由于它们不同程度地溶解于水,所以对建筑物地基是有害的。

3.4.2 沼泽及沼泽沉积物

(1)沼泽的形成

沼泽(marsh)是上面覆盖有泥炭层的过分潮湿的地区。它是由于湖泊的泥炭化和陆地的沼泽化而形成的。在浅水湖或是水流缓慢的河岸地带,生长着喜水植物,这些植物死后就沉到水底,由于水下氧气少,它们不能充分分解而完全腐烂,这种残余物一年年地积累起来就形成泥炭层。随着泥炭层的增加,湖水面积就逐渐缩小,水也变浅,最后就完全泥炭化,成为杂草丛生的沼泽。另外,在气候潮湿、地势低洼易积水的地区或地下水离地表很近的地区,地表土层长期被水饱和,也能形成沼泽。

(2)沼泽沉积层的特征及处理措施

沼泽沉积层中,腐朽植物的残余堆积占主要地位,主要是分解程度不同的泥炭(有时可见到明显的植物纤维)、淤泥和淤泥质土,以及部分黏性土及细沙。它们具有不规则的层理。泥炭的有机质含量达60%以上,它的特征是:

①泥炭(peat)的含水量极高,可达百分之百甚至百分之几百,这是由于腐殖质吸水能力很强以及泥炭固态物质比重小的缘故。

②泥炭的透水性与腐殖质的分解程度及含量有关,分解程度高的泥炭不易排水。

③泥炭的性质和含水量的关系很大,干燥的压实的泥炭很坚实,饱和的泥炭多呈流动状态,承载力极低。泥炭干燥后体积缩小 67%～86%,它的压缩性很高,而且不均匀。

淤泥(muck)及淤泥质土(mucky soil)的特征将在《土力学》中详细讨论。

沼泽地区不宜修建大型建筑物。如果沼泽的泥炭层较厚,最好不要在上面建筑。修筑道路时如不能绕过沼泽区,应在沼泽的最窄的地方通过,并可考虑采取以下措施:

①采用明渠或暗沟排水,并截除沼泽水的补给来源,疏干沼泽。

②挖除泥炭,或借堆土及石块的自重挤开泥炭,也可用爆炸的方法排除泥炭,基底置于沼泽下的坚硬层上。

③用打桩等方法将建筑荷载传到坚硬层上。

在处理前必须查明沼泽区的地形,水的补给来源,泥炭层的性质、厚度及分布等情况。

3.5　冰川的地质作用及冰碛土

3.5.1　冰川的地质作用

冰川(glacier)的地质作用有刨蚀、搬运和沉积。

(1)刨蚀作用

冰川对岩石的破坏作用称为刨蚀作用。破坏的方式是:冰川的重量很大而且冰很坚硬,在它移动时就磨碎岩石,并像犁一样刨深地面,将沟谷刨宽刨平。另外,冰川移动时,因压力和摩擦的作用而使其底部发热,部分冰被融化成水而进入岩石裂缝,裂缝里的水结冰后体积增大而扩展裂缝,岩石被分裂成岩块。岩块被冰川挟带一起移动,便使摩擦作用更为加强,同时岩块本身也布满擦痕。冰川的刨蚀作用改变了地形地貌,形成特殊的冰蚀地形,如图 3.30 所示:

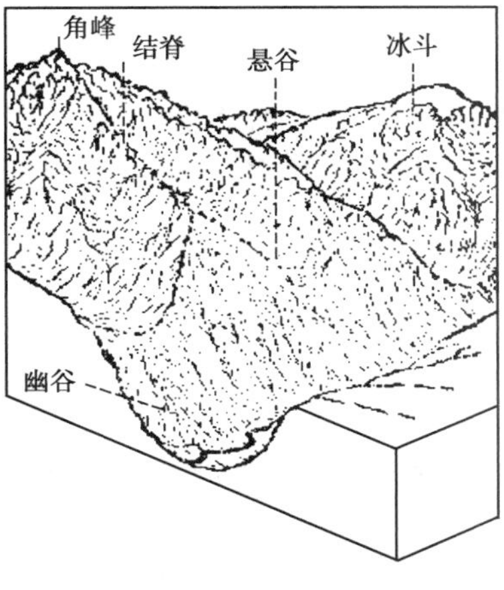

①幽谷和悬谷:冰川将沟谷刨成陡壁,断面成"U"字形,称为幽谷。大小两冰川会合时,造成高低不等幽谷相接,小幽谷称为悬谷。

②冰斗:冰川的源头多呈圆形,三面为陡壁,一面为低狭的洼地。

③角峰:几个冰斗围绕高山发育,使山峰变成陡峭的尖峰。

④结脊:锯齿状的山脊。

图 3.30　冰蚀地形

(2)搬运作用

冰川的搬运作用有两种:一种是碎屑物质包裹在冰内随冰川移动;另一种是冰融化成冰水,冰水进行搬运。

(3)沉积作用

冰川的沉积作用同样有两种:一种是冰体融化,碎屑物直接堆积,称为冰碛土(glacial till);另一种是冰水将碎屑物质搬运而堆积,称为冰水沉积土(glacial-fluvial soils)。冰碛土由于沉积的位置不同,而有底碛、中碛、侧碛(图 3.31)和终碛之分。

冰川能形成蛇形丘、鼓丘等沉积地形。

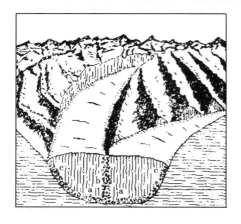

图 3.31　底碛、中碛、侧碛
a—底碛;b—中碛;c—侧碛

3.5.2　冰碛土的特征及其工程地质评价

冰碛土的特征是:

①冰碛土无层次,也没有分选,而是块石、砾石、沙及黏性土杂乱堆积,分布也不均匀。

②冰碛土虽经磨耗但仍然保持有棱角的外形。

③块石、砾石表面上具有不同方向的擦痕。

④岩块的风化程度很轻微,冰碛层中无有机物及可溶盐类等物质。

冰碛层中的黏性土,如位于冰川底部,则因上部冰层的巨大压力的压实作用,就变成密实而强度较高的压结冰碛土。冰碛土在新鲜状态下为蓝灰色,风化时呈红色,常夹有卵石及漂石。冰碛土在干燥状态非常坚硬,当被水饱和时往往极为黏滞。

在冰碛土上进行工程建设时,应注意冰川堆积物的极大的不均匀性。冰川堆积物中有时含有大量的岩末,这些岩末的黏结力很小,透水性弱,在开挖基坑时,如果遇到地下水较大的水头,坑壁容易坍塌。

冰碛土多位于低洼地带,一般常蓄有大量的地下水,可作为供水水源。

当冰碛土作为建筑物的地基时,必须详细进行勘察,因为个别的漂石可能被误认为是基岩。

冰水沉积土有分选现象,在冰川末端附近的冰水沉积是由漂石和卵石等粗碎屑组成,随着离末端距离的增加,逐次变为砾石和沙,一直到黏土。它们多具有层理。冰水沉积土的透水性较大,而且含水较多,在开挖基坑时比较困难。

3.6　风的地质作用及风积土

3.6.1　风的地质作用及风积土

风的地质作用有破坏、搬运和沉积。

(1)风的破坏作用

风力破坏岩石的方式有下列两种:

1)吹扬作用

风将岩石表面风化后所产生的细小尘土、沙粒等碎屑物质吹走,使岩石的新鲜面暴露,岩石又继续遭受风化。

2)磨蚀作用

风所夹带的沙、砾石,在移动的途中对阻碍物进行撞击摩擦,使其磨损式破坏。风的磨蚀作用可形成"石烂牙"和"石蘑菇"等奇特的地形。

（2）搬运作用

风能将碎屑物质搬运到别处,搬运的物质有明显的分选作用,即粗碎屑搬运的距离较近,碎屑越细,搬运就越远。在搬运途中,碎屑颗粒因相互间的摩擦碰撞,逐渐磨圆变小。

风的搬运与流水的搬运是不同的,风可向更高的地点搬运,而流水只能向低洼的地方搬运。

（3）**沉积作用**

风所搬运的物质,因风力减弱或途中遇到障碍物时,便沉积下来形成风积土。

风力沉积时,是依照搬运的颗粒大小顺序沉积下来的。在同一地点沉积的物质,颗粒大小很相近,在水平方向上有着十分完善的分选特征。

在干燥的气候条件下,岩石的风化碎屑物质被风吹起,搬运到一定距离堆积而成风积土。风积土主要有两种类型,即风成沙和风成黄土。

1）风成沙

在干旱地区,风力将沙粒吹起。其中包括粗、中、细粒的沙,吹过一定距离后,风力减弱,飞飏的沙粒坠落堆积而成风成沙,一般统称为沙漠。应当指出,沙漠不完全是风的沉积作用而形成的,但大部分沙漠都与风的作用有关。

风成沙常由细粒或中粒沙组成,矿物成分主要为石英及长石,颗粒浑圆。风成沙多比较疏松,当受震动时,能发生很大的沉降,因此,作为建筑物地基时必须事先进行处理。沙在风的作用下,可以逐渐堆积成大的沙堆,称为沙丘（sand dune）。沙丘的向风面平缓,背风面陡。沙丘有不同的形状,如外形成弯月状的称为新月沙丘（barcan）,如图 3.32 所示。

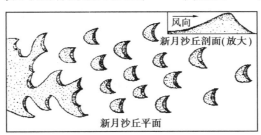

图 3.32　新月沙丘的平面及剖面图

新月的弯角指向与风向一致。沙丘的高度可达几十米,它的位置是不固定的,在风的作用下经常移动,移动的速度因各地的风力不同而不等。

2）风成黄土

随风飘飏的微粒尘土,在干旱气候条件下,随着风的停息而沉积成的黄色粉土沉积物称风成黄土,或简称黄土（loess）。还有除风力以外而形成的黄土,称为次生黄土或黄土状土（loess-like soil）。黄土在我国分布较广,超过 64 km^2,一般分布在北纬 30°～48°,而以 34°～45°的黄河中游地区最为发育,遍及西北、华北各省区。

黄土无层次,质地疏松,雨水易于渗入地下,有垂直节理,常在沟谷两侧形成峭壁陡立,从河南灵宝一带至潼关,常见黄土峭壁屹立数十年而不倒;再加上黄土地区较干旱,当地居民常在土壁上开凿窑洞而居。

天然状态下的黄土,如未被水浸湿,其强度一般较高,压缩性也小,是建筑物的良好地基。

但也有一些黄土,在自身重力或土层自重加建筑物荷载作用下,受水浸湿,将发生显著的沉降,称为湿陷性黄土;否则,称为非湿陷性黄土。非湿陷性黄土作为建筑物地基时可按一般黏性土地基进行设计和施工。湿陷性黄土受水浸湿后在土自重压力下发生湿陷的,称为自重湿陷性黄土(如兰州地区的黄土);受水浸湿后在土自重压力下不发生湿陷的,称为非自重湿陷性黄土(如西安地区大部分的黄土)。因此,当黄土作为建筑物地基时,为了恰当考虑湿陷对建筑物的影响,从而采取相应的措施,首先就要判别它是湿陷性的,还是非湿陷性的。如果是湿陷性的,还要进一步判别它是自重湿陷性的,还是非自重湿陷性的。在湿陷性黄土地区进行建筑时,必须注意防水措施。我国对黄土地基的研究和实践,取得了极其丰富的成果,现已制定出有关设计规范,并已颁布执行。

3.6.2 风沙的危害及其防治

风沙可掩埋建筑物及道路,掩没农田,危害极大,因此,必须防治。我国劳动人民在长期的生产实践中积累了丰富的治沙经验,可概括为3个字、一句话:"封""植""灌"和"因地制宜,综合治理"。"封",即封沙育草,就是在一定时期内不许在沙漠地区乱砍、乱垦、乱牧,以保护植物的自然生长,并通过人工播种使沙区的植物茂密起来,这样就可以使沙丘逐步得到固定。"植",即植树造林,在沙漠地区营造大面积的防风林带和护田林,其作用是减弱风速,阻止沙漠向前移动,改善沙地的水分状况。"灌",就是引水灌溉,在沙漠地区修建水库、水渠,发展灌溉,改变沙漠的土质和气候。

在工程上,有用机械的方法来固定沙,如用黏土、石块、藤条及芦草等覆盖沙的表面,或用沥青乳剂固定沙层,也可设置防沙栏等来阻止沙的移动。

在防止风沙的危害时,由于各地沙漠的自然条件不同,必须因地制宜,采取综合治理的原则。

思考题

3.1 简述第四纪及第四纪沉积物的定义。

3.2 第四纪松散沉积物主要有哪些类型?

3.3 简述残积土的定义及其工程地质特征。

第 **4** 章

地 下 水

4.1 地下水的赋存

4.1.1 岩土中的空隙和水分

（1）岩土中的空隙

地壳表层十余千米深的范围内,都或多或少存在着空隙(void),特别是浅部一二千米范围内,空隙分布较为普遍。这就为地下水的赋存(groundwater occurrence)提供了必要的空间条件。岩土中的空隙既是地下水的储存场所,又是地下水的运移通道,空隙的多少、大小、形状、连通情况及其分布规律,决定着地下水的分布与运动。将岩土的空隙作为地下水的储存场所和运移通道研究时,可分为3类:孔隙(pore)、裂隙(fissure)和溶穴(cavity)(图4.1)。

①孔隙(pore)　孔隙是指组成岩石或土的颗粒或颗粒集合体之间的空隙。孔隙的多少是影响岩土储存地下水能力大小的重要因素,而孔隙的大小直接影响地下水的运动。

②裂隙(fissure)　固结的坚硬岩石,包括沉积岩、岩浆岩和变质岩,一般不存在或只保留一部分颗粒间的孔隙,而主要发育各种应力作用下岩石破裂变形产生的裂隙。裂隙按其成因可分为成岩裂隙、构造裂隙和风化裂隙等。裂隙的多少、方向、宽度、延伸长度以及充填情况,都对地下水的运动产生重要影响。

③溶穴(cavity)　可溶的沉积岩,如岩盐、石膏、石灰岩和白云岩等,在水的作用下会产生空洞,这种空洞称为溶穴(隙)。其规模相差悬殊,大的宽达数十米,高达数十米至百余米,长达几千米至几十千米,而小的溶穴直径仅几毫米。

（2）岩土空隙中的水

岩土空隙中的水,除了因岩土固体颗粒表面带有电荷而吸引的一部分结合水(bound water)外,它以液态、固态和气态3种形式存在着,按水存在的相态将其称为液态水、固态水和气态水。其中对土木工程有重大影响的液态水又分为毛细水(capillary water)和重力水(gravitational water)。

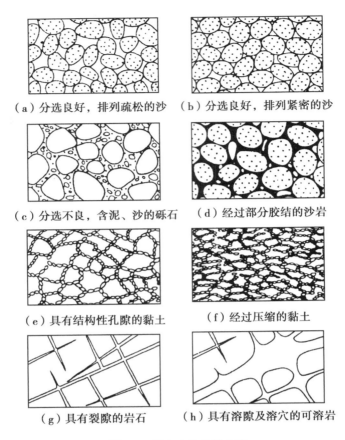

（a）分选良好，排列疏松的沙　（b）分选良好，排列紧密的沙

（c）分选不良，含泥、沙的砾石　（d）经过部分胶结的沙岩

（e）具有结构性孔隙的黏土　（f）经过压缩的黏土

（g）具有裂隙的岩石　（h）具有溶隙及溶穴的可溶岩

图 4.1　岩土中的各种空隙

（据迈因策尔修改补充）

1）毛细水（capillary water）

在岩土细小的孔隙和裂隙中，受毛细作用控制的水称为毛细水，它是岩土中三相界面上毛细力作用的结果。对于土体来说，毛细水上升的快慢及高度决定于土颗粒的大小。土颗粒越细，毛细水上升高度越大，上升速度越慢。粗沙中的毛细水上升速度较快，几昼夜可达到最大高度，而黏性土要几年。

2）重力水（gravitational water）

岩土空隙中在重力作用下可以自由运动的水称为重力水。一般来讲，井泉所取的地下水就是重力水。

（3）与水分的储存和运移有关的岩土性质

岩土空隙的大小和多少与水分的储存和运移有密切的关系，特别是空隙的大小具有决定意义。在一个足够大的空隙中，从空隙壁面向外，依次分布着强结合水、弱结合水和自由水。空隙越大，自由水所占比例越大；反之，结合水所占比例就越大。当空隙直径小于结合水层厚度的两倍时，则空隙中全部充满结合水，不存在自由水了。例如，黏土的细微孔隙中或基岩的闭合裂隙中，几乎充满着结合水；而沙砾和具有较大裂隙或溶穴的岩层中，自由水所占比例很大，结合水的数量微不足道。因此，空隙大小和数量不同的岩土，容纳、保持、释出及透过水的能力有所不同。

1）容水度（specific water capacity）

岩土空隙完全被水充满时所能容纳的最大水体积与岩土体积之比，以小数或百分数表示。显然，容水度在数值上与孔隙度（或空隙率）基本相等。但是，对于具有膨胀性的黏土来说，充水后体积扩大，容水度可以大于孔隙度。

2）持水度（water-holding capacity）

饱水岩土在重力作用下释水时，一部分水从空隙中流出，另一部分水仍保持在空隙中。饱水岩土在重力作用下释水后，岩土中保持的水的体积与岩土体积之比，称为持水度。其中滞留在岩石空隙中不能自由释出的水包括结合水和毛细水。

3）给水度（specific yield）

饱水岩土在重力作用下排出的水的体积与岩土体积之比，称为给水度。给水度在数值上等于容水度减去持水度。岩土给水度的大小与空隙大小及空隙多少密切相关，其中空隙大小对给水度的影响更为显著。例如，粗粒松散岩石及其具有比较宽大裂隙与溶穴的坚硬岩石，重力释水时，滞留在岩石空隙中的结合水和毛细水很少，给水度在数值上接近于容水度；颗粒细小的黏性土，给水度往往只有百分之几。

4）岩土的透水性（permeability）

岩土的透水性是指岩土允许重力水透过的能力，通常用渗透系数（coefficient of permeability）表示。重力水在岩土空隙中流动时，由于结合水对重力水以及重力水质点之间存在着摩擦阻力，最靠近空隙边缘的重力水流速趋近于零，向中心流速逐渐变大，至中心部分流速最大。因此，空隙越小，重力水所能达到的最大流速便越小，透水性也越差。空隙的大小和多少决定着岩石透水性的好坏，且空隙大小经常起主要作用。例如，沙性土的孔隙度小于黏性土，但前者的渗透系数大于后者。

4.1.2　包气带和饱水带

地表以下一定深度内存在着地下水面。地下水面以上，称为包气带（zone of aeration）；地下水面以下，称为饱水带（zone of saturation）（图 4.2）。

在包气带中，空隙表面吸附有结合水，在细小的空隙中保持着毛细水，空隙未被液态水占据的部分包含空气及气态水。空隙中的水超过吸附力和毛细力所能支持的量时，剩余的水便以重力水形式下降。所有上述水统称为包气带水。

自上而下包气带可分为 3 部分：土壤水带（soil moisture belt）、中间带（median water belt）及毛细水带（capillary water belt）（图 4.2）。包气带顶部植被根系活动带发育土壤层，其中所含的水称为土壤水。土壤富含有机质，具有团粒结构，能以毛细水形式大

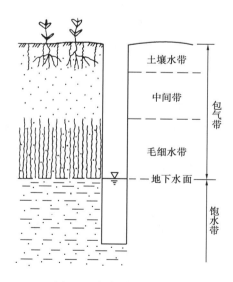

图 4.2　包气带和饱水带

量保持水分，维持植物生长。由地下水面上升的形式支持毛细水，在包气带底部构成毛细水带。毛细水带通常也是饱和的，但由于毛细力呈现负压，其压强小于大气压强，故这部分水在重力作用下不能自由运动。

饱水带岩土的空隙全部被液态水充满,既有重力水,也有结合水。由于饱水带中的地下水连续分布,能够传递静水压力,在水头差的作用下可以发生连续运动。

4.1.3　含水层和隔水层

饱水带岩土层按其透过和给出水的能力,可以划分为含水层(aquifer)和隔水层(aquiclude)。含水层是指能够透过并能给出相当数量水的岩土层。隔水层则是不能透过并给出水,或者透过和给出水的数量微不足道的岩土层。划分含水层和隔水层的标志并不在于岩土层是否含水。因为,自然界中完全不含水的岩土层是不存在的,关键在于所含水的性质。空隙细小的岩土层(如致密黏土、裂隙闭合的页岩),含的几乎全是结合水,结合水在通常条件下是不能移动的,这类岩土层实际上起着阻隔水透过的作用,所以是隔水层。而空隙较大的岩土层(如沙砾层、发育溶穴的可溶岩),主要含有重力水,在重力作用下,能够透过和给出水,就构成了含水层。

含水层和隔水层的划分是相对的,并不存在截然的界限和绝对的定量标准。从某种意义上讲,含水层和隔水层是相比较而存在的。例如,粗沙岩中的泥质粉沙夹层,由于粗沙的透水和给水能力比泥质粉沙强得多,相对来说,后者就可以视为隔水层。同样的泥质粉沙夹在黏土层中,由于其透水和给水能力均比黏土强,就应当作为含水层了。由此可见,同一岩土层在不同条件下可能具有不同的水文地质意义。

含水层和隔水层在一定条件下转化。例如,致密黏土主要含有结合水,透水和给水能力均很弱,通常是隔水层。但在较大水头差作用下,部分结合水也能发生运动,也能透过和给出一定数量的水,在这种情况下再将其视为隔水层就不恰当了。实际上,黏土层往往在水力条件发生不大变化时,就可以由隔水层转化成含水层。

自然界岩土层的透水性往往还具有各向异性的特征,即沿不同方向岩土层的透水性具有明显的差异。例如,薄层页岩和石灰岩互层的沉积岩,页岩中裂隙闭合,而灰岩中裂隙张开,因而具有顺层透水、垂直层面隔水的特征。

4.1.4　地下水分类

地下水这一名词有广义和狭义的两种概念。广义的地下水(Underground water, Subsurface water)是指赋存于地面以下岩土空隙中的水,包气带和饱水带中所有赋存于空隙中的水均属之。狭义的地下水(Ground water)仅指赋存于饱水带岩土空隙中的水。通常,在工程地质勘察报告的水文地质条件章节中所提到的地下水是指狭义的地下水。

长期以来,地下水工作者着重于研究饱水带岩土空隙中的重力水。但是,越来越多的研究表明,包气带水和饱水带水是不可分割的统一整体,它们之间有着千丝万缕的联系,不研究包气带水,许多水文地质问题就无法解决。可以说,现代水文地质学正处于由研究狭义地下水向研究广义地下水的转变之中。考虑到这一趋势,同时考虑到地下水在土木工程实践中的具体作用,从广义地下水角度进行分类。

地下水的赋存特征对其水量、水质时空的分布等有决定意义,其中最重要的是埋藏条件和含水介质。所谓地下水的埋藏条件(depositional condition),是指含水层在地质剖面中所处的部位及受隔水层限制的情况。据此可将地下水分为包气带水、潜水及承压水。根据含水介质(water-bearing medium)类型,可将地下水分为孔隙水、裂隙水及岩溶水。将两者组合可分出 9

类地下水(表 4.1、图 4.3)。

(1)潜水、承压水及上层滞水

1)潜水(phreatic water)

埋藏在地表以下第一个较为稳定的隔水层之上具有自由表面的重力水称为潜水(图 4.3)。潜水没有隔水顶板,或只有局部的隔水顶板。潜水的水面为自由水面,称为潜水面(phreatic surface)。从潜水面到隔水底板的距离称为潜水含水层厚度。潜水面到地面的距离称为潜水埋藏深度。

表 4.1　地下水分类表

埋藏条件 \ 含水介质类型	孔 隙 水	裂 隙 水	岩 溶 水
包气带水	土壤水 上层滞水 毛细水	裂隙岩层浅部季节性存在的重力水及毛细水	裸露岩溶化岩层上部岩溶通道中季节性存在的重力水
潜水	各类松散沉积物浅部的水	裸露于地表的各类裂隙岩层中的水	裸露于地表的岩溶化岩层中的水
承压水	山间盆地及平原松散沉积物深部的水	组成构造盆地、向斜构造或单斜断块的被掩覆的各类裂隙岩层中的水	组成构造盆地、向斜构造或单斜断块的被掩覆的岩溶化岩层中的水

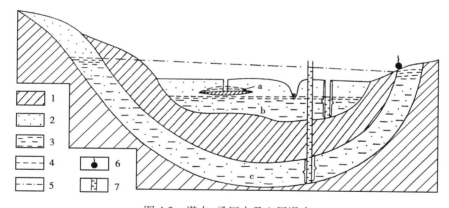

图 4.3　潜水、承压水及上层滞水

1—隔水层;2—透水层;3—饱水部分;4—潜水位;5—承压水侧压水位;6—泉(上升泉);
7—水井(实线表示井壁不进水);a—上层滞水;b—潜水;c—承压水

由于潜水含水层上面不存在隔水层,直接与包气带相连,所以潜水在其全部分布范围内都可以通过包气带接受大气降水、地表水或凝结水的补给(recharge)。潜水面不承压,通常在重力作用下由水位高的地方向水位低的地方径流(runoff)。潜水的排泄(discharge)方式有两种:一种是径流到适当地形处,以泉、渗流等形式泄出地表或流入地表,这便是径流排泄;另一种是通过包气带或植物蒸发进入大气,这是蒸发排泄。

潜水直接通过包气带与大气圈及地表水圈发生联系,气象、水文因素的变动,对它影响显著,丰水季节或年份,潜水接受的补给量大于排泄量,潜水面上升,含水层厚度增大,埋藏深度变小。干旱季节排泄量大于补给量,潜水面下降,含水层变薄,埋藏深度加大。因此,潜水的动态有明显的季节变化。潜水积极参与水循环,易于补充恢复,但容易受到污染。由于受气候影响大及含水层厚度有限,潜水一般缺乏多年调节性。

潜水的水质变化很大,主要取决于气候、地形及岩性条件。湿润气候及地形切割强烈的地区,利于潜水的径流排泄,而不利于蒸发排泄,往往形成含盐量不高的淡水。干旱气候及低平地形区,潜水以蒸发排泄为主,常形成含盐量高的咸水。

一般情况下,潜水面不是水平的,而是向排泄区倾斜的曲面,起伏大体与地形一致,但常较地形起伏缓和。潜水面上各点的高程称作潜水位(phreatic level)。将潜水位相等的各点连线,即得潜水等水位线图(contour map of phreatic level),图4.4能反映潜水面形状。相邻两等水位线间作一垂直连线,即为此范围内潜水的流向。用此垂线长度去除两端的水位差,即得潜水水力坡度(hydraulic gradient),如图4.4所示。根据等水位线,可以判断潜水与地表水的相互补给关系。

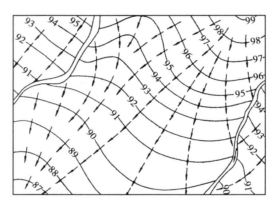

图4.4　利用等水位线图求潜水流向及水力坡度

图中线条为等水位线,数字为潜水位标高(m),箭头指示地下水流向

综上所述,潜水的基本特点是与大气圈及地表水圈联系密切,积极参与水循环。产生此特点的根本原因是其埋藏特征——位置浅,上无连续隔水层。

2)承压水(confined water)

充满于两个隔水层之间的含水层中的重力水,称为承压水(图4.5)。承压含水层上部的隔水层称作隔水顶板,或称为限制层。下部的隔水层称为隔水底板。顶底板之间的距离为含水层厚度。

承压性是承压水的一个重要特征。图4.5表示一个基岩向斜盆地,含水层中心部分埋没于隔水层之下,两端出露于地表。含水层从出露位置较高的补给区获得补给,向另一侧排泄区排泄,中间是承压区。补给区位置较高,水由补给区进入承压区,受到隔水顶底板的限制,含水层充满水,水自身承受压力,并以一定压力作用于隔水顶板。要证实水的承压性并不难,用钻孔揭露含水层,水位将上升到含水层顶板以上一定高度才静止下来。静止水头(static hydraulic head)高出含水层顶板的距离便是承压水头(pressure head)。井中静止水位的高程就是含水层在该点的测压水位(piezometric head)。测压水位高于地表时,钻孔能够自喷出水。

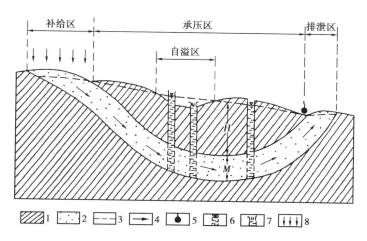

图 4.5　承压水

1—隔水层；2—含水层；3—地下水位；4—地下水流向；5—泉(上升泉)；6—钻孔,虚线为进水部分；
7—自喷孔；8—大气降水补给；H—承压水头(压力水头)；M—含水层厚度

承压水受到隔水层的限制,与大气圈、地表水圈的联系较弱。当顶底板隔水性能良好时,它主要通过含水层出露地表的补给区(这里的水实际上已转为潜水)获得补给,并通过范围有限的排泄区排泄。当顶底板为半隔水层时,它还可通过半隔水层,从上部或下部的含水层获得补给,或向上部或下部含水层排泄。无论在哪一种情况下,承压水参与水循环都不如潜水那样积极。因此,气候、水文因素的变化对承压水的影响较小,承压水动态比较稳定。

承压水在很大程度上和潜水一样,来源于现代渗入水(大气降水、地表水的入渗)。但是,由于承压水的埋藏条件使其与外界的联系受到限制,在一定条件下,在含水层中可以保留年代很古老的水,有时甚至保留沉积物沉积时的水(例如,在海相沉积物中保留下当时的海水,在湖相沉积物中保留当时的湖水)。总的说来,承压水不像潜水那样容易补充、恢复,但由于其含水层厚度一般较大,往往具有良好的多年调节性能。

将某一承压含水层测压水位相等的各点连线,即得等水压线(等测压水位线)。在图上根据钻孔水位资料绘出等水压线,便得到等水压线图(pressure-surface map),如图 4.6 所示。与潜水等水位线图一样,根据等水压线可以确定承压水的流向和水力坡度。对于潜水,等水位线既表示地下水面,又代表含水层顶面。而承压水的测压水位,只有当井孔穿透上覆隔水层达到含水层顶面时,地下水才会在井孔中出现。在测压水位高度上,并不存在实际的地下水面,等测压水位面是一个虚拟的面,钻孔打到这个高度是见不到水的,必须打到含水层顶面才能见水。因此,等水位线图通常要附以含水层顶板等高线,如图 4.6 所示。

仅仅根据等水压线图,无法判定承压含水层和其他水体的补给关系。任一承压含水层接受其他水体的补给,必须具备两个条件,缺一不可:第一,水体(地表水、潜水或其他承压含水层)的水位必须高出此承压含水层的测压水位;第二,水体与含水层之间必须有联系通道。同样,在排泄时也应具备这两个条件,只不过承压含水层的测压水位必须高于其他水体的水位罢了。承压含水层在地形适宜处露出地表时,可以泉或溢流形式排向地表或地表水体,也可以通过导水断裂带向地表或其他含水层排泄。当承压含水层的顶底板为半隔水层时,只要有足够的水头差,也可以通过半隔水层与其上下的含水层发生水力联系。

在接受补给或进行排泄时,承压含水层对水量增减的反应与潜水含水层不同。潜水获得

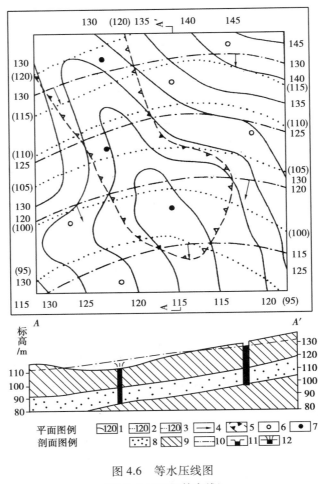

图 4.6　等水压线图

（附含水层顶板等高线）

1—地形等高线(m)；2—含水层顶板等高线(m)；3—等测压水位线(m)；
4—地下水流向；5—承压水自溢区；6—钻孔；7—自喷孔；8—含水层；
9—隔水层；10—测压水位线；11—钻孔；12—自喷孔

补给时,随着水量增加,潜水位抬高,含水层厚度加大;进行排泄时,水量减少,水位下降,含水层厚度变薄。对于潜水来说,含水层中的水,不承受除大气压力以外的任何压力。承压含水层则不同,由于隔水顶底板的限制,水充满于含水层中呈承压状态,上覆岩土层的压力是由含水层骨架与含水层中的水共同承受的,上覆岩土层的压力方向向下,含水层骨架的承载力及含水层中水的浮托力方向向上,方向相反的力彼此相等,保持平衡。当承压含水层接受补给时,水量增加,静水压力加大,含水层中的水对上覆岩土层的浮托力随之增大。此时,上覆岩土层的压力并未改变,为了达到新的平衡,含水层空隙扩大,将含水层骨架原来所承受的一部分上覆岩土层的压力转移给水来承受,从而测压水位上升,承压水头加大。由此可见承压含水层在接受补给时,主要表现为测压水位上升,而含水层的厚度加大很不明显。增加的水量通过水的压密及空隙的扩大而储容于含水层之中。当然,如果承压含水层的顶底板为半隔水层,测压水位上升时,一部分水将由含水层通过半隔水层转移到相邻含水层中去。

因排泄而减少水量时,承压含水层的测压水位降低。这时,上覆岩土层的压力并无改变,为了恢复平衡,含水层空隙必须作相应的收缩,将水少承受的那部分压力转移给含水层骨架承受。当顶底板为半隔水层时,还将有一部分水由半隔水层转移到含水层中。

上面的说法并不仅仅是理论上的解释,完全可以从实际现象中得到证实。例如,铁道旁边的承压水井,在火车通过时可以看到井中水位上升,火车通过后,水位又恢复正常。这说明,由于火车的重力加大了对含水层的压力,含水层骨架压缩,从而使水承受了更多的压力。

承压水的水质变化很大,从淡水到含盐量很高的卤水都有。承压水的补给、径流、排泄条件越好,参加水循环越是积极,水质就越接近入渗的大气降水及地表水,为含盐量低的淡水。补给、径流、排泄条件越差,水循环越是缓慢,水与含水岩层接触时间越长,从岩层中溶解得到的盐类越多,水的含盐量就越高。有的承压水含水层,与外界几乎不发生联系,保留着经过浓缩的古海水,每升含盐量可以达到数百克。

3) 上层滞水(stagnant groundwater or perched water)

当包气带中存在局部隔水层时,在局部隔水层上积聚的具有自由水面的重力水,称为上层滞水。上层滞水分布最接近地表,接受大气降水的补给,以蒸发形式或向隔水底板边缘排泄。雨季获得补充,积存一定水量,旱季水量逐渐耗失。当分布范围较小而补给较少时,不能终年保持有水。上层滞水一般水量不大,动态变化显著。

(2) 孔隙水、裂隙水和岩溶水

1) 孔隙水(pore-space water or pore water)

孔隙水主要赋存于松散沉积物颗粒之间,是沉积物的组成部分。在特定沉积环境中形成的不同类型沉积物,受到不同水动力条件的制约,其空间分布、粒径与分选均各具特点,从而控制着赋存于其中的孔隙水的分布以及它与外界的联系。下面就按沉积物的成因类型讨论孔隙水。

a.洪积物(diluvium)中的地下水

洪流在出山口形成的洪积扇地貌反映了洪积物的沉积特征。洪积扇(diluvium fan)的顶部,多为沙石、卵石、漂石等,沉积物不显层理,或仅在其间所夹细粒层中显示层理;洪积扇的中部以砾、沙为主,并开始出现黏性土夹层,层理明显;洪积扇没入平原的部分,则为沙和黏性土的互层,如图4.7 所示。

洪积物的沉积特征决定了其中的地下水具有明显的分带现象。洪积扇顶部,十分有利于吸收降水及山区汇流的地表水,是洪积物中地下水的主要补给区。此带地势高、潜水埋藏深、岩土层透水性好、地形坡降大、地下径流强烈、蒸发微弱而溶滤强烈,故形成低矿化度水(地下水中所含各种离子、分子与化合物的总量称为矿化度)。此带称为潜水深埋带或盐分溶滤带。洪积扇中部,地形变缓、沉积物颗粒变细,岩层透水性变差,地下水径流受阻,潜水壅水而水位接近地表,形成泉和沼泽。径流途径加长,蒸发加强,水的矿化度增高。此带称为溢出带,或盐分过路带。现代洪积扇的前缘即止于此带,向下即没入平原之中。溢出带向下,潜水埋深又略增大,蒸发成为地下水的主要排泄方式,水的矿化度显著增大,在干旱地带土壤发生盐渍化。此带称为潜水下沉带或盐分堆积带。

大致由溢出带向下,黏性土与沙砾相间成层,深部出现承压水。承压水接受洪积扇顶部潜水的补给,并顺着含水层流向下游,最终上升泄入河、湖或海中。

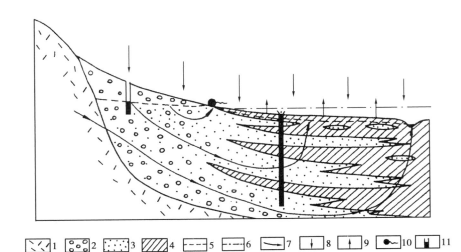

图 4.7　洪积扇水文地质示意剖面

1—基岩;2—砾石;3—沙;4—黏性土;5—潜水位;6—承压水侧压水位;7—地下水及地表水流向;
8—降水补给;9—蒸发排泄;10—下降泉;11—井,涂黑部分有水

　　b.冲积物(alluvium)中的地下水

　　冲积物是经常性流水形成的沉积物。河流的上、中、下游沉积特征不同。河流的上游处于山区,卵砾石等粗粒物质及上覆的黏性土构成阶地,赋存潜水。雨季河水位常高于潜水位而补给后者,雨后潜水泄入河流。枯水期河流流量,实际上是地下水的排泄量。

　　河流的下游处于平原地区,地面坡降变缓,河流流速变小,河流以堆积作用为主,致使河床淤积变浅。随着河床不断淤积抬高,常常造成河流游动改道,形成许多掩埋及暴露的古河道,其中多沉积粉细沙。暴露于地表的古河道,在改道点与现代河流相联系而接受其补给,其余部位由于沙层透水性好,利于接受降水补给,水量丰富。古河道由于地势较高,潜水埋深大,蒸发较弱,故地下水水质良好。古河道两侧岩性变细、地势变低、潜水埋深变浅、蒸发变强、矿化度增大,在干旱地区多造成土壤盐渍化。

　　c.湖积物(lacustrine sediment)中的地下水

　　湖积物属于静水沉积物。颗粒分选良好,层理细密,岸边沉积粗粒物质,向湖心逐渐过渡为黏性土。这种沉积特点决定了除了古湖泊岸边的潜水含水层外,其湖心地带由于沙砾石层与黏性土层互层而多形成承压含水层。范围广大的湖积承压含水层,主要通过注入古湖泊的条带状古河道获得补给。

　　d.滨海三角洲沉积物(littoral-delta sediment)中的地下水

　　河流注入海洋后流速顿减,且因其脱离河道束缚而流散,随着流速远离河口而降低,沉积物的颗粒粒径也变细,最终形成酷似洪积扇的三角洲。三角洲的形态结构可划分为3个部分:河口附近主要是沙,表面平缓,为三角洲平台;向外渐变为坡度变大的三角洲斜坡,主要由粉细沙组成;再向外为原始三角洲,沉积淤泥质黏土。滨海三角洲沉积一般均属半咸水沉积。虽然其中发育含水层,但是其中地下水的矿化度一般很高。

　　e.黄土(loess)中的地下水

　　在各类黄土地貌单元中,黄土塬的地下水源条件较好。塬面较为宽阔,利于降水入渗,并使地下水排泄不致过快。地下水向四周散流,以泉的形式向边缘的沟谷底部排泄。地下水埋深在塬的中心 20~30 m,到塬边可深达 60~70 m。

黄土梁、卯地区地形切割强烈,不利于降水入渗及地下水赋存,但梁、卯间的宽浅沟谷中经常赋存潜水,其水位埋深较浅,一般为十余米。

黄土中可溶盐含量高,且由于黄土分布区降水少,因此黄土中的地下水矿化度普遍较高。

2)裂隙水(fissure water)

埋藏在基岩裂隙中的地下水称为裂隙水。这种水运动复杂,水量变化较大,这与裂隙发育及成因有密切关系。裂隙水按基岩裂隙成因分类有:风化裂隙水、成岩裂隙水、构造裂隙水。

①风化裂隙水　分布在风化裂隙中的地下水多数为层状裂隙水,由于风化裂隙彼此相连通,因此在一定范围内形成的地下水也是相互连通的,水平方向透水性均匀,垂直方向随深度而减弱,多属潜水,有时也存在上层滞水。如果风化壳上部的覆盖层透水性很差时,其下部的裂隙带有一定的承压性,风化裂隙水主要接受大气降水的补给,常以泉的形式排泄于河流中。

②成岩裂隙水　具有成岩裂隙的岩层出露地表时,常赋存成岩裂隙潜水。岩浆岩中成岩裂隙水较为丰富。玄武岩经常发育柱状节理及层面节理,裂隙均匀密集,张开性好,贯穿连通,常形成储水丰富、导水畅通的潜水含水层。成岩裂隙水多呈层状,在一定范围内相互连通。具有成岩裂隙的岩体为后期地层覆盖时,也可构成承压含水层,在一定条件下可以具有很大的承压性。

③构造裂隙水　由于地壳的构造运动,岩石受挤压、剪切等应力作用下形成的构造裂隙,其发育程度既取决于岩石本身的性质,也取决于边界条件及构造应力分布等因素。构造裂隙发育很不均匀,因而构造裂隙水的分布和运动相当复杂。当构造应力分布比较均匀且强度足够时,则在岩体中形成比较密集均匀且相互连通的张开性构造裂隙,赋存层状构造裂隙水。当构造应力分布相当不均匀时,岩体中张开性构造裂隙分布不连续,互不沟通,则赋存脉状构造裂隙水。具有同一岩性的岩层,由于构造应力的差异,一些地方可能赋存层状裂隙水,另一些地方则可能赋存脉状裂隙水;反之,当构造应力大体相同时,由于岩性变化,裂隙发育不同,张开裂隙密集的部位赋存层状裂隙水,其余部位则为脉状裂隙水。层状构造裂隙水可以是潜水,也可以是承压水。柔性与脆性岩层互层时,前者构成具有闭合裂隙的隔水层,后者成为发育张开裂隙的含水层。柔性岩层覆盖下的脆性岩层中便赋存承压水。脉状裂隙水,多赋存于张开裂隙中。由于裂隙分布不连续,所形成的裂隙各有自己独立的系统、补给源及排泄条件,水位不一致。但是,不论是层状裂隙水还是脉状裂隙水,其渗透性常常显示各向异性。这是因为,不同方向的裂隙性质不同,某些方向上裂隙张开性好,另一些方向上的裂隙张开性差,甚至是闭合的。

综上所述,裂隙水的存在、类型、运动、富集等受裂隙发育程度、性质及成因控制,只有很好地研究裂隙发生、发展的变化规律,才能更好地掌握裂隙水的规律性。

3)岩溶水(karst water)

赋存和运移于可溶岩的溶穴中的地下水称为岩溶水。我国岩溶的分布十分广泛,特别是在南方地区。因此,岩溶水分布很普遍,其水量丰富,对供水极为有利,但对矿床开采、地下工程和建筑工程等都会带来一些危害。根据岩溶水的埋藏条件可分为:岩溶上层滞水、岩溶潜水及岩溶承压水。

①岩溶上层滞水　在厚层灰岩的包气带中,常有局部非可溶的岩层存在,起着隔水作用,

在其上部形成岩溶上层滞水。

②岩溶潜水　在大面积出露的厚层灰岩地区广泛分布着岩溶潜水。岩溶潜水的动态变化很大,水位变化幅度可达数十米,水量变化可达几百倍。这主要是受补给和径流条件影响,降雨季节水量很大,其他季节水量很小,甚至干枯。

③岩溶承压水　岩溶地层被覆盖或岩溶地层与砂页岩互层分布时,在一定的构造条件下,就能形成岩溶承压水。岩溶承压水的补给主要取决于承压含水层的出露情况。岩溶水的排泄多数靠导水断层,经常形成大泉或泉群,也可补给其他地下水,岩溶承压水动态较稳定。

岩溶水的分布主要受岩溶作用规律的控制。因此,岩溶水在其运动过程中不断地改造着自身的赋存环境。岩溶发育有的地方均匀,有的地方不均匀。若岩溶发育均匀,又无黏土填充,各溶穴之间的岩溶水有水力联系,则有一致的水位。若岩溶发育不均匀,又有黏土等物质充填,各溶穴之间可能没有水力联系,因而有可能使岩溶水在某些地带集中形成暗河,而另外一些地带可能无水。在较厚层的灰岩地区,岩溶水的分布及富水性和岩溶地貌有很大关系。在分水岭地区,常发育着一些岩溶漏斗(funnel)、落水洞(sink hole)等,构成了特殊地形"峰林地貌"。它常是岩溶水的补给区。在岩溶水汇集地带,常形成地下暗河,并有泉群出现,其上经常堆积一些松散的沉积物。

实践和理论证明,在岩溶地区进行地下工程和地面建筑工程,必须弄清岩溶的发育与分布规律,因为岩溶的发育致使建筑工程场区的工程地质条件大为恶化。

4.2　地下水运动的基本规律

从广义的角度讲,地下水的运动包括包气带水的运动和饱水带水的运动两大类。尽管包气带与饱水带具有十分密切的联系(例如,饱水带往往是通过包气带接受大气降水补给的),但是在土木工程实践中,掌握饱水带重力水的运动规律具有更大的意义。

地下水在岩石空隙中的运动称为渗流或渗透(seepage flow)。发生渗流的区域称为渗流场。由于受到介质的阻滞,地下水的流动远比地表水缓慢。

在岩层空隙中渗流时,水的质点有秩序的、互不混杂的流动,称作层流运动(laminar flow)。在具狭小空隙的岩土(如砂、裂隙不大的基岩)中流动时,重力水受到介质的吸引力较大,水的质点排列较有秩序,故作层流运动。水的质点无秩序的、互相混杂的流动,称作紊流运动(turbulent flow)。作紊流运动时,水流所受阻力比层流状态大,消耗的能量较多。在宽大的空隙中(大的溶穴、宽大裂隙及卵砾石孔隙中),水的流速较大时,容易呈紊流运动。

4.2.1　线性渗透定律——达西定律

1856年,法国水力学家达西(H.Darcy)通过大量的实验,得到地下水线性渗透定律,即达西定律(Darcy's Law):

$$Q = kA \frac{H_1 - H_2}{L} = kAi \tag{4.1}$$

式中　Q——单位时间内的渗透流量(出口处流量即为通过沙柱各断面的流量),m^3/d;

A——过水断面面积,m^2;

H_1——上游过水断面的水头,m;

H_2——下游过水断面的水头,m;

L——渗透途径(上下游过水断面的距离),m;

i——水力坡度(即水头差除以渗透途径);

k——渗透系数,m/d。

从水力学已知,通过某一断面的流量 Q 等于流速 v 与过水断面 A 的乘积,即

$$Q = Av \tag{4.2}$$

据此,达西定律也可以表达为另一种形式:

$$v = ki \tag{4.3}$$

式中, v 为渗透流速,其余各项意义同前。

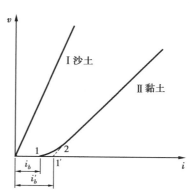

图 4.8　渗流速度与水力
坡度的关系曲线

水在沙土中流动时,达西公式是正确的,如试验所得图 4.8 中的曲线 I 所示。但是在某些黏土中,这个公式就不正确了。因为在黏性土中颗粒表面有不可忽视的结合水膜,因而阻塞或部分阻塞了孔隙间的通道。试验指明,只有当水力坡度 i 大于某一值 i_b 时,黏土才具有透水性(图 4.8 中的曲线 II)。如果将曲线 II 在横坐标上的截距用 i_b' 表示(称为起始水力坡度),当 $i > i_b'$ 时,达西公式可改写为:

$$v = k(i - i_b')$$

以下探讨式(4.3)中各项的物理含义:

(1)渗流速度(specific diacharge or seepage velocity) v

式(4.2)中的过水断面,包括岩土颗粒所占据的面积及孔隙所占据的面积,而水流实际通过的过水断面面积是孔隙实际过水的面积 A',即

$$A' = An_e \tag{4.4}$$

式中　n_e——有效孔隙度。

由此可知, v 并非实际流速,而是假设水流通过包括骨架与空隙在内的整个断面 A 流动时所具有的虚拟流速。

(2)水力坡度(hydraulic gradient) i

水力坡度为沿渗透途径水头损失与相应渗透长度的比值。水质点在空隙中运动时,为了克服水质点之间的摩擦阻力,必须消耗机械能,从而出现水头损失。因此,水力坡度可以理解为水流通过单位长度渗透途径为克服摩擦阻力所耗失的机械能。从另一个角度,则可理解为驱动力。

(3)渗透系数(coefficient of permeability) k

从达西定律 $v = ki$ 可以看出,水力坡度 i 是无因次的。故渗透系数 k 的因次与渗流速度相同,一般采用 m/d 或 cm/s 为单位。令 $i = 1$,则 $v = k$。意即渗透系数为水力坡度等于 1 时的渗流速度。水力坡度为定值时,渗透系数越大,渗流速度就越大;渗流速度为一定值时,渗透系数越大,水力坡度越小。由此可见,渗透系数可定量说明岩土的渗透性能。渗透系数越大,岩土的透水能力越强。 k 值可在室内作渗透试验测定或在野外作抽水试验测定,其大致数值见表 4.2。

表 4.2　岩土的渗透系数参考值　　　　　　　　　（m/d）

名　称	渗透系数	名　称	渗透系数
黏土	<0.005	均质中沙	35~50
亚黏土	0.005~0.1	粗沙	20~50
轻亚黏土	0.1~0.5	圆砾	50~100
黄土	0.25~0.5	卵石	100~500
粉沙	0.5~1.0	无充填物的卵石	500~1 000
细沙	1.0~5.0	稍有裂隙的岩石	20~60
中沙	5.0~20.0	裂隙多的岩石	>60

4.2.2　非线性渗透定律

地下水在较大的空隙中运动,且其流速相当大时,呈紊流运动,此时的渗流服从哲才（A.Chezy）定律：

$$v = ki^{\frac{1}{2}} \tag{4.5}$$

此时渗透流速 v 与水力坡度的平方根成正比。

4.3　地下水的物理性质与化学成分

4.3.1　地下水的物理性质

地下水的物理性质有温度、颜色、透明度、气味、味道、导电性及放射性等。

（1）地下水的温度

地下水的温度受气候和地质条件控制。由于地下水形成的环境不同,其温度变化也很大。根据温度将地下水分为过冷水（<0 ℃）、冷水（0~20 ℃）、温水（20~42 ℃）、热水（42~100 ℃）、过热水（>100 ℃）几类。

（2）地下水的颜色决定于化学成分及悬浮物

例如,含 H_2S 的水为翠绿色;含 Ca^{2+},Mg^{2+} 的水为微蓝色;含 Fe^{2+} 的水为灰蓝色;含 Fe^{3+} 的水为褐黄色;含有机腐殖质时为灰暗色。含悬浮物的水,其颜色决定于悬浮物。

（3）透明度

地下水多半是透明的。当水中含有矿物质、机械混合物、有机质及胶体时,地下水的透明度就改变。根据透明度可将地下水分为透明的、微浑的、浑浊的、极浑浊的几种。

（4）气味

地下水含有一些特定成分时,具有一定的气味。如含腐殖质时,具"沼泽"味;含硫化氢时具有臭鸡蛋味。

（5）味道

地下水味道主要取决于地下水的化学成分。含 NaCl 的水有咸味;含 $CaCO_3$ 的水清凉爽口;含 $Ca(OH)_2$ 和 $Mg(HCO_3)_2$ 的水有甜味,俗称甜水;当 $MgCl_2$ 和 $MgSO_4$ 存在时,地下水有苦味。

(6)导电性

当含有一些电解质时,水的导电性增强,当然它也受温度的影响。通过地下水物理性质的研究,能够初步了解地下水的形成环境、污染情况及化学成分。

4.3.2　地下水的化学成分

地下水不是化学成分纯的 H_2O,而是含有多种化学元素的复杂溶液。天然条件下,赋存于岩石圈中的地下水,不断与岩土发生化学反应,并与大气圈、地表水圈和生物圈的水进行化学元素的交换,化学成分随空间及时间而演变。因此,地下水的化学成分,是在很长的时间内经过各种作用形成的。自然界中存在的元素,绝大多数已经在地下水中发现。

(1)地下水中主要离子成分

地下水中的主要离子成分有:

阳离子:H^+,Na^+,K^+,NH_4^+,Mg^{2+},Ca^{2+},Fe^{3+},Fe^{2+}

阴离子:OH^-,Cl^-,SO_4^{2-},NO_2^-,NO_3^-,HCO_3^-,CO_3^{2-},SiO_3^{2-},PO_4^{3-}

地下水中分布最广、含量较多的离子共 7 种,即氯离子(Cl^-)、硫酸根离子(SO_4^{2-})、重碳酸根离子(HCO_3^-)、钠离子(Na^+)、钾离子(K^+)、钙离子(Ca^{2+})及镁离子(Mg^{2+})。构成这些离子的元素,有的是地壳中含量较高,且较易溶于水的,如 O,Ca,Mg,Na,K 等;有的是地壳中含量并不很大,但是溶解度相当大的,如 Cl。某些元素(如 Si,Fe 等)虽然在地壳中含量很大,但由于其溶解于水的能力很弱,所以在地下水中的含量一般并不高。

地下水中所含各种离子、分子与化合物的总量称为矿化度,以每升水中所含克数(g/L)表示。习惯上在 105~110 ℃温度下将水样蒸干后所得的干涸残余物总量来表示矿化度(degree of mineralization)。也可以将分析所得阴阳离子含量相加,求得理论干涸残余物总量。由于在蒸干时有将近一半的 HCO_3^- 分解生成 CO_2 及 H_2O 而逸失。因此,阴阳离子相加时,HCO_3^- 只取质量的一半。

由于盐类在地下水中的溶解度不同,使得离子成分与地下水矿化度之间存在一定的规律。总体上看,氯盐的溶解度最大,硫酸盐次之,碳酸盐较小,钙的硫酸盐,特别是钙、镁的碳酸盐溶解度最小。随着矿化度增大,钙、镁的碳酸盐首先达到饱和并沉淀析出,矿化度继续增大时,钙的硫酸盐也饱和析出。因此,高矿化水中便以易溶的氯和钠占优势了。

(2)地下水中主要气体成分

地下水中常见的气体成分主要有 O_2,N_2,CO_2 及 H_2S 等。一般情况下,地下水中气体含量不高,每升水中只有几毫克到几十毫克。但是,气体成分能够很好地反映地球化学环境。同时,地下水中某些气体含量能够影响盐类在水中的溶解度以及其他化学反应。

①氧气(O_2)和氮气(N_2)　地下水中的氧气和氮气主要来自大气层。它们随同大气降水及地表水补给地下水。地下水中溶解氧含量越高,越利于氧化作用,在较封闭的地球化学环境中,O_2 将耗尽而只残留 N_2。因此,N_2 的单独存在,通常可说明地下水起源于大气并处于还原环境。

②硫化氢(H_2S)　地下水中出现硫化氢,其意义恰好与 O_2 相反,说明处于缺氧的还原环

境。地下水处在与大气较为隔绝的环境中,当有有机质存在时,由于微生物的作用,SO_4^{2-} 将还原生成 H_2S。因此,H_2S 一般出现于封闭地质构造的地下水中。

③二氧化碳(CO_2)　地下水中的二氧化碳主要有两个来源。一种由植物根系的呼吸作用及有机质残骸的发酵作用形成。这种作用发生在大气、土壤及地表水中,生成的 CO_2 随同水一起入渗补给地下水,浅部地下水中主要含有这种成因的 CO_2。另一种是深部变质形成的。含碳酸盐类的岩石,在深部高温影响下,会分解生成 CO_2,即

$$CaCO_3 \xrightarrow{400\ ℃} CaO + CO_2$$

特别地,由于近代工业的发展,大气中人为产生的 CO_2 有显著增加,尤其在某些集中的工业区,补给地下水的降水中 CO_2 含量往往很高。

(3)地下水中的胶体成分与有机质

以碳、氢、氧为主的有机质,经常以胶体方式存在于地下水中。大量有机质的存在,有利于进行还原作用,从而使地下水化学成分发生变化。

地下水中还有未离解的化合物构成的胶体,其中分布最广的是 $Fe(OH)_3$,$Al(OH)_3$ 及 SiO_2。这些都是很难以离子状态溶于水的化合物,但以胶体方式出现时,在地下水中的含量可以大大提高。例如,SiO_2 虽然极难溶解,但可以以胶体方式出现,在矿化度很低的水中往往占有不可忽视的比例。

4.4　地下水对土木工程的影响

从广义角度讲,对土木工程有不良影响的地下水包括毛细水和重力水。下面就它们对土木工程的影响分别加以概述。

4.4.1　毛细水对土木工程的影响

毛细水主要存在于直径为 0.5~0.002 mm 大小的孔隙中。大于 0.5 mm 孔隙中,一般以毛细边角水形式存在;小于 0.002 mm 孔隙中,一般被结合水充满,无毛细水存在的可能。毛细水对土木工程的影响主要有:

①产生毛细压力(capillary pressure),即

$$p_c = \frac{4\omega \cos \theta}{d} \tag{4.6}$$

式中　p_c——毛细压力,kPa;

　　　d——毛细管直径,m;

　　　ω——水的表面张力系数,10 ℃时,$\omega = 0.073$ N/m;

　　　θ——水浸润毛细管壁的接触角度。当 $\theta = 0°$ 时,认为毛细管壁是完全浸润的;当 $\theta < 90°$ 时,表示水能浸润固体的表面;当 $\theta > 90°$ 时,表示水不能浸润固体的表面。

对于沙性土特别是细沙、粉沙,由于毛细压力作用使沙性土具有一定的黏聚力(称假黏聚力)。

②毛细水对土中气体的分布与流通有一定影响,常常是导致产生封闭气体的原因。封闭气体可以增加土的弹性和减小土的渗透性。

③当地下水位埋深较浅时,由于毛细水上升,可以助长地基土的冰冻现象、致使地下室潮湿甚至危害房屋基础、破坏公路路面、促使土的沼泽化及盐渍化从而增强地下水对混凝土等建筑材料的腐蚀性。沙性土和黏性土的毛细水最大上升高度见表4.3。

表 4.3 土的最大毛细水上升高度(据西林-别克丘林,1958)

土 名	粗 沙	中 沙	细 沙	粉 沙	黏性土
h_c/cm	2~5	12~35	35~70	70~150	>200~400

4.4.2 重力水(自由水)对土木工程的影响

(1)潜水位上升引起的岩土工程问题

潜水位上升可以引起很多岩土工程问题,它包括:

①潜水位上升后,由于毛细水作用可能导致土壤次生沼泽化、盐渍化,改变岩土体物理力学性质,增强岩土和地下水对建筑材料的腐蚀。在寒冷地区,可助长岩土体的冻胀破坏。当地下潜水位上升至接近地表时,由于毛细作用的结果,而使地表土层过湿呈沼泽化,或由于强烈的蒸发浓缩作用,使盐分在上部岩土层中积聚形成盐渍土,这不仅改变了岩土原来的物理性质,而且改变了潜水的化学成分。矿化度增高,增强了岩土及地下水对建筑物的腐蚀性。

②潜水位上升,原来干燥的岩土被水饱和、软化,降低岩土抗剪强度,可能诱发斜坡、岸边岩土体产生变形、滑移、崩塌失稳等不良地质现象。

③崩解性岩土、湿陷性黄土、盐渍岩土等遇水后,可能产生崩解、湿陷、软化,其岩土结构破坏,强度降低,压缩性增大,而膨胀性岩土遇水后则产生膨胀破坏。

④潜水位上升,可能使洞室淹没,还可能使建筑物基础上浮,危及安全。

(2)地下水位下降引起的岩土工程问题

地下水位下降往往会引起地表塌陷、地面沉降、海水入侵、地裂缝的产生和复活以及地下水源枯竭、水质恶化等一系列不良现象。

1)地表塌陷

岩溶发育地区,由于地下水位下降时改变了水动力条件,在断裂带、褶皱轴部、溶蚀洼地、河床两侧以及一些土层较薄而土颗粒较粗的地段,产生塌陷。

2)地面沉降

地下水位下降诱发地面沉降的现象可以用有效应力原理加以解释。地下水位的下降减小了土中的孔隙水压力,从而增加了土颗粒间的有效应力,有效应力的增加要引起土的压缩。许多大城市过量抽取地下水致使区域地下水位下降从而引发地面沉降,就是这个原因。同样的道理,由于在许多土木工程中进行深基础施工时,往往需要人工降低地下水位。若降水周期长、水位降深大、土层有足够的固结时间,则会导致降水影响范围内的土层产生固结沉降,轻者造成邻近的建筑物、道路、地下管线的不均匀沉降;重者导致建筑物开裂、道路破坏、管线错断等危害的产生。人工降低地下水位导致土木工程的破坏还有另一方面的原因。如果抽水井滤网和反滤层的设计不合理或施工质量差,那么,抽水时会将土层中的粉粒、沙粒等细小土颗粒随同地下水一起带出地面,使降水井周围土层很快产生不均匀沉降,造成土木工程的破坏。另外,降水井抽水时,井内水位下降,井外含水层中的地下水不断流向滤管,经过一段时间后,在井周围形成漏斗状的弯曲水面——降落漏斗。由于降落漏斗范围内各点地下水下降的幅度不一致,因此会造成降水井周围土层的不均匀沉降。

3)海(咸)水入侵

近海地区的潜水或承压含水层往往与海水相连,在天然状态下,陆地的地下淡水向海洋排泄,含水层保持较高的水头,淡水与海水保持某种动态平衡,因而陆地淡水含水层能阻止海水入侵。如果大量开发陆地下淡水,引起大面积地下水位下降,可能导致海水向地下水含水层入侵,使淡水水质变坏。

4)地裂缝的产生与复活

近年来,在我国很多地区发现地裂缝,西安是地裂缝发育最严重的城市。据分析这是地下水位大面积大幅度下降而诱发的。

5)地下水源枯竭、水质恶化

盲目开采地下水,当开采量大于补给量时,地下水资源会逐渐减少,以致枯竭,造成泉水断流、井水枯干、地下水中有害离子量增多、矿化度增高。

(3)地下水的渗透破坏

地下水的渗透破坏主要有 3 个方面:潜蚀、流沙和管涌。

1)潜蚀(suberosion)

渗透水流在一定水力坡度(即地下水水力坡度大于岩土产生潜蚀破坏的临界水力坡度)条件下产生较大的动水压力冲刷、挟走细小颗粒或溶蚀岩土体,使岩土体中孔隙不断增大,甚至形成洞穴,导致岩土体结构松动或破坏,以致产生地表裂隙、塌陷,影响工程的稳定。在黄土和岩溶地区的岩、土层中最容易发生潜蚀作用。

防止岩土层中发生潜蚀破坏的有效措施,原则上可分为两大类:一类是改变地下水渗透的水动力条件,使地下水水力坡度小于临界水力坡度;另一类是改善岩土性质,增强其抗渗能力,如对岩土层进行爆炸、压密、化学加固等,增加岩土的密实度,降低岩土层的渗透性。

2)流沙(quicksand)

流沙是指松散细小颗粒土被地下水饱和后,在动水压力即水头差的作用下,产生的悬浮流动现象。流沙多发生在颗粒级配均匀的粉细沙中,有时在粉土中也会产生流沙。其表现形式是:所有颗粒同时从一近似于管状通道被渗透水流冲走。流沙发展结果是使基础发生滑移或不均匀沉降、基坑坍塌、基础悬浮等。流沙通常是由于工程活动引起的。但是,在有地下水出露的斜坡、岸边或有地下水溢出的地表面也会发生。

流沙对岩土工程危害极大,所以在可能发生流沙的地区施工时,应尽量利用其上面的土层作为天然地基,也可利用桩基穿透流沙层。总之,要尽量避免水下大开挖施工,若必须时,可以利用下面方法防治流沙:①人工降低地下水位,使地下水位降至可产生流沙的地层之下,然后再进行开挖;②打板桩,其目的一方面是加固坑壁,另一方面是改善地下水的径流条件,即增长渗透路径,减小地下水水力坡度及流速;③水下开挖,在基坑开挖期间,使基坑中始终保持足够水头,尽量避免产生流沙的水头差,增加基坑侧壁的稳定性;④可以用冻结法、化学加固法、爆炸法等处理岩土层,提高其密实度,减小其渗透性。

3)管涌(piping)

地基土在具有某种渗透速度的渗透水流作用下,其细小颗粒被冲走,岩土的孔隙逐渐增大,慢慢形成一种能穿越地基的细管状渗流通路,从而掏空地基或坝体,使地基或斜坡变形、失稳,此现象称为管涌。管涌通常是由于工程活动引起的。但是,在有地下水出露的斜坡、岸边或有地下水溢出的地表面也会发生。

在可能发生管涌的地层中修建水坝、挡土墙及基坑排水工程时,为防止管涌发生,设计时必须控制地下水溢出带的水力坡度,使其小于产生管涌的临界水力坡度。防止管涌最常用的方法与防止流沙的方法相同,主要是控制渗流、降低水力坡度、设置保护层、打板桩等。

(4)地下水的浮托作用

当建筑物基础底面位于地下水位以下时,地下水对基础底面产生静水压力,即产生浮托力。如果基础位于粉土、沙土、碎石土和节理裂隙发育的岩石地基上,则按地下水位 100% 计算浮托力;如果基础位于节理裂隙不发育的岩石地基上,则按地下水位 50% 计算浮托力;如果基础位于黏性土地基上,其浮托力较难确切地确定,应结合地区的实际经验考虑。

地下水不仅对建筑物基础产生浮托力,同样对其水位以下的岩体、土体产生浮托力。因此,在确定地基承载力设计值时,无论是基础底面以下土的天然重度或是基础底面以上土的加权平均重度,地下水位以下一律取有效重度。

(5)承压水对基坑的作用

当深基坑下部有承压含水层存在,开挖基坑会减小含水层上覆隔水层的厚度,在隔水层厚度减小到一定程度时,承压水的水头压力能顶裂或冲毁基坑底板,造成突涌现象。基坑突涌将会破坏地基强度,并给施工带来很大困难。所以,在进行基坑施工时,必须分析承压水头是否会冲毁基坑底部的黏性土层。在工程实践中,通常用压力平衡概念进行验算,即

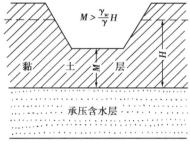

图 4.9　基坑底黏土层最小厚度

$$\gamma \cdot M = \gamma_w \cdot H \tag{4.7}$$

式中　γ, γ_w——黏性土的重度和地下水的重度;

　　　H——相对于含水层顶板的承压水头值;

　　　M——基坑开挖后基坑底部黏土层的厚度。

基坑底部黏土层的厚度(图 4.9)必须满足下式:

$$M \geqslant \frac{\gamma_w}{\gamma}H \tag{4.8}$$

如果 $M < \frac{\gamma_w}{\gamma}H$,则必须采用人工方法抽汲承压含水层中的地下水,局部降低承压水头,使其下降直至满足式(4.8),方可避免产生基坑突涌现象。

(6)地下水对钢筋混凝土的腐蚀

1)腐蚀类型

硅酸盐水泥遇水硬化,并且形成 $Ca(OH)_2$、水化硅酸钙 $CaOSiO_2 \cdot 12H_2O$、水化铝酸钙 $CaOAl_2O_3 \cdot 6H_2O$ 等,这些物质往往会受到地下水的腐蚀。地下水对建筑材料腐蚀类型分为 3 种:

A.结晶类腐蚀

如果地下水中 SO_4^{2-} 的含量超过规定值,那么 SO_4^{2-} 将与混凝土中的 $Ca(OH)_2$ 起反应,生成二水石膏结晶体 $CaSO_4 \cdot 2H_2O$,这种石膏再与水化铝酸钙 $CaOAl_2O_3 \cdot 6H_2O$ 发生化学反应,生成水化硫铝酸钙,这是一种铝和钙的复合硫酸盐,习惯上称为水泥杆菌。由于水泥杆菌结合了许多的结晶水,因而其体积比化合前增大很多,约为原体积的221.86%,于是在混凝土中产生很大的内应力,使混凝土的结构遭受破坏。

B.分解类腐蚀

地下水中含有 CO_2 和 HCO_3^-,CO_2 与混凝土中的 $Ca(OH)_2$ 作用,生成碳酸钙沉淀,即

$$Ca(OH)_2 + CO_2 = CaCO_3 \downarrow + H_2O$$

由于 $CaCO_3$ 不溶于水,它可填充混凝土的孔隙,在混凝土周围形成一层保护膜,能防止 $Ca(OH)_2$ 的分解。但是,当地下水中的含量超过一定数值,而 HCO_3^- 的含量过低,则超量的 CO_2 再与 $CaCO_3$ 反应,生成重碳酸钙 $Ca(HCO_3)_2$ 并溶于水,即

$$CaCO_3 + CO_2 + H_2O \longleftrightarrow Ca^{2+} + 2HCO_3^-$$

上述这种反应是可逆的:当 CO_2 含量增加时,平衡被破坏,反应向右进行,固体 $CaCO_3$ 继续分解;当 CO_2 含量变少时,反应向左进行,固体 $CaCO_3$ 沉淀析出。如果 CO_2 和 HCO_3^- 的浓度平衡时,反应就停止。因此,当地下水中 CO_2 的含量超过平衡时所需的数量时,混凝土中的 $CaCO_3$ 就被溶解而受腐蚀,这就是分解类腐蚀。将超过平衡浓度的 CO_2 称为侵蚀性 CO_2。地下水中侵蚀性 CO_2 越多,对混凝土的腐蚀越强。地下水流量、流速都很大时,CO_2 易补充,平衡难建立,因而腐蚀加快;另一方面,HCO_3^- 含量越高,对混凝土腐蚀性越弱。

如果地下水的酸度过大,即 pH 值小于某一数值,那么混凝土中的 $Ca(OH)_2$ 也要分解,特别是当反应生成物为易溶于水的氯化物时,对混凝土的分解腐蚀很强烈。

C.结晶分解复合类腐蚀

当地下水中 NH_4^+,NO_3^-,Cl^- 和 Mg^{2+} 的含量超过一定数量时,与混凝土中的 $Ca(OH)_2$ 发生反应,例如:

$$MgSO_4 + Ca(OH)_2 = Mg(OH)_2 + CaSO_4$$
$$MgCl_2 + Ca(OH)_2 = Mg(OH)_2 + CaCl_2$$

$Ca(OH)_2$ 与镁盐作用的生成物中,除 $Mg(OH)_2$ 不易溶解外,$CaCl_2$ 则易溶于水,并随之流失。硬石膏 $CaSO_4$ 一方面与混凝土中的水化铝酸钙反应生成水泥杆菌,另一方面,硬石膏遇水生成二水石膏。二水石膏在结晶时,体积膨胀,破坏混凝土的结构。

综上所述,地下水对混凝土建筑物的腐蚀是一项复杂的物理化学过程,在一定的工程地质与水文地质条件下,对建筑材料的耐久性影响很大。

2)腐蚀性评价标准

根据各种化学腐蚀所引起的破坏作用,将 SO_4^{2-} 的含量归纳为结晶类腐蚀性的评价指标;将侵蚀性 CO_2,HCO_3^- 和 pH 值归纳为分解类腐蚀性的评价指标;而将 Mg^{2+},NH_4^+,Cl^-,SO_4^{2-},NO_3^- 的含量作为结晶分解类腐蚀性的评价指标。同时,在评价地下水对建筑结构材料的腐蚀性时必须结合建筑场地所属的环境类别。建筑场地根据气候区、土层透水性、干湿交替和冻融交替情况区分为 3 类环境,见表4.4。

表 4.4　混凝土腐蚀的场地环境类别

环境类别	气候区	土层特性	干湿交替	冰冻区（段）
I	高寒区 干旱区 半干旱区	直接临水，强透水土层中的地下水，或湿润的强透水土层	有	混凝土不论在地面或地下，无干湿交替作用时，其腐蚀强度比有干湿交替作用时相对降低	混凝土不论在地面或地面下，当受潮或浸水时，处于严重冰冻区（段）、冰冻区段、或微冰冻区（段）
II	高寒区 干旱区 半干旱区	弱透水土层中的地下水，或湿润的强透水土层	有		
	湿润区 半湿润区	直接临水，强透水土层中的地下水，或湿润的强透水土层	有		
III	各气候区	弱透水土层	无	不冻区（段）
备注	当竖井、隧洞、水坝等工程的混凝土结构一面与水（地下水或地表水）接触，另一面又暴露在大气中时，其场地环境分类应划分为 I 类			

地下水对建筑材料腐蚀性评价标准见表 4.5～表 4.7，水质检验项目及注意事项见表 4.8。

表 4.5　分解类腐蚀的评价标准

腐蚀等级	pH 值		侵蚀性 CO_2/（mg·L^{-1}）		HCO_3^-/（mmol·L^{-1}）
	A	B	A	B	A
无腐蚀性	>6.5	>5.0	<15	<30	>1.0
弱腐蚀性	6.5～5.0	5.0～4.0	15～30	30～60	1.0～0.5
中腐蚀性	5.0～4.0	4.0～3.5	30～60	60～100	<0.5
强腐蚀性	<0	<3.5	>60	>100	—
备注	A——直接临水、或强透水土层中的地下水、或湿润的强透水土层 B——弱透水土层的地下水或湿润的弱透水土层				

表 4.6　结晶类腐蚀评价标准

腐蚀等级	SO_4^{2-}——在水中含量/（mg·L^{-1}）		
	I 类环境	II 类环境	III 类环境
无腐蚀性	<250	<500	<1 500
弱腐蚀性	250～500	500～1 500	1 500～3 000
中腐蚀性	500～1 500	1 500～3 000	3 000～6 000
强腐蚀性	>1 500	>3 000	>6 000

表 4.7 结晶分解复合类腐蚀评价标准

腐蚀等级	Ⅰ类环境		Ⅱ类环境		Ⅲ类环境	
	$Mg^{2+}+NH_4^+$	$Cl^-+SO_4^{2-}+NO_3^-$	$Mg^{2+}+NH_4^+$	$Cl^-+SO_4^{2-}+NO_3^-$	$Mg^{2+}+NH_4^+$	$Cl^-+SO_4^{2-}+NO_3^-$
	/(mg·L^{-1})					
无腐蚀性	<1 000	<3 000	<2 000	<5 000	<3 000	<10 000
弱腐蚀性	1 000~2 000	3 000~5 000	2 000~3 000	5 000~8 000	3 000~4 000	10 000~20 000
中腐蚀性	2 000~3 000	5 000~8 000	3 000~4 000	8 000~10 000	4 000~5 000	20 000~30 000
强腐蚀性	>3 000	>8 000	>4 000	>10 000	>5 000	>30 000

表 4.8 水质检验项目及注意事项

检验项目	检验方法	备　注
pH 值	电位法	
Mg^{2+}	EDTA 滴定法	单位为 mg/L
Cl^-	摩尔法	水中同时存在氯化物和硫酸盐时,Cl^- 含量 = Cl^- + SO_4^{2-} × 0.25,单位为 mg/L
SO_4^{2-}	EDTA 滴定法	单位为 mg/L
侵蚀性 CO_2	盖耶尔法	单位为 mg/L
HCO_3^-	酸滴定法	水的矿化度小于 0.1 g/L 时需检测。单位为:mmol/L
OH^-	酸滴定法	水质严重污染时需检测;OH^- 为 NaOH 和 KOH 中的 OH^- 含量。单位为 mg/L
总矿化度	质量法	水质严重污染时需检测;单位为 mg/L
NH_4^+	钠氏试剂比色法	水质严重污染时需检测;单位为 mg/L

4.5 地下水污染

4.5.1 地下水污染的概况

水污染是指水体因某种物质的介入,而导致其化学、物理、生物或者放射性等方面特性的改变,从而影响水的有效利用,危害人体健康或者破坏生态环境,造成水质恶化的现象。污染物是指能导致水污染的物质。有毒污染物是指那些直接或者间接被生物摄入人体后,导致该生物或者其后代发病、行为反常、遗传异变、生理机能失常、机体变形或者死亡的污染物。

淡水是地球上最宝贵的资源之一,但分布极不均匀。地球上所有的水中,只有 2.5% 是淡水。全球 40% 的人口得不到安全的饮用水,人类 80% 的疾病与劣质饮用水有关。地球上的可饮用水正在面临枯竭,到 2025 年,最贫困的国家中有半数将面临严重的水资源短缺。农业污染、工业污染和矿业废物导致全球范围内的蓄水层(含水土层)遭到累积污染。全球 80% 的森林遭到破坏,导致世界水储备总量急剧下降。水资源管理不善,已经导致环境退化、自然资源不可恢复性损害,这使得边远地区民生更加艰难。水资源浪费,尤其是农业综合企业的水资源浪费,已经明显耗尽了全球的水资源。全球变暖带来的海平面提高和季节模式变更,正在加剧着淡水资源危机。我国地下水多年平均补给量约为 8 000 亿 m³,与多年平均河川径流量的比例约为 1∶3.4,在北方地区,这一比例为 1∶1.58。地下水资源不仅在数量上具有举足轻重的地位,而且还具有水质好、分布广泛、便于就地开采利用等优点。据统计,我国约有 70% 的人口以地下水为主要饮用水源。地下水的利用和保护是关系到我国经济和社会可持续发展的战略问题。

地下水环境问题主要是指地下水环境质量问题,也即地下水污染问题,除此之外,还包括地下水超采引起的地面沉降、地下水位过高引起的土壤盐渍化等问题。我国地下水污染问题十分严重,浅层地下水资源污染比较普遍,大约有 50% 的地区遭到一定程度的污染,约有一半城市市区的地下水污染比较严重,地下水水质呈下降趋势。据有关部门对 118 个城市 2~7 年的连续监测资料,约有 64% 的城市地下水遭受了严重污染,33% 的城市地下水受到轻度污染,基本清洁的城市地下水只有 3%。具体来说,我国东部包括东北地区地下水迅速恶化的城市有:齐齐哈尔、佳木斯、哈尔滨、牡丹江、沈阳、鞍山、烟台、潍坊、济南、济宁、郑州、合肥、上海、嘉兴、杭州、宁波、金华、温州、福州等。我国西部地区地下水水质迅速恶化的有:太原、西安、宝鸡、兰州、陇西、天水等城市。以太原为例,潜水矿化度和总硬度急速增长,20 世纪 80 年代后期比 80 年代初期矿化度和总硬度的超标面积分别增加 60% 和 28%,同时硫酸盐、氯化物和酚缓慢增长。我国南方城市相对于北方地下水水质恶化趋势明显较轻,在主要城市中仅成都、贵阳、安顺、昆明等 4 个城市存在硝酸盐急速增长的趋势。

4.5.2　地下水污染的防治

(1)污染源、污染物及污染途径

根据我国地下水污染的具体情况,有三个方面的污染源。

1)沿海地区的海(咸)水入侵

这是我国最突出的区域性的人为因素引发的地下水污染问题,主要发生在渤海沿岸,其中最严重的是胶东的莱州湾地区。据有关研究报告,莱州湾地区现代海水入侵面积已达 733.4 km²。位于黄海沿岸的青岛市,也出现海(咸)水入侵,引起城市供水水源地的污染。海(咸)水入侵造成大批机井报废、耕地丧失灌溉能力、工业产品质量下降,更严重的是造成人、畜用水发生困难。造成海(咸)水入侵的主要原因是地下淡水的过量开采。我国北方沿海地区,进入 20 世纪 80 年代以来,出现连续多年的干旱,降雨量偏低,地下水补给量减少,但是工农业需用水量却不断增加,地下淡水"入不敷出",海水入侵便是意料之中的事。

2)硝酸盐污染

地下水硝酸盐污染的来源主要有两种类型。一种类型是地表污废水排放,通过河道渗漏污染地下水;城市化粪池、污水管的泄漏以及垃圾堆的雨水淋溶等,这一类污染源具有点污的特征。另一种类型是污染源主要是农耕面源污染,造成农耕区地下水硝酸盐的含量严重超标,农耕区过多施用氮肥,其中有 12.5%~45% 的氮从土壤中流失并污染了地下水。当然,流失的氮素也不全是来自施用的氮肥。

3)石油和石油化工产品的污染

随着石油的大规模勘探、开采,石油化工业的发展及其产品的广泛应用,石油及石油化工产品对于地下水的污染已成为不可忽视的问题。

地下水污染的主要污染物为硫酸根、氯化物、三氮、重金属等,污染引起地下水中总硬度、总矿化度升高。主要是工业和生活"三废"排放对地下水的污染,其次来自农业上的化肥、农药的污染。

水污染的发生是由以下各种污染源排出的污染物进入水体而造成的:

①工业生产排放的污水;

②城市生活污水;

③农业上污染灌溉、喷洒农药、施用化肥,被雨冲刷随地表径流进入水体;

④固体废物中有害物质,经水溶解而流入水体;

⑤工业生产排放的烟尘废水,经直接降落或被雨水淋洗而流入水体;

⑥降雨和雨后的地表径流携带大气、土壤的城市地表的污染物进入水体;

⑦海水倒灌或渗透,污染沿海地区地下水源或水体;

⑧天然的污染源影响水体本底含量。例如,黄河中游河段有严重的砷污染,其原因是黄河含沙量的 90% 来自黄土高原,而且黄土高原中砷的本底很高,故造成该河段水体有严重砷污染。

(2)地下水防治污染措施

对于沿海地区海(咸)水入侵,应设置地下防渗墙,切断海(咸)水入侵路径,这是一种有效的防治措施,但是一般防渗墙的造价较高,普遍推广应用尚有一定的困难。此外,主要应控制地下淡水的开采量,与此相应地采取农业节水、工业节水和生活节水的新技术以及地下水回灌、境外引水等补源途径。加强地下水位和水质监测,强化地下水资源管理是防治海(咸)水入侵的根本性措施。

对于硝酸盐的污染要合理适当施用氮肥,使所施用的氮肥既满足作物生长的需要又不过量,这是减少农耕区地下水硝酸盐污染的重要措施。根据土壤中氮的含量来决定氮肥施用量,在氮肥中添加一种硝化阻滞剂,减缓有机氮肥矿化速率,提高作物对氮的利用率,实施节水灌溉,减少每次灌溉水量,均是减少氮的流失的重要措施。

对于石油及石油化工产品的污染应采用水动力学方法,通过抽水井或注水井控制流场,可以防止石油和石油化工产品污染的进一步扩大,同时对抽取出来的受污染的地下水进行处理。受污染的土壤和含水层的处理难度很大,向土壤注入压缩空气,可去除污染物中的挥发性成分。采用就地生物处理方法是一种很有应用前景的治理措施,它可以比较彻底地去除污染。如果受污染的土壤和含水层范围不大,也可以将其挖除或采取截流工程措施将其封闭。石油和石油化工产品对地下水污染的治理费用很高,应当以预防为主。例如,禁止在水泥地保护区设置油库、加油站,对油库、加油站和输油管线采取严格的防渗漏措施等。

地下水污染的防治首先应立足于"防",这是由地下水污染的特殊性所决定的。地下水污染一般不容易发觉,不像地表水,可以从水体的颜色、气味等物理性状来初步判断是否受到污染。对于地下水水质的监测,受观测井孔或民用井孔分布的限制,只有当污染物到达井孔时,污染才有可能被发现,而此时污染已经持续很长时间,污染范围已经扩大。地下水污染的治理一般比地表水污染的治理更困难,因为它涉及受污染土壤及含水层的治理和恢复。因此,在地下水环境保护工作上要坚持以防为主的方针,宁可在预防上投入足够的人力、物力,而不要在污染发生后付出更大代价去治理。

(3)城市地下水污染途径

城市地下水受污染的途径很多,主要是化学污染、生物性污染以及超量开采引起的盐水入侵,并且其污染来源十分广泛,包括生活污水、工业"三废"(废水、废气和固体废弃物)、农药、化肥、城市垃圾、粪便及海水等。

任意排放的工业废水和污水能够通过污染地表水而严重污染地下水体。我国地下水主要的污染源就是工业废水和生活污水的排放,其中工业废水的污染占首要地位,主要表现在氰、砷、汞、铬等有害物质的污染。据统计,1981 年全国排入河湖的废水量达 307 亿 t,到 1988 年增至 368 亿 t,而且还在继续增加。其中,污废水排放量 200 万 t/d 以上的城市有 6 座;100 万~200 万 t/d 的城市 3 座;50 万~100 万 t/d 的城市 26 座。这些污废水只在个别城市有少量是经过处理后排放,而绝大部分是未经处理以各种方式排放,直接或间接地污染着城市及其下游地区的地下水。城市地下水中"三氮"和硬度指标呈加重趋势,致使综合超标状况逐渐加重。到1992 年我国废水和污水排放量高达 366.5 亿 t,其中 63.8% 为工业废水,导致全国 82% 的河湖水体和 90% 的城市附近水域遭受不同程度的污染,河水的污染进而影响了沿岸地区地下水水质。著名的泉城——济南,曾经就是因为严重污染的护城河水通过干涸泉口进入含水层,使岩溶水质恶化,导致细菌数超标和铬含量剧增。

各种大气污染物质通过降水,尤其是广泛出现的酸雨更加重了地下水体的污染,它往往能增加地下水的酸度;由于技术力量和资金设备的不足,以及对污染放任的心理状态,导致对工业废水、城市污水和固体废弃物的处置不当,特别是防渗措施的不当,会形成淋滤渗入,使地下水中有毒有害组分超标,如酚、砷、氰化物等超标。

城市近郊的污水灌溉及长期使用农药和化肥,也会引起地下水的污染。尤其是农田使用氮肥,会有相当于氮肥施用量的 12.5%~45% 的氮从土壤中流失,下渗并污染地下水体。

沿海地区的地下水与海洋有水力的联系,过量开采这些地区的地下水,往往会造成海洋咸水向沿海淡水层区域方向的移动,即"盐水入侵"。我国有大陆海岸线 1.8 万 km,由于过量开采地下水,约有 1/6 的海岸地下水已经受到不同程度的海水入侵,主要分布在渤海和黄海沿岸地区,包括辽宁、山东、河北、江苏、浙江、广东等省,总的入侵面积达 1 000 km²。

(4)城市地下水污染带来的巨大危害

由于地表水资源的可使用量在一定的空间和时间范围内是有限的,则地下水的污染和地下水的超采就会密切联系和相互作用,即其严重的污染往往会使可供水源的减少,以致增加对地下水的开采需求,这样往往会造成地下水的过量开采;而地下水的不合理开采或过量开采,都会引起地下水水位的下降及其自净能力的削弱,更会加剧地下水污染的程度。因此,城市地下水的严重污染不仅会引起疾病等社会公害的发生,还会因其失去作为水资源的经济价值,加剧了本地区水资源的短缺局面。

严重损害居民的身心健康,导致霍乱、血吸虫病、痢疾等疾病的流行。据最精确的估计,全世界每年大约有 2.5 亿人新患上经水传染的疾病,其中大约 1 000 万人死于非命。在我国,根据饮用水卫生标准规定,每升水中的硝酸盐不应超过 20 mg 氨,相对于世界卫生组织、欧共体国家和美国不应超过 10 mg 氨的规定,已经是很低的标准。但是,即使按低标准衡量,我国城市由工业和农业污染引起地下水硝酸盐超标地区仍然很多,如北京、西安、沈阳、兰州、银川、呼和浩特等北方城市有大面积超标区,有的超标指数高达 4~5 倍。人们饮用被硝酸盐污染的地下水后可能导致癌症,还可能引起高铁(变性)血红蛋白症,而导致患者死亡。不仅硝酸盐超标能够引发疾病,其他一些有害物质也能导致疾病的爆发,最常见的大肠菌就是其中之一。例如,在 1983 年夏季,贵阳市蛤蟆井和望城坡垃圾场周围地区同时爆发了痢疾流行。经过调查,发现这一地区的地下水已经被垃圾渗滤液所污染,大肠菌群超过了饮用水标准的 770 倍,细菌总数超过标准的 2 600 倍。

(5)城市水污染控制的主要方法

①水环境调节 采用加深、拓宽、疏浚河道,河流改道,开挖新河或修建其他水利工程设施,将水质较好的较大水体,引入城市水系,达到稀释城市水域污染物浓度的作用。水环境调节虽然没有削减城市污染物总量,但它在活化水环境、改善水域生物生态系统和水环境面貌上有积极作用,凡有条件进行水环境调节的城市应尽量采用。

②截污 利用截污沟保护特定的水体目标,达到被保护水体在截污段不再加重污染。截住截污沟附近或直接排入被保护水体的污染源,阻止水质差的支流、地下水进入被保护水体。截污方法是在权衡截污目的、工程造价、环境条件、截污水出路、处理方法和处理成本条件下可供选用的方法。

③清淤 污染物来源多且坡度缓的水域,通常累积较厚的污泥。在有较厚污泥堆积的水域,清除污泥是削减水域污染物、改善水环境的必要措施。

④建设船舶污染物集中处理设施 大部分较小船舶没有能力对船舶物(含油废水、生活污水、生活垃圾和其他固体废弃物)进行无害化处理。因此,在港口码头建设船舶污染物接收与集中处理设施,禁止船舶向水体直接排放污染物(有处理能力的要达标排放)。

⑤建设城市污水处理厂 据计算,主要城市的生活排污量已超过工业污染源排放。尤其是在大城市的城区,生活污水 COD 排放量可占城市 COD 总量的 60%~70%。建设有完善管网系统(清污分流)的城市污水处理厂是城市水污染控制的最重要方法。

除上述方法以外,城市水污染控制的方法还有:生物净化、氧化塘处理、控制城市垃圾和其他固体废弃物对水体的污染。为防治水体富营养化,禁用含磷洗涤剂和其他水污染防治管理措施。

由于人们思想上存在一定误区,在实际生产生活中忽视了对其的保护和节约,导致地下水资源的严重污染和浪费,在公众中广泛宣传有关知识和保护意义,使其真正认识到水资源对今世和后代的战略意义,并牢固树立"保护水资源,人人有责"的思想,做到珍惜每一滴水;对凡是从事生产、存储和运输活动及其产品可能成为土壤或地下水污染源的工矿企业,让其认真了解地下水污染后付出的代价,促使其采取步骤逐步减少污水数量和强度,并为污水处理和改善环境制订长期治理规划。从可持续发展的角度出发,切实搞好土地利用规划、城市建设规划和地下水资源保护规划,建立完善的规划体系。在城市建设和土地利用中,必须充分考虑地下水资源的条件,统筹规划、合理布局;对划定的生活饮用水源保护区和卫生防护带要严格管理,对化工、采矿、电站、养殖等企业要严格选址,重点抓好监测工作。通过监测,可以从整体上更准确地掌握当地地下水水质状况,有利于更好地评价地下水开发利用情况,及时调整发展方向和采取治理保护措施。鼓励工业企业一方面积极采用清洁生产,强化节约用水,提高用水效率,减少污水排放量;另一方面大力开展污水的综合利用,以再生污水代替新水源,提高污水再生利用率,从而实现废水的资源化。积极引导农民实施节水灌溉,帮助他们限制使用污染严重的化学品,并做到合理开发利用地下水资源;加强生活水源地的保护,加快城市污水处理技术的提高;通过提高水价、严厉处罚超标排放、增收污水排污费等经济和行政手段实行最严格的节水战略,建立节水型的社会体系。

思考题

4.1　按埋藏条件地下水有哪几种类型? 各自的特征有哪些?

4.2　达西定律的适用范围是什么? 其代表的渗流速度是否为真实流速?

4.3　简述地下水的物理性质与化学成分。

4.4　简述地下水对土木工程的影响。

4.5　地下水主要污染源有哪几种? 地下水的污染途径主要有哪些?

第 **5** 章
常见的几种不良地质现象

在地壳表层，由于地质作用或人类活动所引起的地表和地下岩体的各种变形及运动，对工程建设具有危害性的地质作用或现象称为不良地质现象（undesirable geological phenomena）。这种现象种类很多，本章主要介绍地震、崩塌、滑坡、泥石流、岩溶与土洞。

5.1　地　震

地震（earthquake）是一种地质现象，是地壳构造运动的一种表现。地下深处的岩层，由于某种原因突然破裂、塌陷以及火山爆发等而产生震动，并以弹性波的形式传递到地表，这种现象称为地震。

我国是一个多地震的国家。例如，1920 年 2 月的甘肃大地震；1966 年 3 月河北邢台地震，1970 年 1 月云南通海地震；1973 年 2 月四川炉霍地震；1975 年 2 月辽宁海城地震和 1976 年 7 月河北唐山地震；1999 年 9 月 21 日台湾省集集大地震；2008 年 5 月 12 日四川汶川大地震。

强烈地震瞬时之间可使很大范围的城市和乡村沦为废墟，是一种破坏性很强的自然灾害。因此，在规划各种工程活动时，都必须考虑地震这样一个极其重要的环境地质因素，而在修建各种建筑物时，都必须考虑可能遭受多强的地震，并采取相应的防震措施。

5.1.1　震源与震中

地壳或地幔中发生地震的地方称为震源（earthquake focuse）。震源在地面上的垂直投影称为震中（earthquake center）。震中可以看作地面上震动的中心，震中附近地面震动最大，远离震中地面震动减弱。如台湾省集集大地震，震中位置在北纬 23.86°，东经 120.84°，位于台湾中部日月潭西南 12.5 km 的南投县集集镇（故定名为 921 集集地震）。

震源与地面的垂直距离，称为震源深度（图 5.1.1）。通常将震源深度在 70 km 以内的地震称为浅源地震，70~300 km 的称为中源地震，300 km 以上的称为深源地震。目前出现的最深的地震是 720 km。绝大部分的地震是浅源地震，震源深度多集中于 5~20 km，中源地震比较少，而深源地震为数更少。同样大小的地震，当震源较浅时，波及范围较小，破坏性较大；当震源深度较大时，波及范围虽较大，但破坏性相对较小，多数破坏性地震都是浅震，如台湾省集集大地震，震源深度 8 km。深度超过100 km的地震，在地面上不会引起灾害。

　　地面上某一点到震中的直线距离,称为该点的震中距(epicentral distance)(图 5.1)。震中距在 1 000 km 以内的地震,通常称为近震,大于 1 000 km 的称为远震。引起灾害的一般都是近震。围绕震中的一定面积的地区,称为震中区,它表示一次地震时震害最严重的地区。强烈地震的震中区往往又称为极震区。

　　在同一次地震影响下,地面上破坏程度相同各点的连线,称为等震线。绘有等震线的平面图,称为等震线图(图 5.2)。等震线图在地震工作中用途很多。根据它可确定宏观震中的位置。根据震中区等震线的形状,可以推断产生地震的断层(发震断层)的走向。图 5.2 为 1970 年云南通海地震的等震线图,最里边的等震线的长轴方向是 NW—SE 向,与曲江大断裂的方向是一致的。

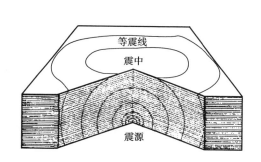

图 5.1　震源、震中、等震线

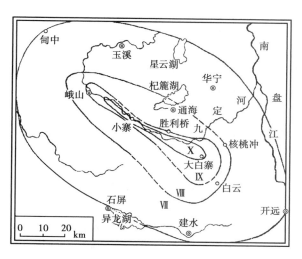

图 5.2　云南通海地震的等震线图

5.1.2　地震及地震波

(1)地震的成因类型

　　形成地震的原因是各种各样的,地震按其成因,可分为两大类型:天然地震与人为地震。人为地震所引起的地表震动都较轻微,影响范围也很小,且能做到事先预告及预防,不是所要讨论的对象,以下所讲皆指天然地震。天然地震按其成因可划分为构造地震、火山地震、陷落地震和激发地震。

　　1)构造地震

　　由于地质构造作用所产生的地震称为构造地震(tectonic earthquake)。这种地震与构造运动的强弱直接有关,它分布于新生代以来地质构造运动最为剧烈的地区。构造地震是地震的最主要类型,约占地震总数的 90%。构造地震中最为普遍的是由于地壳断裂活动而引起的地震。这种地震绝大部分都是浅源地震,由于它距地表很近,对地面的影响最显著,一些巨大的破坏性地震都属于这种类型。一般认为这种地震的形成是由于岩层在大地构造应力的作用下产生应变,积累了大量的弹性应变能,当应变一旦超过极限数值,岩层就突然破裂和产生位移,形成大的断裂,同时释放出大量的能量,以弹性波的形式引起地壳的震动,从而产生地震。此外,在已有的大断层上,当断裂的两盘发生相对运动时,如在断裂面上有坚固的大块岩层伸出,能够阻挡滑动作用,两盘的相对运动在那里就会受阻,局部的应力就越来越集中,一旦超过极

123

限,阻挡的岩块被粉碎,地震就会发生。

根据李四光的研究,这种浅源断层地震多发生在第三纪、第四纪以来的活动断裂带内,并且具有如下规律:

①活动断裂带曲折最突出的部位,通常是震中所在的地点。因为那种部位是构造脆弱的地方,也是应力集中的地方。

②活动断裂带的两头,有时是震中往返跳动的地点。因为活动断裂带在应力加强而被迫向外发展的时候,它的两端是继续发展的最有利部位。

③一条活动断裂带和另一断裂带交叉的地方,一般是震中所在的地点。因为断裂交叉的部位,断面多半崎岖不平,或者有大堆破坏了的岩块聚集在一起,容易导致应力集中。

2)火山地震

由于火山喷发和火山下面岩浆活动而产生的地面振动称为火山地震(volcanic earthquake)。在世界一些大火山带都能观测到与火山活动有关的地震。火山活动有时相当猛烈,但地震波及的地区多局限于火山附近数十千米的范围。火山地震在我国很少见,主要分布在日本、印度尼西亚及南美等地。火山地震约占地震总数的7%。

应当注意的是,在火山地区的地震并不总与火山喷发活动有关。这是因为火山与地震均为现代地壳运动的一种表现形式,二者往往出现在同一地带。在这些地区,地震对火山喷发也可能起激发作用,如1960年5月智利大地震就引起了火山的重新喷发。

3)陷落地震

由于洞穴崩塌、地层陷落等原因发生的地震,称为陷落地震(collapse earthquake)。这种地震能量小、震级小,发生次数也很少,仅占地震总数的5%。在岩溶发育地区,由于溶洞陷落而引起的地震,危害小,影响范围不大,为数亦很少。在一些矿区,当岩层比较坚固完整时,采空区并不立即塌落,而是待悬空面积相当大以后方才塌落,因而造成矿山陷落地震。由于它总是发生在人烟稠密的工矿区,对地面上的破坏不容忽视,对安全生产有很大威胁,因此也是地震研究的一个课题。

4)激发地震

在构造应力原来处于相对平衡的地区,由于外界力量的作用,破坏了相对稳定的状态,发生构造运动并引起地震,称为激发地震。属于这种类型的地震有水库地震、深井注水地震和爆破引起的地震,它们为数甚少。

由于建筑水库引起地震的问题,近来很受注意,因为它能达到较高的震级而造成地面的破坏,进而危及水坝本身的安全。我国著名的水库地震发生于广东新丰江水库(坝高105 m),1959年10月截流蓄水,1960年8月发电,该水库蓄水后一个月即有地震。随着水位上升,坝、库区的有感地震也增多、加强,震级也越来越高,该水库蓄水后曾发生6.1级地震。

与深井注水有关的地震,最典型的是美国科罗拉多州丹佛地区的例子,该地一口排灌废水的深井(深3 614 m),开始使用后不久,就发生了地震。地震出现于深井附近,当注水量加大时地震随之增加,当注水量减少时地震随之减弱。其原因可能是:注水后岩石抗剪强度降低,导致破裂面重新滑动。地下核爆炸、大爆破均可能激发小的地震系列。

应该指出的是,不是所有的水库、深井注水和大爆破都能引起地震,外界的触发只是一个条件,必须通过内在的原因而起作用。也就是说,只有在一定的构造条件和地层条件下加以激发时才可能有地震发生。

(2)地震分布

地震并不是均匀分布于地球的各个部分,而是集中于某些特定的条带上或板块边界上,这些地震集中分布的条带称为地震活动带或地震带。

1）世界地震分布

世界范围内的主要地震带是环太平洋地震带与地中海—喜马拉雅地震带,它们都是板块的汇聚边界。

①环太平洋地震带

沿南北美洲西海岸,向北至阿拉斯加,经阿留申群岛至堪察加半岛,转向西南沿千岛群岛至日本列岛,然后分为两支,一支向南经马里亚纳群岛至伊利安岛;另一支向西南经我国台湾、菲律宾、印度尼西亚至伊利安岛,两支汇合后经所罗门至新西兰。

这一地震带的地震活动性最强,是地球上最主要的地震带。全世界 80% 的浅源地震、90% 的中源地震和绝大多数深源地震集中于此带,其释放出来的地震能量约占全球所有地震释放能量的 76%。

②地中海—喜马拉雅地震带

这一地震带主要分布于欧亚大陆,又称欧亚地震带。西起大西洋亚速尔岛,经地中海、希腊、土耳其、印度北部、我国西部与西南地区,过缅甸至印度尼西亚与环太平洋地震带汇合。

这一地震带的地震很多,也很强烈,它们释放出来的能量约占全球所有地震释放能量的 22%。

2）我国地震分布

我国地处世界上两大地震活动带的中间,地震活动性比较强烈,主要集中在以下 5 个震带。

①东南沿海及台湾地震带　以台湾的地震最频繁,属于环太平洋地震带。

②郯城—庐江地震带　自安徽庐江往北至山东郯城一线,并越渤海,经营口再往北,与吉林舒兰、黑龙江依兰断裂连接,是我国东部的强地震带。

③华北地震带　北起燕山,南经山西到渭河平原,构成"S"形的地带。

④横贯中国的南北向地震带　北起贺兰山、六盘山,横越秦岭,通过甘肃文县,沿岷江向南,经四川盆地西缘,直达滇东地区,为一规模巨大的强烈地震带。

⑤西藏—滇西地震带　属于地中海—喜马拉雅地震带。

此外,还有河西走廊地震带、天山南北地震带以及塔里木盆地南缘地震带等。

（3）地震波

地震时震源释放的应变能以弹性波的形式向四面八方传播,这就是地震波（earthquake wave）。地震波使地震具有巨大的破坏力,也使人们得以研究地球内部。地震波包括两种在介质内部传播的体波和两种限于界面附近传播的面波。

1）体波

体波（body wave）有纵波（longitudinal wave）与横波（transverse wave）两种类型。纵波（P波）是由震源传出的压缩波,质点的振动方向与波的前进方向一致,一疏一密向前推进,因而又称疏密波,它周期短、振幅小。其传播速度是所有波当中最快的一个,震动的破坏力较小。横波（S 波）是由震源传出的剪切波,质点的振动方向与波的前进方向垂直,传播时介质体积不变,但形状改变,它周期较长、振幅较大。其传播速度较小,为纵波速度的 0.5～0.6 倍,但震动的破坏力较大。

纵波和横波在性质上有两个重要的差别:

①纵波能通过任何物质传播,无论是固体、液体还是气体都行;而横波是切变波,只能通过

125

固体物质传播,不能通过对切变没有抵抗能力的液体和气体。因此,如果地球内部某一地区可以通过横波,那么有充分理由认为该地区一定是固体;否则,一定是液体或气体。

②纵波在任何固体物质中的传播速度都比横波快。在近地表的一般岩石中,$V_p = 5 \sim 6$ km/s, $V_s = 3 \sim 4$ km/s。物质不同,地震波速度也不同;在多数情况下,物质的密度越大,地震波速度越快。根据弹性理论,纵波传播速度 V_p 和横波传播速度 V_s,可分别按下列两式计算,即

$$V_p = \sqrt{\frac{E(1-\mu)}{\rho(1+\mu)(1-2\mu)}} \tag{5.1}$$

$$V_s = \sqrt{\frac{E}{2\rho(1+\mu)}} = \sqrt{\frac{G}{\rho}} \tag{5.2}$$

式中 E, μ, ρ, G——介质的弹性模量、泊松比、密度和剪切模量。

由于纵波和横波的传播速度有差别,到达地震台的时间有差别(走时差),故可用以确定震中的距离和位置。如果在一个地震台测得纵波和横波的到达时间,V_p,V_s 又是已知的,则可计算出地震发生在多远处。图 5.3 中的"A"为 3 个台站中每一个台站记录的地震波图,每个台站的 P 波和 S 波到达的时间长度与距震中的距离是成正比的。地震必然发生在以地震台为圆心,以纵波和横波到达的时间差算出的距离为半径的圆上。如果在 3 个地震台测量,得出 3 个圆,则地震震中必然位于这 3 个圆的交点附近如图 5.3 中的"B"为以每个台站为圆心画出相当于P-S波延迟距离的圆,该地震必然发生在这三个圆的交点上。如果知道地震发生在什么地方,也知道地震发生的时间,根据地震波到达分散在全球的地震台的时间,就可得出这些波在地球各部分传播的速度有多快。

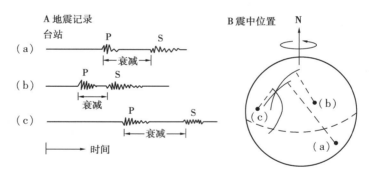

图 5.3 地震震中的位置

纵波在地面形成上下跳动,对一般建筑物的摧毁力较小。由于它传播速度快,沿途能量散失也快,随着传播距离的增大,很快变得微弱。只有在离震中较近的地方,上下跳动才不可忽视;横波在地面形成水平晃动,对建筑物的摧毁力较强。由于它传播速度较慢,沿途能量损失也较慢。因此,在离震中较远的地方,纵波已比较微弱,横波还可能比较强。

2)面波

面波(surface wave)(L 波)是体波达到界面后激发的次生波,只是沿着地球表面或地球内的边界传播。面波向地面以下迅速消失,面波随着震源深度的增加而迅速减弱,震源越深面波越不发育。面波有两种:瑞利波(Rayleigh wave)与勒夫波(Love wave)。

瑞利波(R 波)在地面上滚动,质点在平行于波的传播方向的垂直平面内作椭圆运动,长轴垂直地面。勒夫波(Q 波)在地面上作蛇形运动,质点在水平面内垂直于波的传播方向作水

平振动。面波传播速度比体波慢。瑞利波波速
近似为横波波速的 0.9;勒夫波在层状介质界面
传播,其波速介于上下两层介质横波速度之间。
一个地震波记录图或地震谱(图 5.4)最先记录
的总是速度最快、振幅最小、周期最短的纵波,
然后是横波,最后到达的是速度最慢、振幅最
大、周期最长的面波。面波对地表的破坏力最
大,自地表向下迅速减弱。面波还可区分出先
到达的勒夫波和后到达的瑞利波。

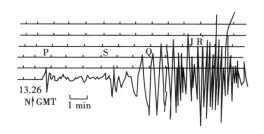

图 5.4　典型的地震波记录图或地震谱

一般情况下,横波和面波到达时振动最强烈。建筑物破坏通常是由横波和面波造成的。

5.1.3　地震的震级与烈度

地震能否使某一地区的建筑物受到破坏,主要取决于地震本身的大小和该区距震中的远近,
距震中越远,则受到的振动越弱。因此,需要有衡量地震本身大小和某一地区振动强烈程度的两
个尺度,这就是震级和烈度,它们之间有一定联系,但却是两个不同的尺度,不能混淆起来。

(1)地震震级(面波震级)

地震震级(magnitude)是表示地震本身大小的尺度,是由地震所释放出来的能量大小所决
定的。释放出来的能量越大,则震级越大。因为一次地震所释放的能量是固定的,所以每次地
震只有一个震级。我国台湾省集集大地震,震级为 M7。

地震释放能量大小可根据地震波记录图的最高振幅来确定。由于远离震中波动要衰减,
不同地震仪的性能不同,记录的波动振幅也不同,所以必须以标准地震仪和标准震中距的记录
为准。接李希特—古登堡的最初定义,震级(M)是距震中 100 km 的标准地震仪(周期 0.8 s,
阻尼比 0.8,放大信率 2 800 倍)所记录的以 μm 表示的最大振幅 A 的对数值,即

$$M = \log A \tag{5.3}$$

古登堡和李希特根据观测数据,求得震级 M 与能量 $E(J)$ 之间有如下关系,即

$$\lg E = 4.8 + 1.5M \tag{5.4}$$

不同震级的地震通过地震波释放出来的能量见表 5.1。

表 5.1　震级 M 和震源发出的总能量 E 之间的关系

震　级	能　量/J	震　级	能　量/J
1	2.0×10^6	6	6.3×10^{13}
2	6.3×10^7	7	2.0×10^{15}
3	2.0×10^9	8	6.3×10^{16}
4	6.3×10^{10}	8.5	3.55×10^{17}
5	2.0×10^{12}	8.9	1.4×10^{18}

一次 1 级地震所释放出来的能量相当于 2×10^6 J。震级每增大一级,能量约增加 30 倍。
一个 7 级地震相当于近 30 个 2 万 t 级原子弹的能量。小于 2 级的地震,人们感觉不到,称为微

震;2~4 级地震称为有感地震;5 级以上地震开始引起不同程度的破坏,统称为破坏性地震或强震;7 级以上的地震称为强烈地震或大震。已记录的最大地震震级未有超过8.9 级的,这是由于岩石强度不能积蓄超过8.9 级的弹性应变能。我国台湾省集集大地震,在主震发生后的一个月内,余震多达15 万余次,其中6.0 级以上的 8 次(包括6.8 级 3 次),可见地震释放的能量十分巨大。据我国台湾建筑研究所和地震工程中心所收集到的 8 773 栋建筑的震害资料统计,震中区的南投县和台山县破坏最为严重,分别有 4 500 多栋(占53%)和 2 800 多栋(32%)建筑破坏,在远离震中 150 km 以外的台北市由于盆地效应仍有 300 多栋建筑被破坏。

(2)地震烈度

地震烈度(seismic intensity)是指某一地区的地面和各种建筑物遭受地震影响的强烈程度。

地震烈度表是划分地震烈度的标准,它主要是根据地震时地面建筑物受破坏的程度、地震现象、人的感觉等来划分制订的。我国和世界上大多数国家都是将烈度分为12 度。我国制订并采用的地震烈度见表5.2。

表 5.2　地震烈度表

烈　度	房　屋	结构物	地表现象	其他现象
1 度	无损坏	无损坏	无	无感觉,仅仪器才能记录到
2 度	无损坏	无损坏	无	个别非常敏感的且在完全静止中的人才能感觉到
3 度	无损坏	无损坏	无	室内少数在完全静止中的人感觉到震动,如同载重车辆很快从旁驶过。细心的观察者注意到悬挂物轻微摇动
4 度	门窗和纸糊的顶篷有时轻微作响	无损坏	无	室内大多数人有感觉,室外少数人有感觉,少数人从梦中惊醒 悬挂物摇动,器皿中的液体轻微振荡,紧靠在一起的、不稳定的器皿作响

烈　度	房　屋	结构物	地表现象	其他现象
5度	门窗地板天花板和屋架木楔轻微作响,开着的门窗摇动尘土落下,粉饰的灰粉散落,抹灰层上可能有细小裂缝	无损坏	不流通的水池里起不大的波浪	室内所有人和室外大多数人有感觉;大多数人都从梦中惊醒,家畜不宁 悬挂物明显地摇摆,挂钟停摆,少量液体从装满的器皿中溢出,架上放置不稳的器物翻倒或落下
6度	Ⅰ类房屋许多损坏,少数破坏(较旧的房、棚可能倾倒) Ⅱ、Ⅲ类房屋许多轻微损坏 Ⅱ类房屋少数损坏	牌坊、砖、石砌的塔和院墙轻微损坏 个别情况下道路上湿土中或新的填土中有细小裂缝	个别情况下,潮湿、疏松的土里有细小裂缝 个别情况下,山区中偶有不大的滑坡、土石散落和陷穴	很多人从室内跑出,行动不稳。家畜从厩内跑出 器皿中的液体剧烈动荡,架上的书籍和器皿等有时翻倒或坠落,轻的家具可能移动
7度	Ⅰ类房屋大多损坏,许多破坏,少数倾倒 Ⅱ类房屋大多损坏,少数破坏 Ⅲ类房屋大多数轻微损坏,许多损坏(可能有破坏的)	不很坚固的院墙少数破坏,可能有些倒塌。较坚固的院墙损坏 不很坚固的城墙很多地方损坏。有些地方破坏,城墙少数倒塌。较坚固的城墙有些地方损坏 牌坊、砖、石砌的塔及工厂的烟囱可能损坏 牌石和纪念物很多轻微损坏由于黄土崩塌,土窑洞的洞口遭受破坏 个别情况下,道路上有小裂缝 路基陡坡和新筑道路土堤的斜坡上,偶有塌方	干土中有时产生细小裂缝。潮湿或松散的土中,裂缝较多、较大;少数情况下冒出夹泥沙的水 个别情况下,陡坎滑坡。山区中有不大的滑坡和土石散落。土质松散的地区,可能发生崩滑 泉水的流量和地下水位可能发生变化	人从室中仓皇逃出。驾驶汽车的人也能感觉 悬挂物强烈摇摆,有时损坏或坠落。轻的家具移动。书籍、器皿和用具坠落

续表

烈度	房屋	结构物	地表现象	其他现象
8 度	Ⅰ类房屋大多数破坏,许多倾倒 Ⅱ类房屋许多破坏,少数倾倒 Ⅲ类房屋大多数损坏,少数破坏(可能有倾倒的)	不很坚固的院墙破坏,并有局部倒塌,较坚固的院墙局部破坏 不很坚固的城墙很多地方破坏,有些地方崩塌,城墙许多倒塌。较坚固的城墙有些地方破坏,砖、石城墙少数倒塌 牌坊许多损坏 砖、石砌的塔及工厂烟囱遭受损坏,不很坚固者破坏,甚至倒塌 不很稳定的牌石和纪念物移动或翻倒。较稳定的碑石和纪念物很多损坏,有些翻倒 路堤和路堑的陡坡上有不大的塌方 个别情况下,地下管道的接头处遭受破坏	地上裂缝竟达几厘米,土质疏松的山坡和潮湿的河上,裂缝宽度可达 10 cm 以上。在地下水位较高的地区里,常有夹泥沙的水从裂缝或喷口里冒出 在岩石破碎、土质疏松的地区里,常发生相当大的土石散落、滑坡和山崩。有时河流受阻,形成新的水塘 有时井泉干涸或产生新泉	人很难站得住 由于房屋破坏人畜有伤亡 家具移动,并有一部分翻倒
9 度	Ⅰ类房屋大多数倾倒 Ⅱ类房屋许多倾倒 Ⅲ类房屋许多破坏,少数倾倒	不很坚固的院墙大都倒塌。较坚固的院墙大都破坏。局部倒塌 较坚固的城墙很多地方破坏。城墙许多倒塌 牌坊可能坏 砖、石砌的塔及工厂烟囱很多破坏,甚至倾倒 较稳定的牌石和纪念物很多翻倒 道路上有裂缝,有时路基毁坏,个别情况下,铁轨局部弯曲有些地方地下管道破裂或损伤	地上裂缝很多,可达 10 cm。斜坡上或河岸边疏松的堆积层中,有时裂缝纵横,宽度可达几十厘米。绵延很长 很多滑坡和土石散落,山崩。常有井泉干涸或新泉产生	家具翻倒并损坏

续表

烈　度	房　屋	结构物	地表现象	其他现象
10度	Ⅲ类房屋许多倾倒	牌坊许多破坏 砖、石砌的塔及工厂烟囱大都倒塌 较稳定的碑石和纪念物大都翻倒 路基和土堤毁坏,道路变形、并有很多裂缝 铁轨局部弯曲地下管道破裂	地上裂缝宽几十厘米,个别情况下达1 m以上,堆积层中的裂缝有时组成宽大的裂缝带,断续绵延可达几千米以上 个别情况下,岩石中有裂缝 山区和岸边的悬崖崩塌,疏松的土大量崩滑,形成相当规模新湖泊 河、池中也发生击岸的大浪	山崩和地震断裂出现。基岩上的拱桥破坏。大多数砖烟囱从根部破坏或捣毁
11度	房屋普遍毁坏	路基和土堤大段毁坏,大段铁轨弯曲 地下管道完全不能使用	地面形成许多宽大裂缝,有时从裂缝里冒出大量疏松的、浸透水的沉积物 大规模的滑坡、崩塌和山崩,地表产生相当大的垂直和水平断裂 地表水情况和地下水位剧烈变化	由于房屋倒塌,压死大量人畜,埋没许多财物
12度	广大地区内房屋普遍毁坏	建筑物普遍毁坏	广大地区内,地形有剧烈的变化 广大地区内,地表水和地下水情况剧烈变化	由于浪潮及山区内崩塌和土石散落的影响,动植物遭到毁灭

注:

房屋类型

Ⅰ类:

①简陋的棚舍。

②土坯或毛石等砌筑的拱窑。

③夯土墙或土坯、碎砖,毛石、卵石等砌墙,用树枝、草泥做顶,施工粗糙的房屋。

Ⅱ类:

①夯土墙或用低级灰浆砌筑的土坯、碎砖、毛石、卵石等墙,不用木柱的,或虽有细小木柱,但无正规木架的房屋。

②老旧的有木架的房屋。

Ⅲ类：

①有木架的房屋(宫殿、庙宇、城楼、钟楼、鼓楼和质量较好的民房)。

②竹笆或灰板条外墙,有木架的房屋。

③新式砖石房屋。

建筑物的破坏程度

轻微损坏：粉饰的灰粉散落,抹灰层上有细小裂缝或小块剥落。偶有砖、瓦、土坯或灰浆碎块等坠落,不稳固的饰物滑动或损伤。

损坏：抹灰层上有裂缝,泥块脱落,砌体上有小裂缝。不同的砌体之间(如砖墙与土坯墙间)产生裂缝,个别砌体局部崩塌。木架偶有轻微拔榫,砌体的突出部分和民房烟囱的顶部扭转或损伤。

破坏：抹灰层大片崩落。砌体裂开大缝或破裂,并有个别部分倒塌。木架拔榫,柱脚移动。部分屋顶破坏,民房烟囱倒下。

倾倒：建筑物的全部或相当大部分的墙壁、楼板和房顶倒塌。有时屋顶移动。砌体严重变形或倒塌。木架显著地倾斜,构件折断。

　　震级和烈度既有联系,又有区别,它们各有自己的标准,不能混为一谈。震级是反映地震本身大小的等级,只与地震释放的能量有关,而烈度则表示地面受到的影响和破坏的程度。一次地震,只有一个震级,而烈度则各地不同。烈度不仅与震级有关,同时还与震源深度、震中距以及地震波通过的介质条件(如岩石的性质,岩层的构造等)等多种因素有关。震中烈度与震级及震源深度的关系见表5.3。

表5.3　震中烈度与震级及震源深度的关系

震中烈度 震级	震源深度/km				
	5	10	15	20	25
2	3.5	2.5	2	1.5	1
3	5	4	3.5	3	2.5
4	6.5	5.5	5	4.5	4
5	8	7	6.5	6	5.5
6	9.5	8.5	8	7.5	7
7	11	10	9.5	9	8.5
8	12	11.5	11	10	10

　　震级与烈度虽然都是地震的强烈程度指标,但烈度对工程抗震来说具有更为密切的关系。为了表示某一次地震的影响程度或总结震害与抗震经验,需要根据地震烈度标准来确定某一地区的地震烈度;同样,为了对地震区的工程结构进行抗震设计,也要求研究预测某一地区在今后一定时期的地震烈度,以作为强度验算与选择抗震措施的依据。

1）基本烈度

基本烈度（basic intensity）是指在今后一定时期内，某一地区在一般场地条件下可能遭遇的最大地震烈度。基本烈度所指的地区，并不是某一具体工程场地，而是指一较大范围，如一个区、一个县或更广泛的地区，因此，基本烈度又常称为区域烈度。

鉴定和划分各地区地震烈度大小的工作，称为烈度区域划分（简称烈度区划）。基本烈度的区划，不应只以历史地震资料为依据，而应采取地震地质与历史地震资料相结合的方法，进行综合分析，深入研究活动构造体系与地震的关系，才能做到较准确的区划。各地基本烈度定得准确与否，与该地工程建设的关系甚为密切。如烈度定得过高，提高设计标准，会造成人力和物力上的浪费；定得过低，会降低设计标准，一旦发生较大地震，必然造成损失。

2）场地烈度

场地烈度（site intensity）提供的是地区内普遍遭遇的烈度，具体场地的地震烈度与地区内的平均烈度是有差别的。对许多地震的调查研究表明，在烈度高的地区内可以包含有烈度较低的部分，而在烈度低的地区内也可以包含有烈度较高的部分，也就是常在地震灾害报道中出现"重灾区里有轻灾区，轻灾区里有重灾区"的情况。一般认为，这种局部地区烈度上的差别，主要是受局部地质构造、地基条件以及地形变化等因素所控制。通常将这些局部性的控制因素称为小区域因素或场地条件。

在场地条件中，首先，应当注意的是局部地质构造，断裂特征对场地烈度有很大的控制作用，宽大的断裂破碎带易于释放地震应力，其两侧烈度可能有较大差别。存在活动断层常是局部地区烈度增加的主要原因。发震断层及其邻近地段不仅烈度高，而且常有断裂错动、地裂缝等出现，故属于抗震危险的地段。其次，应当注意的是地基条件，包括地层结构、土质类型以及地下水埋藏深度、地表排水条件等。软弱黏性土层、可液化土层和地层严重不均一的地段以及地下水埋藏较浅、地表排水不良的地段，均对抗震不利。再次，地形条件也是不可忽视的，开阔平坦的地形对抗震有利；峡谷陡坡、孤立的山包、突出的山梁等地形对抗震不利。

根据场地条件调整后的烈度，在工程上称为场地烈度。通过专门的工程地质、水文地质工作，查明场地条件，确定场地烈度，对工程设计有重要的意义：①有可能避重就轻，选择对抗震有利的地段布设路线和桥位；②使设计所采用的烈度更切合实际情况，避免偏高偏低。

3）设计烈度

在场地烈度的基础上，考虑工程的重要性、抗震性和修复的难易程度，根据规范进一步调整，得到设计烈度（design intensity），也称设防烈度。设计烈度是设计中实际采用的烈度。

GBJ 11—89《建筑抗震设计规范》（以下简称《抗震规范》）综合多方面因素提出基本烈度和设防烈度两个概念。

①基本烈度是指一个地区在今后一定时期内在一般场地条件下可能遭遇的最大地震烈度。

②设防烈度是指国家审定的一个地区抗震设计实际采用的地震烈度，一般情况下，可采用基本烈度。

《抗震规范》将抗震设防烈度定为 6~9 度，并规定 6 度区建筑以加强结构措施为主，一般不进行抗震验算；设防烈度为 10 度地区的抗震设计宜按有关专门规定执行。

5.1.4　场地及地基的评价

在地震基本烈度相同的地区内，经常会发现房屋的结构类型和建筑质量基本相同，但各建筑物的震害程度却有很大的差别。发生这种现象的主要原因是场地条件所造成的。

（1）场地及其地质条件

1）地形

震害调查表明，地形（terrain）对震害有明显的影响，如孤立突出的小丘和山脊地区、山地的斜坡地区、陡岸、河流、湖泊以及沼泽洼地的边缘地带等，均会使震害加剧、烈度提高。

2）断层

断层（fault）是地质构造上的薄弱环节，多数浅源地震均与断层活动有关。一些具有潜在地震活动的发震断层，地震时会出现很大错动，对工程建设的破坏很大。一些与发震断层有一定联系的非发震断层，由于受到发震断层的牵动和地震传播过程中产生的变异，也可能造成高烈度异常现象。

3）场地土质条件

场地土是指在较大和较深范围内的土和岩石。场地土质对震害的影响是很明显的，主要是基岩上面覆盖土层的土质及其厚度。

根据日本在东京湾及新宿布置的4个不同深度的钻孔观测资料表明：地面的水平最大加速度大于地下深度110~150 m处的水平最大加速度。土层的放大系数与土层的土质密切相关，其比值为：岩土为1.5，沙土为1.5~3.0，软黏土为2.5~3.5。填土层对地表运动有较大的放大作用。

另外，震害程度随覆盖土层的厚度增加而加重。

（2）场地土的类型

建筑所在场地土的类型，可根据土层剪切波速划分成4类，见表5.4。

表 5.4　场地土的类型划分

场地土类型	土层剪切波速/$(m \cdot s^{-1})$
坚硬场地土	$v_s > 500$
中硬场地土	$500 \geq v_{sm} > 250$
中软场地土	$250 \geq v_{sm} > 140$
软弱场地土	$v_{sm} \leq 140$

注：v_s 为土层剪切波速；v_{sm} 为土层平均剪切波速，取地面下 15 m 且不深于场地覆盖层厚度范围
　　内各土层剪切波速，按土层厚度加权的平均值。

（3）建筑场地类别

场地类别是根据场地土类型和场地覆盖层厚度进行划分的（表5.5）。当有充分依据时，可适当调整。

表 5.5　建筑场地类别划分

场地土类型	场地覆盖层厚度 d_{0v}/m				
	0	$0 < d_{0v} \leq 3$	$3 < d_{0v} \leq 9$	$9 < d_{0v} \leq 80$	$d_{0v} > 80$
坚硬场地土	I				
中硬场地土		I	I	II	II
中软场地土		I	II	II	III
软弱场地土		I	II	III	IV

5.1.5 建筑工程的震害及防震原则

地震时,由于土质因素使震害加重的现象主要有:地基的震动液化、软土的震陷、滑坡及地裂。

1)地基的液化

地基土的液化主要发生在饱和的粉、细沙和粉土中,其表现形式是:地表开裂、喷沙、冒水,从而引起滑坡和地基失效,引起上部建筑物下陷、浮起、倾斜、开裂等震害现象。产生液化的原因是由于在地震的短暂时间内,孔隙水压力骤然上升并来不及消散,有效应力降低至零,主体呈现出近乎液体的状态,抗剪强度完全丧失,即所谓液化(liquefaction)。

①判为不液化土的条件

根据《抗震规范》地基土的液化判别可分两步进行。

A.初步判别

饱和的沙土或粉土,当符合下列条件之一时,可判为不液化土或不考虑液化影响:

a.地质年代为第四纪晚更新世(Q_3)及其以前时,可判为不液化土;

b.粉土的黏粒(粒径小于 0.005 mm 的颗粒)含量百分率,7 度、8 度和 9 度分别不小于 10、13 和 16 时,可判为不液化土;①

c.采用天然地基的建筑,当上覆非液化土层厚度和地下水位深度符合下列条件之一时,可不考虑液化影响:

$$d_u > d_0 + d_b - 2 \tag{5.5}$$

$$d_w > d_0 + d_b - 3 \tag{5.6}$$

$$d_u + d_w > 1.5 d_0 + 2d_b - 4.5 \tag{5.7}$$

式中　d_w——地下水位深度,m,宜按建筑使用期内年平均最高水位采用,也可按近期内年最高水位采用;

　　　d_u——上覆非液化土层厚度,m,计算时宜将淤泥和淤泥质土层扣除;

　　　d_b——基础埋置深度,m,不超过 2 m 时应采用 2 m;

　　　d_0——液化土特征深度,m,可按表 5.6 采用。

表 5.6　液化土特征深度/m

饱和土类型	烈　度		
	7	8	9
粉土	6	7	8
沙土	7	8	9

B.由标准贯入试验判别

凡经初步判别认为需进一步进行液化判别时,应采用标准贯入试验确定其是否液化。当饱和沙土或饱和粉土标准贯入锤击数 $N_{63.5}$ 实测值(未经杆长修正)小于下式计算的临界值 N_{cr} 时,则应判为可液化土。可按下式计算临界值 N_{cr},即

---

① 用于液化判断的黏粒含量系采用六偏磷酸钠作分散剂测定,采用其他方法时应按有关规定换算。

$$N_{cr} = N_0 \left[0.9 + 0.1(d_s - d_w) \right] \sqrt{\frac{3}{\rho_c}} \qquad (5.8)$$

式中　N_{cr}——液化判别标准贯入锤击数临界值；

　　　　N_0——液化判别标准贯入锤击数基准值，按表 5.7 采用；

　　　　d_s——标准贯入试验点深度，m；

　　　　d_w——地下水位深度，m；

　　　　ρ_c——黏粒含量百分率，当小于 3 或为沙土时，均应采用 3。

表 5.7　液化判别标准贯入锤击数基准值

近、远震	烈度		
	7 度	8 度	9 度
近震	6	10	16
远震	8	12	

②等级的定量评定

液化危害程度用液化指数 I_{LE} 度量。I_{LE} 值根据地面下 15 m 深度范围内各可液化土层代表性钻孔的地质剖面和标准贯入试验资料，按下式计算：

$$I_{LE} = \sum_{i=1}^{n} \left(1 - N_i / N_{cri} \right) d_i \omega_i \qquad (5.9)$$

式中　N_i, N_{cri}——i 点的标准贯入锤击数的实测值和临界值，当 N_i 大于 N_{cri} 时，取 $N_i = N_{cri}$；

　　　　n——每个钻孔内各土层中标准贯入点总数；

　　　　d_i——第 i 个标准贯入点所代表的土层厚度，m；

　　　　ω_i——i 土层考虑单位土层厚度的层位影响的权函数值（m^{-1}），当该土层中点深度不大于 5 m 时应采用 10，等于 15 m 时应采用零值，5～15 m 时应按线性内插法取值。

按式（5.9）计算出建筑物地基范围内各个钻孔的 I_{LE} 值后，即可参照表 5.8 确定地基液化等级，为选择抗液化措施提供依据。

表 5.8　地基的液化等级

液化等级	液化指数 I_{LE}	地面喷沙冒水情况	对建筑物危害程度描述
轻微	$0 < I_{LE} \leq 5$	地面无喷沙冒水，或仅在洼地、河边有零星的喷冒点	液化危害性小，一般不致引起明显的震害
中等	$5 < I_{LE} \leq 15$	喷沙冒水可能性大、从轻微到严重均有，多数属中等喷冒	液化危害性较大，可造成不均匀沉降和开裂，有时不均匀沉降可达 200 mm
严重	$I_{LE} > 15$	一般喷沙冒水都很严重，地面变形很明显	液化危害性大，不均匀沉降可能大于 200 mm，高重心结构可能产生不容许的倾斜

2）软土的震陷

地震时，地面产生巨大的附加下沉称为震陷（earthquake subsidence），此种现象往往发生在松沙或软黏土和淤泥质土中。

产生震陷的原因有：①松沙的震密；②排水不良的饱和粉、细沙和粉土，由于震动液化而产生喷沙冒水，从而引起地面下陷；③淤泥质软黏土在震动荷载作用下，土中应力增加，同时土的结构受到扰动，强度下降，使已有的塑性区进一步开展，土体向两侧挤出而引起震陷。

土的震陷不仅使建筑物产生过大的沉降，而且产生较大的差异沉降和倾斜，影响建筑物的安全与使用。

3）地震滑坡和地裂

地震导致滑坡的原因，简单地可以这样认识：一方面是地震时边坡受到了附加惯性力，加大了下滑力；另一方面是土体受震趋密使孔隙水压力升高，有效应力降低，减小了阻滑力。地质调查表明，凡发生过滑坡的地区，地层中几乎都夹有沙层。

地震时往往出现地裂。地裂有两种：一种是构造性地裂，这种地裂虽与发震构造有密切关系，但它并不是深部基岩构造断裂直接延伸至地表形成的，而是较厚覆盖土层内部的错动。另一种是重力式地裂，它是由于斜坡滑坡或上覆土层沿倾斜下卧层层面滑动而引起的地面张裂。这种地裂在河岸、古河道旁以及半挖半填场地最容易出现。

4）防震原则

①建筑场地的选择

在地震区建筑，确定场地与地基的地震效应，必须进行工程地质勘察，从地震作用的角度将建筑场地划分为对抗震有利、不利和危险地段。这些不同地段的地震效应及防震措施有很大差异。进行工程地质勘察工作时，查明场地地基的工程地质和水文地质条件对建筑物抗震的影响，当设计烈度为 7 度或 7 度以上，且场地内有饱和沙土或粒径大于 0.05 mm 的颗粒占总重 40%以上的饱和粉土时，应判定地震作用下有无液化的可能性；当设计烈度为 8 度或 8 度以上且建筑物的岩石地基中或其邻近有构造断裂时，应配合地震部门判定是否属于发震断裂（发震断层）。总之，勘探工作的重点在于查明对建筑物抗震有影响的土层性质、分布范围和地下水的埋藏深度。勘探孔的深度可根据场地设计烈度及建筑物的重要性确定，一般为 15～20 m。利用工程地质勘察成果，综合考虑地形地貌、岩土性质、断裂以及地下水埋藏条件等因素，即可划分对建筑物抗震有利、不利和危险等地段。

对建筑物抗震有利的地段是：地形平坦或地貌单一的平缓地；场地土属Ⅰ类及坚实均匀的Ⅱ类；地下水埋藏较深等地段。这些地段，地震时影响较小，应尽量选择作为建筑场地和地基。

对建筑物抗震不利的地段是：一般为非岩质陡坡、带状突出的山脊、高耸孤立的山丘、多种地貌交接部位、断层河谷交叉处、河岸和边坡边缘及小河曲轴心附近；平面分布上成因、岩性、状态明显有软硬不均的土层（如故河道、断层破碎带、暗埋的塘浜沟谷及半填半挖地基等）；场地土属Ⅲ类；可液化的土层；发震断裂与非发震断裂交汇地段；小倾角发震断裂带上盘；地下水埋藏较浅或具有承压水地段。这些地段，地震时影响大，建筑物易遭破坏，选择建筑场地和地基应尽量避开。

对建筑物危险的地段：一般为发震断裂带上可能发生地表错位及地震时可能引起山崩、地陷、滑坡、泥石流等地段。这些地段，地震时可能造成灾害，不应进行建筑。

在一般情况下，建筑物地基应尽量避免直接用液化的沙土做持力层，不能做到时，可考虑采取以下措施：

a.浅基：如果可液化沙土层有一定厚度的稳定表土层，这种情况下可根据建筑物的具体情况采用浅基，用上部稳定表土层作持力层。

b.换土：如果基底附近有较薄的可液化沙土层，采用换土的办法处理。

c.增密：如果沙土层很浅或露出地表且有相当厚度，可用机械方法或爆炸方法提高密度。振实后的沙土层的标准贯入锤击数应大于公式(5.8)算出的临界值。

d.采用筏片基础、箱形基础、桩基础：根据调查资料，整体较好的筏片基础、箱形基础，对于在液化地基及软土地基上提高基础的抗震性能有显著作用。它们可以较好地调整基底压力，有效地减轻因大量震陷而引起的基础不均匀沉降，从而减轻上部建筑的破坏。桩基也是液化地基上抗震良好的基础形式。桩长应穿过可液化的沙土层，并有足够的长度伸入稳定的土层。但是，对桩基应注意液化引起的负摩擦力，以及由于基础四周地基下沉使桩顶土体与桩身脱开，桩顶受剪和嵌固点下移的问题。

②软土及不均匀地基

软土地基地震时的主要问题是产生过大的附加沉降，而且这种沉降常是不均匀的。地震时，地基的应力增加，土的强度下降，地基土被剪切破坏，土体向两侧挤出，致使房屋大量沉降、倾斜、破坏。其次，厚的软土地基的卓越周期较长[①]，振幅较大，振动持续的时间也较长，这些对自振周期较长的建筑物不利。

软土地基设计时要合理地选择地基承载力，因其主要受变形控制，故基底压力不宜过大，同时应增加上部结构的刚度。软土地基上采用片筏基础、箱形基础、钢筋混凝土条形基础，抗震效果较好。不均匀地基一般指软硬不均的地基，如前面已提到的半挖半填、软硬不均的岩土地基以及暗埋的沟坑塘等，这类地基上建筑物的震害都比较严重，建筑应避开这种地区，否则应采取有效措施。

应当指出，建筑物的防震，在地震烈度小于5度的地区，建筑不需特殊考虑，因为在一般条件下影响不大。在6度的地震区（建造于Ⅳ类场地上较高的高层建筑与高耸结构除外），则要求建筑物施工质量要好，用质量较高的建筑材料，并满足抗震措施要求。在7~9度的地震区，建筑物必须根据《抗震规范》进行抗震设计。

5.1.6 公路工程的震害及防震原则

(1)地震对公路工程的破坏作用

1)地变形的破坏作用

地震时在地表产生的地变形主要有断裂错动、地裂缝与地倾斜等。

断裂错动是浅源断层地震发生断裂错动时在地面上的表现。1933年四川叠溪地震，附近山上产生一条上下错动很明显的断层，构成悬崖绝壁。1970年云南通海地震，出现一条长达50 km的断层。1976年河北唐山地震，也有断裂错动现象，错断公路和桥梁，水平位移达一米多，垂直位移达几十厘米。

地裂缝是地震时常见的现象，按一定方向规则排列的构造型地裂缝多沿发震断层及其邻

---

① 由于地表土层对不同周期的地震波有选择放大作用，使地震记录图上某些周期的波记录得多而好，也就是显得特别卓越，这个周期称为卓越周期。

近地段分布。它们有的是由地下岩层受到挤压、扭曲、拉伸等作用发生断裂,直接露出地表形成;有的是由地下岩层的断裂错动影响到地表土层产生的裂缝。1973 年四川炉霍地震,沿发震断层的主裂缝带长约 90 km,带宽 20~150 m,最大水平扭矩 3.6 m,最大垂直断距 0.6 m,沿裂缝形成无数鼓包,清楚地说明它们是受挤压而产生的。裂缝通过处,地面建筑物全部倒塌,山体开裂,崩塌、滑坡现象很多。1975 年辽宁海城地震,位于地裂缝上的树木也被从根部劈开,显然,这是张力作用的结果。

地倾斜是指地震时地面出现的波状起伏。这种波状起伏是面波造成的,不仅在大地震时可以看到它们,而且在震后往往有残余变形留在地表。1906 年美国旧金山大地震,使街道严重破坏,变成波浪起伏的形状,就是地倾斜最显著的实例。这种地变形主要发生在土、沙和砾、卵石等地层内,由于振幅很大、地面倾斜等原因,它们对建筑物有很大的破坏力。

由于出现在发震断层及其邻近地段的断裂错动和构造型地裂缝,是人力难以克服的,对公路工程的破坏无从防治。因此,对待它们只能采取两种办法:一是尽可能避开;二是不能避开时本着便于修复的原则设计公路,以便破坏后能及时修复。

2)地震促使软弱地基变形、失效的破坏作用

软弱地基一般是指可触变①的软弱黏性土地基以及可液化的饱和沙土地基。它们在强烈地震作用下,由于触变或液化,可使其承载力大大降低或完全消失,这种现象通常称为地基失效。软弱地基失效时,可发生很大的变位或流动,不但不支承建筑物,反而对建筑物的基础起推挤作用,因此会严重地破坏建筑物。除此而外,软弱地基在地震时容易产生不均匀沉陷,振动的周期长、振幅大,这些都会使其上的建筑物易遭破坏。1964 年日本新潟 7.5 级地震,一些修建在饱和含水的松散粉、细沙层地基上的钢筋混凝土楼房,在地震作用下,本身结构完好,并无损坏,但由于沙层液化,使地基失效,导致楼房整体倾斜或下沉。1976 年河北唐山 7.8 级地震,在震区南部的冲积平原和滨海平原地区,由于地下水埋藏浅(0~3 m),第四纪松散的粗细沙层被水饱和,地震时造成大面积沙层液化和喷水冒沙,在河流岸边、堤坝和路基两侧造成大量的液化滑坡。使路基和桥梁普遍遭到破坏,尤以桥梁的破坏最为严重。

鉴于软弱地基的抗震性能极差,修建在软弱地基上的建筑物震害普遍而又严重,因此,《公路工程抗震设计规范》(以下简称《规范》)认为,软弱黏性土层和可液化土层不宜直接用做路基和构造物的地基,当无法避免时,应采取抗震措施。《规范》中除列有两种软弱地基的鉴定标准外,并根据国内外经验规定,修建于软弱地基上的公路工程的设防烈度起点为 7 度。

3)地震激发滑坡、崩塌与泥石流的破坏作用

强烈的地震作用能激发滑坡、崩塌与泥石流(这些现象在本章后面将详细介绍)。如震前久雨,则更易发生。在山区,地震激发的滑坡、崩塌与泥石流所造成的灾害和损失,常常比地震本身所直接造成的还要严重。规模巨大的崩塌、滑坡、泥石流,可以摧毁道路和桥梁,掩埋居民点。峡谷内的崩塌、滑坡,可以阻河成湖,淹没道路和桥梁。一旦堆石溃决,洪水下泄,常可引起下游水灾。水库区发生大规模滑坡、崩塌时,不仅会使水位上升,且能激起巨浪,冲击水坝,威胁坝体安全。

1933 年四川叠溪 7.4 级地震,在叠溪 15 km 范围之内,滑坡和崩塌到处可见。在叠溪附近,岷江两岸山体崩塌,形成三座高达 100 余米的堆石坝,将岷江完全堵塞,积水成湖。堆石坝

---

① 黏性土结构遭到破坏,强度降低,但随时间发展土体强度恢复的胶体化学性质称为土的触变性。

溃决时,高达40余m的水头顺河而下,席卷了两岸的村镇。1960年智利8.5级大地震,造成数以千计的滑坡和崩塌。滑坡、崩塌堵塞河流,造成严重的灾害。在瑞尼赫湖区,三次大滑坡,使湖水上涨24 m,湖水溢出,淹及65 km外的瓦尔迪维亚城。

地震激发滑坡、崩塌、泥石流的危害,不仅表现在地震当时发生的滑坡、崩塌、泥石流,以及由此引起的堵河、淹没、溃决所造成的灾害,而且表现在因岩体震松、山坡裂缝,在地震发生后相当长的一段时间内,滑坡、崩塌、泥石流将连续不断。由于它们对公路工程的危害极大,所以《规范》认为,地震时可能发生大规模滑坡、崩塌的地段为抗震危险的地段,路线应尽量避开。

根据对几次山区强烈地震(四川炉霍、云南昭通、云南龙陵、四川松潘—平武)的调查统计,除四川松潘—平武因在雨季发震,在6度烈度区里发生一些崩塌和滑坡外,其余震区绝大多数的滑坡和崩塌都分布在不低于7度的烈度区。河北唐山地震时,液化滑坡也都分布在不低于7度的烈度区内。分析历史地震资料发现,除黄土地区在6度烈度区内有滑坡和崩塌外,其他地区都只在不低于7度的烈度区内发生滑坡和崩塌。因此,《抗震规范》规定,对修建于地震时可能发生大规模滑坡、崩塌地段的公路工程,设防烈度起点为7度。

(2)平原地区的路基震害及防震原则

1)平原地区路基的震害

平原地区路基以路堤为主。易于发生震害的路基是软土地基上的路堤、桥头路堤、高路堤与沙土路堤等,震害最多的是修筑在软土地基上的路堤。下面介绍一些常见的震害类型。

①纵向开裂是最常见的路堤震害。多发生在路肩与行车道之间、新老路基之间。在软弱地基上的路堤,纵向开裂可达到很大规模。

②边坡滑动一般是由于路堤主体与边坡部分的碾压质量差别较大,震前坡脚又受水浸,地震时土的抗剪强度急剧降低,而形成边坡滑动。

③路堤坍塌这种震害多见于用低塑性粉土、沙土填筑的路堤。由于压实不够,又受水浸,在地震的振动作用下,土的抗剪强度急剧降低或消失,形成路堤坍塌,完全失去原来形状。

④路堤下沉在宽阔的软弱地基上,地震时,由于软弱黏性土地基的触变或饱和粉细沙地基的液化。路堤下沉,两侧田野地面发生隆起。

⑤纵向波浪变形路线走向与地震波传播方向一致时,由于面波造成地面波浪起伏,使路基随之起伏,并在鼓起地段的路面上,产生众多的横向张裂缝。

⑥桥头路堤的震害以连接桥梁等坚固构造物的路堤震害最普遍,一般均较邻近路段严重,形式有下沉、开裂、坍塌等。

⑦地裂缝造成的震害是由地裂缝造成的路基错断、沉陷、开裂,往往贯穿路堤的全高全宽。其分布完全受地裂缝带的控制,与路堤结构没有联系。在低湿平原与河流两岸,沿地裂缝带常有大量的喷水冒沙出现。

2)平原地区路基的防震原则

①尽量避免在地势低洼地带修筑路基。尽量避免沿河岸、水渠修筑路基,不得已时,也应尽量远离河岸、水渠。

②在软弱地基上修筑路基时,要注意鉴别地基中可液化沙土、易触变黏土的埋藏范围与厚度,并采取相应的加固措施。

③加强路基排水,避免路侧积水。

④严格控制路基压实,特别是高路堤的分层压实。尽量使路肩与行车道部分具有相同的

密实度。

⑤注意新老路基的结合。老路加宽时,应在老路基边坡上开挖台阶,并注意对新填土的压实。

⑥尽量采用黏性土做填筑路堤的材料,避免使用低塑性的粉土或沙土。

⑦加强桥头路堤的防护工程。

(3)山岭地区的路基震害及防震原则

1)山岭地区路基的震害

山岭地区地形复杂,路基断面形式很多,防护和支挡工程也多,此处只以路堑、半填半挖和挡土墙为代表,介绍它们的主要震害。

①路堑边坡的滑坡与崩塌　在 7 度烈度区一般比较轻微,在高于 8 度烈度区比较严重。对岩质边坡主要震害类型是崩塌,对松散堆积层边坡则多崩塌性滑坡。崩塌常常发生在裂隙发育、岩体破碎的高边坡路段,崩塌性滑坡则多与存在软质岩石、地下水活动、构造软弱面等有关。

②半填半挖的上坍与下陷　上坍是指挖方边坡的滑坡与崩塌,其情况与路堑边坡类似。下陷是指填方部分的开裂与沉陷,此种震害比较普遍而且严重。由于填方与挖方路基的密实度不一致,基底软硬不一致,故地震时易沿填挖交界面出现裂缝和坍滑。

③挡土墙的震害　挡土墙等抵抗土压力的建筑物,地震时由于地基承载力降低,土压力增大,所遭受的震害比较多。尤其是软土地基上的挡土墙、特别高的挡土墙、干砌片石挡土墙等遭受震害的实例更多。对于目前公路上大量使用的各种石砌挡土墙,主要的震害类型有砌缝开裂、墙体变形与墙体倾倒。前两者主要见于 7~8 度烈度区,后者主要见于不低于 9 度的烈度区。砌缝开裂是最常见的震害,主要与地震时地基的不均匀沉陷和砂浆强度不够有关。墙体的膨胀变形主要与地震时墙背的土压力增大有关。墙体倒塌可能与地基软弱、地震力强、土压力增大等因素有关。

2)山岭地区路基的防震原则

①沿河路线应尽量避开地震时可能发生大规模崩塌、滑坡的地段。在可能因发生崩塌、滑坡而堵河成湖时,应估计其可能淹没的范围和溃决的影响范围,合理确定路线的方案和标高。

②尽量减少对山体自然平衡条件的破坏和自然植被的破坏,严格控制挖方边坡高度,并根据地震烈度适当放缓边坡坡度。在岩体严重松散地段和易崩塌、易滑坡的地段,应采取防护加固措施。在高烈度区岩体严重风化的地段,不宜采用大爆破施工。

③在山坡上应尽可能避免或减少半填半挖路基,如不可能,则应采取适当加固措施。在横坡陡于 1:3 的山坡上填筑路堤时,应采取措施保证填方部分与山坡的结合,同时应注意加强上侧山坡的排水和坡脚的支挡措施。在更陡的山坡上,应用挡土墙加固,或以栈桥代替路基。

④在不低于 7 度的烈度区内,挡土墙应根据设计烈度进行抗震强度和稳定性的验算。干砌挡土墙应根据地震烈度限制墙的高度。浆砌挡土墙的砂浆标号,较一般地区应适当提高。在软弱地基上修建挡土墙时,可视具体情况采取换土、加大基础面积、采用桩基等措施。同时要保证墙身砌筑、墙背填土夯实与排水设施的施工质量。

(4)桥梁的震害及防震原则

1)桥梁的震害

强烈地震时,桥梁震害较多。1976 年河北唐山地震,震区桥梁十之三四遭到破坏。

桥梁遭受震害的原因,主要是由于墩台的位移和倒塌,下部构造发生变形引起上部构造的变形或坠落。下部构造完整,上部构造滑出、脱落的也有,但比较少见,而且多与桥梁构造上的缺点有关。因此,地基的好坏,对桥梁在地震时的安全度影响最大。

在软弱地基上,桥梁的震害不仅严重,而且分布范围广。以1976年河北唐山地震为例,该次地震在10~11度烈度区内,桥梁全部遭到极其严重的破坏。在不低于9度的烈度区内,由于沙土液化、河岸滑坡,普遍出现墩台滑移和倾斜、桥长缩短、桩柱断裂、桥梁纵向落梁、拱桥拱圈开裂或断裂等破坏。除此而外,也有上部构造产生较大横向位移,甚至横向落梁的破坏。在8度烈度区内,也有一部分桥梁遭到严重破坏。远至100 km外的7度烈度区内,仍有桥梁遭到轻微损坏。

在一般地基上,也可能产生某些桥梁震害,如墩台裂缝、因土压力增大或水平方向抵抗力降低而引起墩台的水平位移和倾斜等。但这些震害只出现在更高的烈度区内。如1923年日本关东地震时,上述震害只限于不低于11度的烈度区内。又如1976年河北唐山地震时,上述震害也只限于不低于10度的烈度区内。值得注意的是,唐山地震时,在9度烈度区内,建于沙、卵石地基上的两座多孔长桥,也遭到严重破坏,桥墩普遍开裂、折断,导致落梁。这可能是由于桥长与地震波长相近,在地震时桥梁基础产生差动,使得某些相邻桥墩向相反方向位移,造成某些桥孔的孔径有较大的增长或缩短的缘故。

2)桥梁防震原则

①勘测时查明对桥梁抗震有利、不利和危险的地段,按照避重就轻的原则,充分利用有利地段选定桥位。

②在可能发生河岸液化滑坡的软弱地基上建桥时,可适当增加桥长、合理布置桥孔,避免将墩台布设在可能滑动的岸坡上和地形突变处。并适当增加基础的刚度和埋置深度,提高基础抵抗水平推力的能力。

③当桥梁基础置于软弱黏性土层或严重不均匀地层上时,应注意减轻荷载、加大基底面积、减少基底偏心、采用桩基础。当桥梁基础置于可液化土层上时,基桩应穿过可液化土层,并在稳定土层中有足够的嵌入长度。

④尽量减轻桥梁的总质量,尽量采用比较轻型的上部构造,避免头重脚轻。对振动周期较长的高桥,应按动力理论进行设计。

⑤加强上部构造的纵、横向联结,加强上部构造的整体性。选用抗震性能较好的支座,加强上、下部的联结,采取限制上部构造纵、横向位移或上抛的措施,防止落梁。

⑥多孔长桥宜分节建造,化长桥为短桥,使各分节能互不依存地变形。

⑦用砖、石圬工和素混凝土等脆性材料修建的建筑物,抗拉、抗冲击能力弱,接缝处是弱点,易发生裂纹、位移、坍塌等病害,应尽量少用,并尽可能选用抗震性能好的钢材或钢筋混凝土。

5.1.7 水利工程的震害及防震原则

我国是一个多地震的国家,地震区域分布广且分散,地震活动频繁且强烈。由于地震具有突发性、难预测性,并可能引发火灾、海啸等严重次生灾害,一旦发生地震,带来的损害可能对经济社会、人民生活产生十分严重的影响。作为生命线工程的水利工程,在国内外的历次地震中,震损现象屡见不鲜。

（1）水利工程震害

1）土石坝的震害

土石坝的震害类型主要有：①滑坡：例如唐山大地震后，北京的密云水库出现大规模滑坡现象；②塌陷：在地震的作用下土石坝的坝体可能出现大规模的塌陷；③液化：在震动的过程中，沙土地基与筑坝的沙砾出现液化，饱水的沙砾等材料会变成流沙向四周流动，此时大坝就丧失了抗震能力；④裂缝：防渗层出现裂缝，裂缝深入发展形成渗漏通道。

2）混凝土坝的震害

混凝土坝的震害类型主要有：①裂缝：裂缝一般出现在坝体的顶部和底部，裂缝出现会削弱坝的整体稳定性和发生渗漏；②两岸坝肩滑坡：如果坝肩岩土体节理、裂隙比较发育，震后裂缝增大形成贯穿性裂缝，会导致滑坡发生。

3）水库的震害

水库的震害包括两个方面：外源地震对水库的影响和水库诱发地震的影响。水库蓄水后，由于水库地应力和构造地应力叠加，以及水库地震能量和构造地震能量叠加而诱发的地震，称为水库地震。

两者对水库的影响主要表现为：坝体裂缝、渗漏、坝坡滑塌、大坝塌陷、启闭设备变形、放水设施、溢洪道、管理房震损等。

4）其他水利工程震害

①水闸震害　裂缝为多发震害现象，发生部位多位于护坡、底板、机架桥和上下游护坦，其次是倾斜、下沉甚至断裂、倒塌，发生部位多为边墩岸墙、机架桥和闸墩。

②农田水利工程　农田水利工程是指设计简易、基础处理较为简单的水利设施，主要包括小河支流、二、三级排灌站、积水渠道及化井，农桥、闸涵、扬水站等。不同的水利设施破坏情况不尽相同，如河堤裂缝、下沉、农桥落空倒毁，小高抽压力管道扭损，集水井坍塌，厂房倒毁，设备砸坏，其他动力设施损坏，河床变形导致的建筑物隆起和不均匀沉陷，岸坡土体裂缝推动建筑物导致的闸墩、桥台、挡土墙变位倾斜等。

（2）水利工程震害的防震原则

1）做好场址地震安全性评价及明确抗震设防标准

水利工程遭受震害的程度和类型等均随地震烈度的增大而增大，高烈度区尤为显著。因此，首先要做好对库区和坝址的地震安全性评价工作；其次各类工程应该根据其库区和坝址的地震烈度及自身的重要性，明确抗震设防标准，以便拟订相应工程措施。

2）按照抗震设计规范要求做好结构设计

历次大地震的震害调查表明，凡按抗震规范设计的各类结构和工程，一般都无震害或震害较轻。抗震设计规范的作用已多次经实践检验。因此，各类工程都应该根据其抗震设防，严格按照抗震设计规范进行结构设计，采取相应的抗震措施。当遭遇设计烈度地震时，可达到"小震不坏、中震可修、大震不倒"的目标，有效减轻工程的灾害。

3）加强工程管理保证施工质量

鉴于设计和施工质量对震害的影响，应根据场地和地基条件选择合适的坝型和筑坝材料，采取适宜的基础形式和上部结构形式，做好防渗、防裂、防冲蚀等工程措施，坝体填土要达到一定的密实程度，预留足够的震陷超高，尽量避免在土石坝下埋设输水管等；同时，在施工期间，必须严格管理，保证施工质量，避免产生震害的人为因素。

4)适当提高水利工程易震损部位抗震等级

从汶川地震中水利工程的震害类型来看,裂缝占 71.4%、塌陷占 34.3%、渗漏占 21.4%。因此,在抗震设计时,可适当提高易震损部位的抗震等级,如在其易损部位增设加强箍,增强其整体连接性等;同时,在汶川地震中水利工程的附属结构,如泄洪、厂房进水口闸门操作的排架柱结构等震损严重,可适当提高这些附属结构的抗震水平,避免震后次生灾害的发生。

5)建立测震台网,做好地震预警预报工作

水利工程抗震除采取工程抗震方法外,还可以通过建立地震台网,预测地震的发生,并结合地电、地磁、地下水等地震前兆,进行综合分析,提出地震预警、预报。人们可在地震发生前逃出,水利工程也能采取紧急措施,如放空水库、提前关闭机组,对水利工程要害部位采取相应的抗震措施等,减少地震灾害损失,减少人员伤亡。

5.2 滑坡与崩塌

5.2.1 滑坡

斜坡上的部分岩体和土体在自然或人为因素的影响下沿某一明显的界面发生剪切破坏向下运动的现象称为滑坡(landslide)。

规模大的滑坡一般是缓慢地、长期地往下滑动,有些滑坡滑动速度也很快,其过程分为蠕动变形和滑动破坏阶段,但也有一些滑坡表现为急剧的运动,以每秒几米甚至几十米的速度下滑,如 1967 年四川雅茗江某地滑坡,在几分钟内就有 6 800 万 m³ 的土石全部滑下(称崩坍性滑坡)。当 6 800 万 m³ 土石滑入河谷后,形成高达 175~355 m 的天然堆石坝,堵断江水九天九夜,溢流溃坝后,又形成高达 40 m 的特大洪流,汹涌而下,冲毁了下游一些农田、房屋和道路。又如 1983 年 3 月发生的甘肃东乡洒勒山滑坡最大滑速可达 30~40 m/s。滑坡多发生在山地的山坡、丘陵地区的斜坡、岸边、路堤或基坑等地带。滑坡对工程建设的危害很大,轻则影响施工,重则破坏建筑;由于滑坡,常使交通中断,影响公路的正常运输。大规模的滑坡,可以堵塞河道,摧毁公路,破坏厂矿,掩埋村庄,对山区建设和交通设施危害很大。西南地区(云、贵、川、藏)是我国滑坡分布的主要地区,不仅滑坡的规模大,类型多,而且分布广泛,发生频繁,危害严重。在云南省几乎每条公路上都有不同规模的滑坡发生。贵州的贵黄公路,四川的川藏公路、成阿公路、巴峨公路等均遭受过滑坡的严重危害。又如某铁路桥,当桥的墩台竣工后,由于两侧岸坡发生滑动,架梁时发现各墩均有不同程度的垂直和水平位移,墩身混凝土开裂,经整治无效,被迫放弃而另建新桥。贵昆铁路某隧道出口段,由于开挖引起了滑坡,推移和挤裂了已成的隧道,经整治才趋于稳定。这些实例,充分说明滑坡对工程建设危害的严重性。

(1)滑坡要素及特征

1)滑坡要素

一个发育完全的滑坡,一般都具有下列各要素(图 5.5)。滑坡发生后,滑动部分和母体完全脱开,这个滑动部分就是滑坡体(slide mass)。它和其周围没有滑动部分在平面上的分界线称为滑坡周界。滑坡作向下滑动时,它和母体形成一个分界面,这个面称为滑动面(sliding surface)。滑动面以下没有滑动的岩(土)体称为滑坡床(slide bed)。滑动面以上受滑动揉皱的地带,称为滑动带(sliaing zone),厚几厘米到几米。滑坡体滑动速度最快的纵向线称为主滑线,或称滑坡轴(sliding axis),它代表整个滑坡的滑动方向,一般位于滑坡体上推力最大、滑床凹槽最深(滑坡体最厚)的纵断面上;在平面上可为直线或曲线。滑坡滑动后,滑坡体后部和母体脱开的分界面暴露在外面的部分,平面上多呈圈椅状外貌,称为滑坡壁(slide wall)。在滑坡体上部由于各段岩(土)体运动速度的不同所形成台阶状的滑坡错台,称为滑坡台阶(slide bench),常为积水洼地。滑坡体与滑坡壁之间拉开成沟槽,成为四面高而中间低的封闭洼地,此处常有地下水出现,或地表水汇集,成为清泉湿地或水塘。滑坡体向前滑动时如受到阻碍,就形成隆起的小丘,称为滑坡鼓

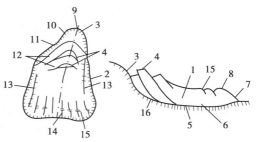

图 5.5　滑坡要素

1—滑坡体;2—滑坡周界;3—滑坡壁;
4—滑坡台阶;5—滑动面;6—滑动带;
7—滑坡舌;8—滑动鼓丘;9—滑坡轴;
10—破裂线;11—封闭洼地;12—拉张裂缝;13—剪切裂缝;14—扇形裂缝;
15—鼓胀裂缝;16—滑坡床

丘。滑坡体的前部向前伸出如舌头状,称为滑坡舌(tongue of landslide)或滑坡头。

从外表上看,滑坡体各部还出现各种裂缝,如拉张裂缝(分布在滑坡体的上部,多呈弧形,与滑坡壁的方向大致吻合或平行,一般成连续分布,长度和宽度都较大。它是产生滑坡的前兆)、剪切裂缝(分布在滑坡体中部的两侧,缝的两侧还常伴有羽毛状裂缝)、鼓胀裂缝(分布在滑坡体的下部,因滑坡体下滑受阻,土体隆起而形成张开裂缝,它们的方向垂直于滑动方向,分布较短,深度也较浅)以及扇形张裂缝(分布在滑坡体的中、下部,特别在滑坡舌部分较多,因滑坡体滑到下部,向两侧扩散,形成张开的裂缝,在中部的与滑动方向接近平行,在滑舌部分则成放射状)。这些裂缝是滑坡不同部位受力状况和运动差异性的反映,对判别滑坡所处的滑动阶段和状态等很有帮助。如滑坡区纵向很长,上部剪切裂缝明显,下部不明显、则属推移式滑坡;反之,如滑坡体从下而上出现拉张裂缝,而下部剪切裂缝发育完全,上部断续,则多属牵引式滑坡。

2)滑坡的特征

根据滑坡地表形态的特征,有助于识别新、老滑坡,现把堆积层滑坡和岩层滑坡的一些特征扼要说明如下:

堆积层滑坡常有如下的主要特征:①其外形多呈扁平的簸箕形;②斜坡上有错距不大的台阶,上部滑壁明显,有封闭洼地,下部则常见隆起;③滑坡体上有弧形裂缝,并随滑坡的发展而逐渐增多;④滑动面的形状在均质土中常呈圆筒面,而在非均质土中则多一个或几个相连的平面;⑤在滑坡体两侧和滑动面上常出现裂缝,其方向与滑动方向一致,在黏性土层中,由于滑动时剧烈的摩擦,滑动面光滑如镜,并有明显的擦痕,呈一明一暗的条纹;⑥在黏土夹碎石层中,则滑动面粗糙不平,擦痕尤为明显;⑦滑坡体上树木歪斜,成为"醉林"。

岩层滑坡的主要特征有:①在顺层滑坡中,滑动床的剖面多呈平面或多级台阶状,其形状受地貌和地质构造所限制,多呈"U"形或平板状;②滑动床多为具有一定倾角的软弱夹层;③滑动面光滑,有明显的擦痕;④滑坡壁多上陡下缓,它与其两侧有互相平行的擦痕和岩石粉末;⑤在滑坡体的上、中部有横向拉张裂缝,大体上与滑动方向正交,而在滑坡床部位则有扇形张裂缝;⑥发生在破碎的风化岩层中的切层滑坡,常与崩塌现象相似。

当滑坡停止并经过较长时间后,可以看到:①台阶后壁较高,长满了草木,找不到擦痕;②滑坡平台宽大且已夷平,土体密实,地表无明显的裂缝;③滑坡前缘的斜坡较缓,土体密实,长满树木,无松散坍塌现象,前缘迎河部分多出露含大孤石的密实土层;④滑坡两侧的自然沟割切很深,已达基岩;⑤滑坡舌部的坡脚有清澈泉水出现;⑥原来的"醉林"又重新向上竖向生长,树干变成下部弯曲而上部斜向,形成所谓"马刀树"(图5.6)等,这些特征表明滑坡已基本稳定。

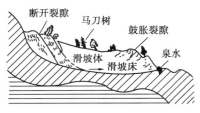

图5.6 滑坡特征

滑坡稳定后,如触发滑动的因素已经消失,滑坡就将长期稳定;否则,还可能重新滑动或复活。

(2)滑坡分类

滑坡可以按不同的方法进行分类,了解其分类将有助于选择相应的整治措施。

1)按滑动时力的作用分类

①推移式滑坡 主要是由于在斜坡上方不恰当的加载(如造建筑物、弃土等)所引起,上部先滑动,而后推动下部一起滑动,一般用卸荷的办法来整治。

②牵引式滑坡 主要是由于在坡脚任意挖方所引起,下部先滑动,而后牵引上部接着下滑,好像火车头牵引车厢,一节一节牵引滑动,一般用支挡的办法来治理。

2)按组成滑坡的主要物质成分分类

①堆积层(包括残积、坡积、洪积等成因)滑坡 这些堆积层常由崩塌、坍方、滑坡或泥石流等所形成。滑动时,或沿下伏基岩的层面滑动,或沿土体内不同年代或不同类型的层面滑动,以及堆积层本身的松散层面滑动。当它们是由于滑体下部松散湿软而滑动时,运动往往急剧;如由于其上部受土中水浸湿,则常沿较干燥的不透水层的顶面滑动。滑坡体厚度一般从几米到几十米。

②黄土滑坡 多发生在不同时期的黄土层中,常见于高阶地前缘斜坡上,多群集出现。大部分深、中层滑坡在滑动时变形急剧,速度快,规模和动能大,破坏力强,具有崩塌性,危害较大。它的产生常与裂隙及黄土对水的不稳定性有关。

③黏土滑坡 主要是指发生在平原或较平坦的丘陵地区的黏土层(如成都黏土、红黏土以及山西一些黏土岩的残积土等)中的滑坡,这些黏土多具有网状裂隙。除在黏土层内滑动外,常沿下伏基岩或其他土层层面滑动。一般以浅层滑坡居多,但有时滑坡体的厚度也可达十几米。

④岩层滑坡 各种岩层的滑坡,较常见的有由沙、页岩组成的岩层、片状的岩层(如片岩、千枚岩等)、泥灰岩等岩层。它们以顺层滑坡(图5.7)最为多见,滑动面是层面或软弱结构面;但当岩层节理顺着山坡倾斜时,虽层面倾斜背向山坡,在一定条件下也可能产生切层滑坡(图5.8),它们在河谷地段较为常见。

 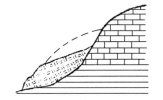

(a)沿岩层层面滑动　　(b)沿坡积层与基岩交接面滑动

图5.7 顺层滑坡示意图

3)按滑动面通过各岩(土)层的情况分类

①均匀土滑坡　又称同类土滑坡,多发生在均匀土或风化强烈的岩层中,滑动面常近似为一圆筒面,均匀光滑。

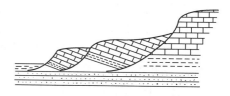

图 5.8　切层滑坡示意图

②顺层滑坡　这类滑坡是沿着斜坡岩层面或软弱结构面发生滑动,特别当松散土层与基岩的接触面的倾向与斜坡的坡面一致时更为常见,它们的滑动面常呈平坦阶梯面,如图 5.7(a)所示。高陡斜坡上岩层的顺层滑坡往往滑动很快,有如山崩。

③切层滑坡　这类滑坡的滑动面切割了不同岩层,并形成滑坡台阶,如图 5.8 所示。在破碎的风化岩层中所发生的切层滑坡常与崩塌类似,这类滑坡比较少。

4)按滑坡体的体积分类

①小型滑坡,滑坡体体积小于 3 万 m^3。

②中型滑坡,滑坡体体积为 3 万~50 万 m^3。

③大型滑坡,滑坡体体积为 50 万~300 万 m^3。

④特大型滑坡,滑坡体体积大于 300 万 m^3。

5)按滑坡体的厚度分类

①浅层滑坡,滑坡体厚度小于 6 m。

②中层滑坡,滑坡体厚度为 6~20 m。

③深层滑坡,滑坡体厚度大于 20 m。

(3)滑坡的形成条件

1)滑坡发育的内部条件

产生滑坡的内部条件与组成边坡的岩土的性质、结构、构造和产状等有关。不同的岩土,它们的抗剪强度、抗风化和抗水的能力都不相同,如坚硬致密的硬质岩石,它们的抗剪强度较大,抗风化的能力也较高,在水的作用下岩性也基本没有变化,因此,由它们所组成的边坡往往不容易发生滑坡;反之,如页岩、片岩以及一般的土则恰恰相反。因此,由它们所组成的边坡就较易发生滑坡。从岩土的结构、构造来说,主要的是岩(土)层层面、断层面、裂隙等的倾向对滑坡的发育有很大的关系。同时,这些部位又易于风化,抗剪强度也低。当它们的倾向与边坡坡面的倾向一致时,就容易发生顺层滑坡以及在堆积层内沿着基岩面滑动;否则,反之。边坡的断面尺寸对边坡的稳定性也有很大的关系。边坡越陡,其稳定性就越差,越易发生滑动。如果坡高和边坡的水平长度都相同,但一个是放坡到顶,而另一个却是在边坡中部设置一个平台,由于平台对边坡起了反压作用,就增加了边坡的稳定性。此外,滑坡若要向前滑动,其前沿就必须要有一定的空间;否则,滑坡就无法向前滑动。山区河流的冲刷、沟谷的深切以及不合理的大量切坡都能形成高陡的临空面,而为滑坡的发育提供了良好的条件。总之,当边坡的岩性、构造和产状等有利于滑坡的发育,并在一定的外部条件下引起边坡的岩性、构造和产状等发生变化时,就能发生滑坡。

实践表明:在下列不良地质条件下往往容易发生滑坡,例如:①当较陡的边坡上堆积有较厚的土层,其中有遇水软化的软弱夹层或结构面;②当斜坡上有松散的堆积层,而下伏基岩是不透水的,且岩层面的倾角大于 20°时;③当松散堆积层下的基岩是易于风化或遇水会软化时;④当地质构造复杂,岩层风化破碎严重,软弱结构面与边坡的倾向一致或交角小于 45°时;

⑤当黏土层中网状裂隙发育,并有亲水性较强的(如伊利土、蒙脱土)软弱夹层时;⑥原古、老滑坡地带可能因工程活动而引起复活时;等等。

综上所述,边坡的岩土的性质、结构、构造和产状对边坡的稳定性往往起着决定性的作用。但仅仅具备上述内部条件,还只是具备了滑坡的可能性,还不足以立即发生滑坡,必须有一定的外部条件的补充和触发,才能使滑坡发生。

2)滑坡发育的外部条件

主要有水的作用,不合理的开挖和坡面上的加载、震动、采矿等而又以前两者为主。

调查表明:90%以上的滑坡与水的作用有关。水的来源不外乎大气降水、地表水、地下水、农田的灌溉的渗水、高位水池和排水管道等的漏水等。但无论来源怎样,一旦水进入斜坡岩(土)体内,它将增加岩土的重度和软化作用,降低岩土的抗剪强度;产生静水压力和动水力;冲刷或潜蚀坡脚,对不透水层上的上覆岩(土)层起了滑润作用;当地下水在不透水层顶面上汇集成层时它还对上覆地层产生浮力等。总之,它将改变组成边坡的岩土的性质、状态、结构和构造等。因此,不少滑坡在旱季接近稳定,而一到雨季就急剧活动,形成"大雨大滑,小雨小滑,无雨不滑"。生动地说明了雨水和滑坡的关系。山区建设中还常由于不合理的开挖坡脚或不适当的在边坡上填置弃土、建造房屋或堆置材料,以致破坏斜坡的平衡条件而发生滑动。

震动对滑坡的发生和发展也有一定的影响,如大地震时往往伴有大滑坡发生,大爆破有时也会触发滑坡。

贵州省曾调查了24个滑坡,其中有14个是在雨季或暴雨时发生的。哥伦比亚道路边坡滑动调查结果表明,70.3%主要的直接原因是高降雨量,24.4%是由人工削坡脚、侵蚀或水流切割引起,其余因素是滑坡顶部超载、排水系统堵塞、滑带中水的排出、小溪流河床侵蚀、植被破坏等,所占百分比很小。

(4)滑坡勘察

滑坡勘察就是通过调查、勘探、观测、试验等手段以查明滑坡的类型及要素,分析滑动的原因和稳定程度,并预测其发展趋势,为防治滑坡提供所需的工程地质资料和建议(详见第6章6.2.5小节)

(5)滑坡防治原则和方法

防治滑坡应当贯彻早期发现,预防为主;查明情况,对症下药;综合整治,有主有从;治早治小,贵在及时;力求根治,以防后患;因地制宜,就地取材;安全经济,正确施工的原则,才能达到事半功倍的效果。

防治滑坡的措施和方法有:

1)避开

选择场址时,通过搜集资料、调查访问和现场踏勘,查明是否有滑坡存在,并对场址的整体稳定性作出判断,对场址有直接危害的大、中型滑坡应避开为宜。

2)消除或减轻水对滑坡的危害

水是促使滑坡发生和发展的主要因素,应尽早消除或减轻地表水和地下水对滑坡的危害,其方法有:

①截 在滑坡体可能发展的边界5 m以外的稳定地段设置环形截水沟(或盲沟),以拦截和旁引滑坡范围外的地表水和地下水,使之不进入滑坡区(图5.9和图5.10)。

②排　在滑坡区内充分利用自然沟谷,布置成树枝状排水系统,或修筑盲洞（泄水隧洞）、支撑盲沟和布置垂直孔群及水平孔群等排除滑坡范围内的地表水和地下水（图 5.11）。例如,瑞士阿尔卑斯山布朗沃德的村庄位于一个 3~4 km² 范围的巨型滑坡上,移动体厚达 150 m。覆盖了高过主要河谷的大台地,位移沿山坡向下增加,并且不一样,已危及坐落在接近下部的旅游中心。由于非稳定区的地形和规模巨大,要整体稳定是不可能

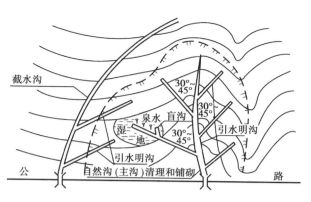

图 5.9　树枝状排水系统平面布置示意图

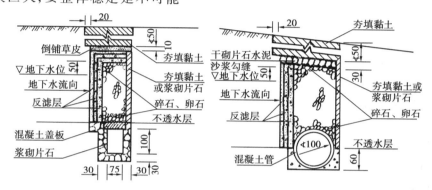

图 5.10　截水盲沟断面示意图

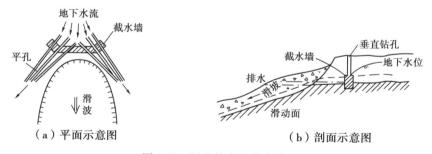

（a）平面示意图　　　　　　　　（b）剖面示意图

图 5.11　平孔排水及截水墙

的。因此在非稳定体上打了一排大钻孔,孔中充填砾石,然后由一些布置在接近滑面上部的水平排水子管连接,在排水区范围内,位移减少且停止了滑坡前部的侵蚀。这是一个大型滑坡部分排水部分稳定突出的例子。

③护　在滑坡体上种植草皮及种植蒸发量大的树木或在滑坡上游严重冲刷地段修筑"丁"坝,改变水流流向和在滑坡前缘抛石、铺石笼等以防地表水对滑坡坡面的冲刷或河水对滑坡坡脚的冲刷。

④填　用黏土填塞滑坡体上的裂缝,防止地表水渗入滑坡体内。

3)改善滑坡体力学条件,增大抗滑力

①减与压　对于滑床上陡下缓,滑体头重脚轻的或推移式滑坡,可在滑坡上部

$(\sin \alpha-\cos \alpha\tan \phi)$为正值的主滑地段减重或在前部$(\sin \alpha-\cos \alpha\tan \phi)$为负值的抗滑地段加填压脚,以达到滑体的力学平衡(图5.12),其中α为滑坡倾角,ϕ为土的内摩擦角。对于小型滑坡可采取全部清除。减重后应验算滑面从残存滑体薄弱部分剪出的可能性。

②挡 设置支挡结构(加抗滑片石垛,抗滑挡墙、抗滑桩等)以支挡滑体或把滑体锚固在稳定地层上。由于能比较少地破坏山体,有效地改善滑体的力学平衡条件,故"挡"是目前用来稳定滑坡的有效措施之一。

A.抗滑土垛

在滑坡下部填土,以增加抗滑部分的全体质量。如在滑坡上部减重,将弃土移于下部做土垛,则可增加斜坡的稳定性。土垛一般只能作为整治滑坡的临时措施。

B.抗滑片石垛

一般用于滑体不大、自然坡度平缓、滑动面位于路基附近或坡脚下部较浅处的滑坡。主要是依靠片石垛的质量,以增加抗滑力的一种简易抗滑措施。片石垛可用片石干砌或竹笼、木笼堆成。

C.抗滑挡土墙

在滑坡下部修建抗滑挡土墙是整治滑坡经常采用的有效措施之一。对于大型滑坡,常作为排水、减重等综合措施的一部分;对于中、小型滑坡,常与支撑渗沟联合使用。优点是山体破坏少,稳定滑坡收效快。但应用时必须弄清滑坡的性质、滑体结构、滑面层位、层数、滑体的推力及基础的地质情况。否则,易使墙体变形而失效。

抗滑挡土墙,因其受力条件、材料和结构不同而有多种类型,一般多采用重力式抗滑挡土墙,为了增强墙的稳定性和增大抗滑力,常在墙背设置平台,将基底做成逆坡或锯齿状,如图5.13所示。

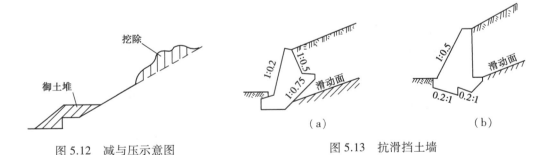

图5.12 减与压示意图   图5.13 抗滑挡土墙

抗滑挡土墙与一般挡土墙的主要区别在于所承受的土压力的大小、方向、分布和作用点不同。抗滑挡土墙所承受的土压力,是按滑坡推力计算确定的,计算方法参考有关资料。

D.抗滑桩

抗滑桩是一种用桩的支撑作用稳定滑坡的有效抗滑措施。一般适用于非塑体浅层和中厚层滑坡前缘。如用重力式支挡建筑物圬工量过大,施工困难,而抗滑桩设置位置灵活,可以分散使用,省时省料,破坏滑体很少,便于施工,易于抢成,并能立即产生抗滑作用。在国内外整治滑坡的工程中,已逐步推广使用。

抗滑桩按制作材料分,有混凝土桩、钢筋混凝土桩及钢桩;按断面形式分,有圆柱、管桩、方桩及"H"形桩;按布置形式分,有间隔式、密排式、单排式及多排式(图5.14);按施工方法分,有打入法、钻孔法、挖孔法等。

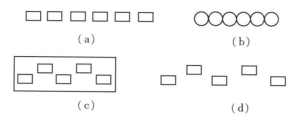

图 5.14　抗滑桩的平面布置和形式

对于浅层滑坡或路基边坡滑坡,可用混凝土桩或混凝土钻孔桩(图 5.15),使滑体稳定。对于岩层整体性强、滑动面明确的浅层或中厚层滑坡,当修建抗滑挡土墙圬工量大,或因开挖坡脚易引起滑动时,可在滑坡前缘设置混凝土或钢筋混凝土钻孔桩。对于推力较大的大型滑坡,可采用大截面的挖孔桩,采用分排间隔设桩或与轻型抗滑挡土墙结合的形式,以分散滑坡推力,减小每级抗滑建筑物的圬工体积。抗滑桩设计计算参考有关资料。

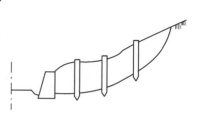

图 5.15　抗滑桩示意图

E.锚杆

锚杆是通过锚杆把斜坡上被软弱结构面切割的板状岩体组成一稳定的结合体,并利用锚杆与岩体密贴所产生的摩阻抗力来阻止岩块向下滑移的一种拦挡措施。对一些顺层滑坡,由于坡脚开挖路堑或半路堑,可能牵引斜坡上部产生多级滑坍,难于清理。如事先采用锚杆加固(图 5.16)可以阻止斜坡岩层产生滑动。

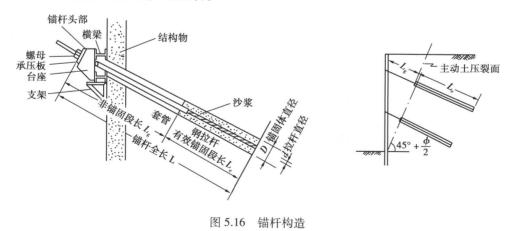

图 5.16　锚杆构造

4)改善滑带土的性质

采用焙烧法、灌浆法、孔底爆破灌注混凝土、沙井、沙桩、电渗排水及电化学加固等措施改变滑带土的性质,使其强度指标提高,以增强滑坡的稳定性。

5.2.2　崩塌和岩堆

在山区比较陡峻的山坡上,巨大的岩体或土体在自重作用下,脱离母岩,突然而猛烈地由高处崩落下来,这种现象称为崩塌(dilapidation),如图 5.17 所示。崩塌也可以发生在河流、湖

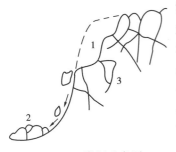

图 5.17　崩塌示意图
1—崩塌体；2—堆积块石；
3—裂隙切割的边坡岩体

泊及海边的高陡岸坡上,也可以发生在公路路堑的高陡边坡上。规模巨大的崩塌也称为山崩。由于岩体风化、破碎比较严重,山坡上经常发生小块岩石的坠落,这种现象称为碎落。一些较大岩块的零星崩落称为落石。在崩塌地段修筑路基:小型的崩塌一般对行车安全及路基养护工作影响较大,雨季中的小型崩塌会堵塞边沟,引起水流冲毁路面、路基;大型崩塌不仅会损坏路面、路基,阻断交通,甚至会迫使放弃已成道路的使用。

经常发生崩塌的山坡坡脚,由于崩落物的不断堆积,就会形成岩堆。在岩堆地区,岩堆常沿山坡或河谷谷坡呈条带状分布,连续长度可达数千米至数十千米。

在不稳定的岩堆上修筑路基,容易发生边坡坍塌、路基沉陷及滑移等现象。

(1)崩塌的形成条件及因素

①地形　险峻陡峭的山坡是产生崩塌的基本条件。山坡坡度一般大于45°,而以55°~75°者居多。

②岩性　节理发达的块状或层状岩石,如石灰岩、花岗岩、沙岩、页岩等均可形成崩塌。厚层硬岩覆盖在软弱岩层之上的陡壁最易发生崩塌,如图5.18所示。

③构造　当各种构造面,如岩层层面、断层面、错动面、节理面等,或软弱夹层倾向临空面且倾角较陡时,往往会构成崩塌的依附面。

④气候　温差大、降水多、风大风多、冻融作用及干湿变化强烈。

图 5.18　差异风化形成的崩塌

⑤渗水　在暴雨或久雨之后,水分沿裂隙渗入岩层,降低了岩石裂隙间的黏聚力和摩擦力,增加了岩体的质量,就更加促进崩塌的产生。

⑥冲刷　水流冲刷坡脚,削弱了坡体支撑能力,使山坡上部失去稳定。

⑦地震　地震会使土石松动,引起大规模的崩塌。

⑧人为因素　如在山坡上部增加荷重,切割了山坡下部,大爆破的震动等。

(2)人工开挖边坡造成的崩塌

公路路堑开挖过深、边坡过陡,或者由于切坡使软弱结构面暴露,都会使边坡上部岩体失去支撑,引起崩塌。

(3)崩塌的防治

崩塌的治理应以根治为原则,当不能清除或根治时,可采取下列综合措施:

①遮挡　可修筑明洞、棚洞等遮挡建筑物使线路通过,如图5.19和图5.20所示。如成昆铁路K246+017~144王村的悬臂式棚洞。

②拦截防御　当线路工程或建筑物与坡脚有足够距离时,可在坡脚或半坡设置落石平台、落石网、落石槽、拦石堤或挡石墙、拦石网,如图5.21和图5.22所示。

③支撑加固　在危石的下部修筑支柱、支墙,也可将易崩塌体用锚索、锚杆与斜坡稳定部分联固。

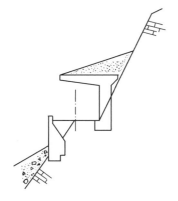

图 5.19　半填半挖路基的悬臂式棚洞

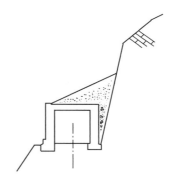

图 5.20　半路堑棚洞

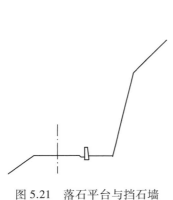

图 5.21　落石平台与挡石墙

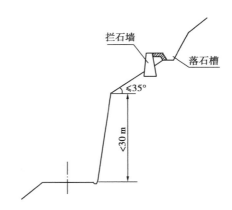

图 5.22　落石槽与挡石

④镶补勾缝　对岩体中的空洞、裂缝用片石填补、混凝土灌注,如图 5.23 和图 5.24 所示。

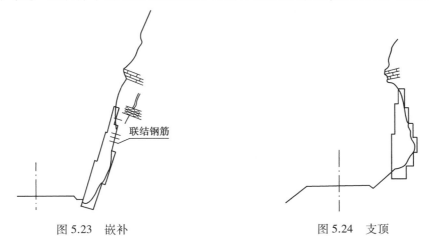

图 5.23　嵌补　　　　　　　　　　　　图 5.24　支顶

⑤护面　对易风化的软弱岩层,可用沥青、砂浆或浆砌片石护面,如图 5.25 和图 5.26 所示。

⑥排水　设排水工程以拦截疏导斜坡地表水和地下水。

⑦刷坡　在危石突出的山嘴及岩层表面风化破碎不稳定的山坡地段,可刷缓山坡。

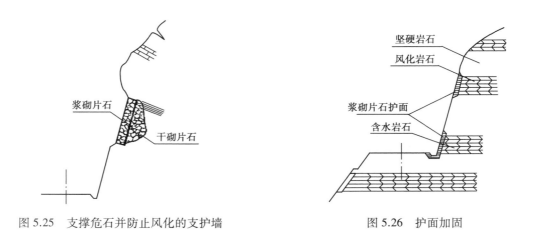

图 5.25　支撑危石并防止风化的支护墙　　　　图 5.26　护面加固

5.3　泥　石　流

　　泥石流(debris flow)是山区特有的一种自然地质现象。它是由于降水(暴雨、融雪、冰川)而形成的一种挟带大量泥沙、石块等固体物质,突然爆发,历时短暂,来势凶猛,具有强大破坏力的特殊洪流。

　　泥石流与一般洪水不同,它爆发时,山谷雷鸣,地面震动,浑浊的泥石流体,仗着陡峻的山势,沿着峡谷深涧,前推后涌,冲出山外。往往在顷刻之间给人们造成巨大的灾害。如 1973 年7 月,苏联中亚小阿拉木图河谷突然发生强烈泥石流。其发生原因与位于阿尔泰山区冰积土上的冰川湖有关。高山冰川融化后,积于湖中的水突然涌入河谷。巨大水流向阿拉木图市方向倾泻。水流沿途捕获泥土、沙石及体积达 45 m^3、重达 120 t 的巨大漂砾,形成了一股具有巨大能量的泥石流。一瞬间,它摧毁了沿途所遇到的一切防护物。只有中心高 112 m、宽 500 m的专门石坝才抵住了此次巨大的冲击,使阿拉木图市免遭破坏。这次泥石流的强度之大,使原来按 100 年设计的泥石流库一次就堆满了 3/4。

　　在我国西南、西北和华北的一些山区,均发育有泥石流,危害着山区的工农业生产和人民生活。对泥石流及其防治的研究工作具有重要意义。

5.3.1　泥石流的分类及形成条件

　　分布在不同地区的泥石流,其形成条件、发展规律、物质组成、物理性质、运动特征及破坏强度等都具有差异性。

(1)泥石流的分类

1)按其流域的地质地貌特征分

　　①标准型泥石流　这是比较典型的泥石流,流域呈扇状,流域面积一般为十几至几十平方千米,能明显地区分出泥石流的形成区(多在上游地段,形成泥石流的固体物质和水源主要集中在此区)、流通区和堆积区,如图 5.27(a)所示。

　　②河谷型泥石流　流域呈狭长形,流域上游水源补给较充分。形成泥石流的固体物质主要来自中游地段的滑坡和塌方。沿河谷既有堆积,又有冲刷,形成逐次搬运的"再生式泥石

流",如图 5.27(b)所示。

③山坡型泥石流　流域面积小,一般不超过 1 km²。流域呈斗状,没有明显的流通区。形成区直接与堆积区相连,如图 5.27(c)所示。

（a）泥石流流域示意图　（b）河谷型泥石流流域示意图　（c）山坡型泥石流流域示意图

图 5.27

2)泥石流按其组成物质分

①泥流　所含固体物质以黏土、粉土为主(占 80%~90%),仅有少量岩屑碎石,黏度大,呈不同稠度的泥浆状。主要分布于甘肃的天水、兰州及青海的西宁等黄土高原山区和黄河的各大支流,如渭河、建水、洛河、泾河等地区。如 1964 年 7 月 20 日夜间兰州洪水沟暴发一次规模较大的泥流,冲进居民区,造成较大损失。

②泥石流　固体物质由黏土、粉土及石块、沙砾所组成。它是一种比较典型的泥石流类型。西藏波密地区、四川西昌地区、云南东川地区及甘肃武都地区的泥石流,大都属于此类。如 1972 年川藏公路某段对岸山坡,两条沟谷先后暴发泥石流堵断天全河,水位急涨淹没公路,严重阻碍交通。

③水石流　固体物质主要是一些坚硬的石块、漂砾、岩屑及沙等,粉土和黏土含量很少,一般小于 10%,主要分布于石灰岩、石英岩、大理岩、白云岩、玄武岩及沙岩分布地区。如陕西华山、山西太行山、北京西山及辽东山地的泥石流多属此类,这与形成区的地质岩性有关。

3)泥石流按其物理力学性质、运动和堆积特征分

①黏性泥石流　黏性泥石流(又称结构泥石流),含有大量的细粒物质(黏土和粉土)。固体物质含量占 40%~60%,最高可达 80%。水和泥沙、石块凝聚成一个黏稠的整体,并以相同的速度作整体运动。大石块犹如航船一样漂浮而下。这种泥石流的运动特点,主要是具有很大的黏性和结构性。黏性泥石流在开阔的堆积扇上运动时,不发生散流现象,而是以狭窄的条带状向下奔泻。停积后,仍保持运动时的结构。堆积体多呈长舌状或岛状。由于黏性泥石流在运动过程中有明显的阵流现象,使得堆积扇的地面坎坷不平。这与由一般洪水或冰水作用形成的山麓堆积扇显著不同。黏性泥石流流经弯道时,有明显的外侧超高和爬高现象及截弯取直作用。在沟槽转弯处,它并不一定循沟床运行,而往往直冲沟岸,甚至可以爬越高达 5~10 m 的阶地、陡坎或导流堤坝,夺路外泄。同时,这种泥石流往往以"突然袭击"的方式骤然爆发,持续时间短,破坏力大,常在几分钟或几小时内把几万甚至几百万立方米的泥沙石块和巨砾搬出山外,造成巨大灾害。

②稀性泥石流　稀性泥石流(又称紊流型泥土流)是水和固体物质的混合物。其中水是主要的成分,固体物质中黏土和粉土含量少,因而不能形成黏稠的整体。固体物质占 10%~40%。这种泥石流的搬运介质主要是水。在运动过程中,水与泥沙组成的泥浆速度远远大于石块运动的速度。固液两种物质运动速度有显著的差异,属紊流性质。其中的石块以滚动或跃移的方式下泄。稀性泥石流在堆积扇地区呈扇状散流,岔道交错,改道频繁,将堆积扇切成一条条深沟。这种泥石流的流动过程是流畅的,不易造成阻塞和阵流现象。停积之后,水与泥浆即慢慢流失,粗粒物质呈扇状散开,表面较平坦。稀性泥石流有极强烈的冲刷下切作用,常在短暂的时间内把黏性泥石流填满的沟床下切成几米或十几米的深槽。

(2)泥石流的形成条件

根据泥石流的特征,要形成泥石流必须具备一定的条件。首先,流域内应有丰富的固体物质、并能源源不断地补给泥石流;其次,要有陡峻的地形和较大的沟床纵坡;最后,在流域的中、上游,应有由强大的暴雨或冰雪强烈消融及湖泊的溃决等形式补给的充沛水源。凡是具备这三种条件的地区,就会有泥石流发育。此外,泥石流的形成除与山区的自然条件有关外,尚和人类生产活动有密切关系。

丰富的固体物质来源决定于地区的地质条件。凡泥石流十分活跃的地区都是地质构造复杂、断裂褶皱发育、新构造运动强烈、地震烈度大的地区。由于这些原因,致使地表岩层破碎,各种不良物理地质现象(如山崩、滑坡、崩塌等)层出不穷。为泥石流的丰富的固体物质来源创造了有利条件。

泥石流流域的地形特征也很重要。一般是山高沟深,地势陡峻,沟床纵坡大及流域形状便于水流的汇集等。完整的泥石流流域,上游多为三面环山、一面有出口的瓢状或斗状围谷。这样的地形既有利于承受来自周围山坡的固体物质,也有利于集中水流。山坡坡度多为 30°~60°,坡面侵蚀及风化作用强烈,植被生长不良,山体光秃破碎,沟道狭窄。在严重的坍方地段,沟谷横断面形状呈"V"形。中游,在地形上多为狭窄而幽深的峡谷。谷壁陡峻(坡度在 20°~40°),谷床狭窄,纵比降大,沟谷横断面形状呈"U"形。如通过坚硬的岩层地段,往往形成陡坎或跌水。大股泥石流常常迅速通过峡谷直泄山外。小股泥石流到此有时出现壅高停积现象。当后来的泥石流继续推挤时,才一拥而出,成为下游所见破坏力很大的泥石流。泥石流的下游,一般位于山口以外的大河谷地两侧,多呈扇形或锥形,是泥石流得以停积的场所。

形成泥石流的水源决定于地区的水文气象条件。我国广大山区形成泥石流的水源主要来自暴雨。暴雨量和强度越大,所形成的泥石流规模也就越大。如我国云南东川地区,一次在 6 h 内降雨量达 180 mm,形成了历史上少见的特大暴雨型泥石流。在高山冰川分布地区,冰川积雪的强烈消融也能为形成泥石流提供大量水源,冰川湖或由山崩、滑坡堵塞而成的高山湖的突然溃决,往往形成规模极大的泥石流。这样的例子在西藏东南部是很多的。

除自然条件外,人类的经济活动也是影响泥石流形成的一个因素。在山区建设中,由于开发利用不合理,就会破坏地表原有的结构和平衡,造成水土流失,产生大面积坍方、滑坡等。这就为形成泥石流提供了固体物质,使已趋稳定的泥石流沟复活,向恶化方向发展。

从形成泥石流的条件中可以看出,泥石流流域内固体物质的产生过程(即岩石性质的变化,岩体的破碎)是一个漫长的逐渐积累的过程,而固体物质补给泥石流又常常是以突然性的山崩、滑坡、崩塌等方式来实现。当这些固体物质崩落在陡峻的沟谷中与湍急的水流相遇时,才能形成泥石流。总之,固体物质的积累过程(包括水对固体物质的浸润饱和和搅拌过程),

较之泥石流的突然暴发,是一个缓慢的孕育过程。当这个过程完成时,随之而来的就是来势凶猛的泥石流了。这一特点,对于认识泥石流的分布规律,爆发率及其特征,具有重要意义。

根据泥石流的形成条件,泥石流具有一定的区域性和时间性的特点。泥石流在空间分布上,主要发育在温带和半干旱山区以及有冰川分布的高山地区。在时间上,泥石流大致发生在较长的干旱年头之后(积累了大量的固体物质),而多集中在强度较大的暴雨年份(提供了充沛的水源动力)或高山区冰川积雪强烈消融时期。

我国泥石流主要分布于西南、西北和华北山区。如四川西部山区,云南西部和北部山区,西藏东部和南部山区,秦岭山区,甘肃东南部山区,青海东部山区,祁连山、昆仑山及天山山区,华北太行山和北京西山地区,鄂西、豫西山区,等等。

典型的泥石流流域,从上游到下游一般可分为 3 个区:即泥石流的形成区、流通区和堆积区。

泥石流的形成条件

①地形条件

a.上游形成区的地形多为三面环山,一面出口的瓢状或漏斗状,地形比较开阔,周围山高坡陡。

b.中游流通区的地形多为狭窄陡深的峡谷,谷床纵坡大。

c.下游堆积区的地形为开阔平坦的山前平原或河谷阶地。

②地质条件

a.地质构造:地质构造复杂,断层发育,新构造活动强烈,地震烈度较高。

b.岩性:结构疏松软弱,易于风化。节理发育的岩层,或软硬相间成层的岩层。

③水文气象条件

a.短时间内突然性的大量流水:强度较大的暴雨;冰川、积雪的强烈消融;冰川湖、高山湖、水库等的突然溃决。

b.水的作用:浸润饱和山坡松散物质,使其摩阻力减小,滑动力增大,以及水流对松散物质的侧蚀掏空作用。

④其他条件

如人为地滥伐山林,造成山坡水土流失;开山采矿、采石弃渣堆石等,往往提供大量松散固体物质来源。

上述条件概括起来为:a.有陡峻便于集水、集物的地形;b.有丰富的松散物质;c.短时间内有大量水的来源。此三者缺一便不能形成泥石流。

5.3.2 泥石流的防治

泥石流的发生和发展原因很多,因此对泥石流的防治应根据泥石流的特征、破坏强度和工程建筑的要求来拟定,采取综合防治措施。

(1)预防措施

①上游水土保持 植树造林,种植草皮,以巩固土壤,不受冲刷、使不流失。

②治理地表水和地下水 修筑排水沟系,如截水沟等,以疏干土壤或使土壤不受浸湿。

③修筑防护工程 如沟头防护、岸边防护、边坡防护,在易产生坍塌、滑坡的地段做一些支挡工程,以加固土层,稳定边坡。

（2）治理措施

有拦截、滞流、利导和输排措施。

拦截措施：在泥石流沟中修筑各种形式的拦渣坝，如石笼坝，格栅坝，以拦截泥石流中的石块。设置停淤场，将泥石流中固体物质导入停淤场，以减轻泥石流的动力作用。其中有一种特殊类型的坝，即格栅坝（图 5.28）。这种坝是用钢构件和钢筋混凝土构件装配而成的形似栅状的建筑物。它能将稀性泥石流、水石流携带的大石块经格栅过滤停积下来。形成天然的石坝，以缓冲泥石流的动力作用，同时使沟段得以稳定。

图 5.28　格栅坝

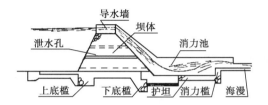

图 5.29　谷坊坝

泥石流拦挡坝的作用，一是拦蓄泥沙石块等固体物质，减弱泥石流的规模；二是固定泥石流沟床，平缓纵坡，减小泥石流流速，防止沟床下切和谷坡坍塌。为了防止规模巨大的泥石流破坏重要城市，往往需要修筑高大的泥石流拦挡坝。如在苏联，为了保护阿拉木图市免遭泥石流的威胁，于 1971 年在小阿拉木图河谷，用定向爆破筑了一座中心高 112 m、宽 500 m 的石坝。高坝抵住了 1973 年 7 月突然发生的巨大的泥石流的冲击，使城市免遭破坏。这次泥石流的强度十分之大，使这个原来按 100 年设计的泥石流库一次就堆积了库容的 3/4。这次泥石流发生后，又采取了措施，增大坝体，使坝高加至 145 m，加宽至 550 m。

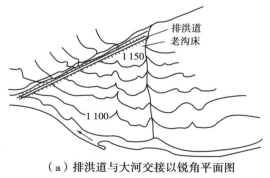

（a）排洪道与大河交接以锐角平面图

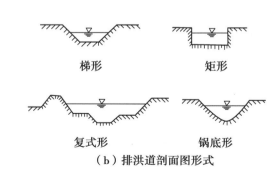

（b）排洪道剖面图形式

图 5.30

滞流措施：在泥石流沟中修筑各种低矮拦挡坝（又称谷坊坝），泥石流可以漫过坝顶。坝的作用：拦蓄泥沙石块等固体物质；减小泥石流的规模，固定泥石流沟床，防止沟床下切和谷坊坍塌，平缓纵坡，减小泥石流流速，如图 5.29 所示。

输排和利导措施：在下游堆积区修筑排洪道、急流槽、导流堤等设施，以固定沟槽，约束水流，改善沟床平面等。

排洪道:是排导泥石流的工程建筑物,能起到顺畅排泄泥石流的作用。根据泥石流的特点,排洪道应尽可能直线布置。为了便于大河带走泥石流宣泄下来的固体物质,排洪道出口与大河交接以锐角为宜(图 5.30);排洪道与大河衔接处的标高应高于同频率的大河水位,至少应高出 20 年一遇的大河洪水位,以免大河顶托而导致排泄道淤积。排洪道的纵坡、横断面、深度等,要根据当地情况具体考虑。

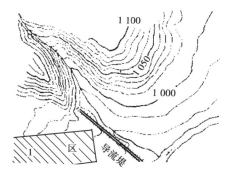

图 5.31　导流堤的平面示意图

导流堤:在可能受到泥石流威胁的范围内有建筑物时,要修筑导流堤,以确保建筑物的安全。导流堤的平面位置是位于建筑物的一侧,并且必须从泥石流出口处筑起,如图 5.31 所示。

5.4　岩溶及土洞

5.4.1　岩溶

岩溶,又称喀斯特(karst),是指可溶性岩层,如碳酸盐类岩(石灰岩、白云岩)、硫酸盐类岩层(石膏)和卤素类岩层(岩盐)等受水的化学和物理作用产生的沟槽、裂隙和空洞,以及由于空洞顶板塌落使地表产生陷穴、洼地等特殊的地貌形态和水文地质现象作用的总称。岩溶是不断流动着的地表水、地下水与可溶岩相互作用的产物。可溶岩被水溶蚀、迁移、沉积的全过程称"岩溶作用"过程。而由岩溶作用过程所产生的一切地质现象称"岩溶现象"。例如,可溶岩表面上的溶沟、溶槽和奇特的孤峰、石林、坡立谷、天生桥、漏斗、落水洞、竖井以及地下的溶洞、暗河、钟乳石、石笋、石柱等等皆是岩溶现象(见图 5.32)。"岩溶"这一术语是概括性的,是岩溶作用和岩溶现象的总称。喀斯特一语源于南斯拉夫,为一"岩石高原"石头之原意。喀斯特高原,缺水荒芜,表面坑坑洼洼。喀斯特高原的景象概况地反映了可溶岩被水溶蚀作用后的全貌。因此,便采用"喀斯特"一语作为岩溶作用和岩溶现象的学术代号,至今为世界各国普遍采用。"喀斯特"一语在我国文献中也曾长期被采用过。由于它是外国语译音,又不能从字面上确切反应可溶岩与水相互作用过程的实质,故在 1966 年第二次全国岩溶会议上正式决定用"岩溶"一词取而代之。这对岩溶问题研究的普及和提高具有重要意义。

由于岩溶作用的结果,使可溶性岩体的结构发生变化,岩石的强度大为降低,岩石的透水性明显增大,并富含地下水,因此岩溶对工程建筑兴建及使用往往造成不利的条件。对水工建筑的坝基稳定及坝库渗漏带来严重威胁。在世界建筑史上,有许多建筑在岩溶化岩层上的建筑物,由于没有掌握岩溶的发育规律和进行适当处理,以致造成严重事故。

在岩溶地区修建铁路,也会给铁路带来许多危害。溶洞顶板的突然塌陷或掉块引起建筑物的破坏或影响施工的进展,严重者迫使铁路局部改线。如西南隧道,沿茅口灰岩与峨眉山玄武岩交界处的隧道仅 600 余 m 长,碰到大小洞穴 80 余处,洞大部分被充填。施工中,洞穴充填物大量坍塌,总塌方量超过 10 000 m^3,12 处塌到地表,岩溶水的突然涌水也威胁着施工安全或建筑物的稳定。例如西南隧道,在开挖过程中遇到岩溶水的突然袭击,风钻打到溶洞,水就

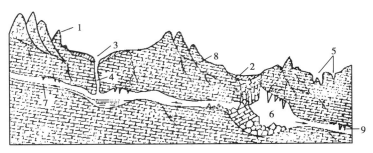

图 5.32　岩溶岩层剖面示意图

1—石牙、石林;2—塌陷洼地;3—漏斗;4—落水洞;

5—溶沟、溶槽;6—溶洞;7—暗河;8—溶蚀裂隙;9—钟乳石

立刻向外喷射。射程达 18 m,水量为 2 800 m^3/h,给施工带来很大的困难。可见,岩溶与工程建设事业关系非常密切,对建筑物的稳定性、正常使用条件、施工方法及修建工期和造价等都有很大影响。因此,以工程地质观点研究岩溶地区的岩体稳定、岩溶发育程度及分布规律,论证岩溶地区建设的可能性,提出合理的建设方案、工程位置及防治措施,对确保建筑物的安全和正常使用是十分重要的。

1)岩溶发育的条件

①具有可溶性岩层;

②具有溶解能力(含 CO_2)和足够流量的水;

③地表水有下渗、地下水有流动的途径。

2)岩溶发育的规律

①岩溶与岩性的关系:岩石成分、成层条件和组织结构等直接影响岩溶的发育程度和速度。一般地说,硫酸盐岩层、卤素类岩层岩溶发育速度较快;碳酸盐类岩层则发育速度较慢。质纯层厚的岩层,岩溶发育强烈,且形态齐全、规模较大;含泥质或其他杂质的岩层,岩溶发育较弱。结晶颗粒粗大的岩石岩溶较为发育,结晶颗粒细小的岩石,岩溶发育较弱。

②岩溶与地质构造的关系:

a.节理裂隙:裂隙的发育程度和延伸方向,通常决定岩溶的发育程度和发展方向。在节理裂隙的交叉处或密集带,岩溶最易发育。

b.断层:沿断裂带是岩溶显著发育地段。沿断裂带常分布有漏斗、竖井、落水洞、溶洞、暗河等。一般情况下,正断层处岩溶较发育,逆断层处较差。

c.褶皱:褶皱轴部一般岩溶较发育。单斜地层,岩溶一般顺层面发育。在不对称褶曲中,陡的一翼较缓发育。

d.岩层产状:产状倾斜或陡倾斜的岩层,一般岩溶发育较强烈,水平或缓倾斜的岩层,上覆或下伏非可溶岩层,岩溶发育较弱。

e.岩溶往往沿可溶岩与非可溶岩的接触带发育。

③岩溶与新构造运动的关系:地壳强烈上升地区,岩溶以垂直方向发育为主;地壳相对稳定的地区,岩溶以水平发育为主;地壳下降地区,既有水平发育又有垂直发育,岩溶较为复杂。

④岩溶与地形的关系:地形陡峻、岩石裸露的斜坡上,岩溶多呈溶沟、溶槽、石芽等地表形态;地形平缓,岩溶多以漏斗、落水洞、竖井、塌陷洼地、溶洞等形态为主。

⑤地表水体与岩层产状的关系对岩溶发育的影响:层面反向水体或与水体斜交时,岩溶易

于发育;层面顺向水体时,岩溶不易发育。

⑥岩溶与气候的关系:在大气降水丰富、气候潮湿地区,地下水能经常得到补给,水的来源充沛,岩溶易发育。

3)地基稳定性评价和地基处理措施

①地基稳定性评价

岩溶对地基稳定性的影响:

a.在地基主要受力层范围内,如有溶洞、暗河等,在附加荷载或振动作用下,溶洞顶板有可能坍塌,使地基突然下沉。

b.溶洞、溶槽、石芽、漏斗等岩溶形态造成基岩面起伏较大,或者有软土分布,使地基不均匀下沉。

c.基础埋置在基岩上,其附近有溶沟、竖向岩溶裂隙、落水洞等,有可能使基础下岩层沿倾向上述临空面的软弱结构面产生滑动。

d.基岩和上覆土层内,由于岩溶地区较复杂的水文地质条件,易产生新的工程地质问题,造成地基恶化。

②地基稳定性的评价方法

A.定性评价　定性评价是一种经验比拟方法,仅适用于一般工程,其方法是:

a.根据已查明的地质条件,对影响溶洞稳定性的各种因素(如溶洞大小、形状、顶板厚度、洞内填充情况、地下水活动等),并结合基底荷载情况,进行分析比较,作出稳定性评价。各因素对地基稳定的有利与不利情况见表 5.9。

b.根据经验,对三层和三层以下的民用建筑,或基底荷载不大且无特殊工艺要求的单层厂房,当地质条件符合下列情况之一时,可不考虑溶洞对地基稳定性的影响:

第一,溶洞被密实的沉积物填满,且无被水冲蚀的可能性;

第二,基础尺寸大于溶洞的平面尺寸,且具有足够的支承长度;

第三,溶洞顶板岩石坚固完整,其厚度接近或大于洞跨。

表 5.9　岩溶地基稳定性评价

评价因素	对稳定有利	对稳定不利
地质构造	无断裂、褶曲,裂隙不发育或胶结良好	有断裂、褶曲,裂隙发育,有两组以上张开裂隙切割岩体,呈干砌状
岩层产状	走向与洞轴线正交或斜交,倾角平缓	走向与洞轴线平行,倾角陡
岩性和层厚	厚层块状,纯质灰岩,强度高	薄层石灰岩、泥灰岩、白云质灰岩,有互层,岩体强度低
洞体形态及埋藏条件	埋藏深、覆盖层厚、洞体小(与基础尺寸比较),溶洞里竖井状或裂隙状,单体分布	埋藏浅,在基底附近,洞径大,呈扁平状,复体相连
顶板情况	顶板厚度与跨度比值大,平板状,或呈拱状,有钙质胶结	顶板厚度与洞跨比值小,有切割的悬挂岩块,未胶结
充填情况	为密实沉积物填满,且无被水冲蚀的可能性	未充填,半充填或水流冲蚀充填物

续表

评价因素	对稳定有利	对稳定不利
地下水	无地下水	有水流或间歇性水流
地震基本烈度	地震基本烈度小于 7 度	地震基本烈度等于或大于 7 度
建筑荷重及重要性	建筑物荷重小,为一般建筑物	建筑物荷重大,为重要建筑物

B.定量评价 目前主要是按经验公式对溶洞顶板的稳定性进行验算。例如:

a.当基础底面以下的覆盖土层厚度大于 3 倍独立基础底宽或大于 6 倍条形基础底宽,且在使用期间不具备形成土洞的条件时,不考虑岩溶对地基稳定性的影响。

b.当顶板为中厚层、薄层、裂隙发育、易风化的软弱岩层,顶板有坍塌可能的溶洞。岩顶板厚度 H 大于塌落厚度 B 时,则地基是稳定的。所需顶板塌落厚度 B 可按下式求得,即

$$B = \frac{H_0}{k - 1} \tag{5.10}$$

式中 H_0——洞穴空间最大高度,m;

k——岩石松散(胀余)系数,石灰岩为 1.2。

c.微风化的硬质岩石中,洞体顶板厚度等于或大于洞跨时,可不考虑溶洞对地基稳定性的影响。

d.当洞穴不能自行填满或洞穴顶板下面脱空的其他情况时,应按梁、板、拱曲对顶板进行力学稳定验算。

③地基处理措施

岩溶地基的处理措施有:挖填、跨盖、灌注和排导等。

a.挖填:即挖除岩溶形态中的软弱充填物,回填碎石、灰土或素混凝土等,以增强地基的强度和完整性;或在压缩性地基上凿平局部突出的基岩,铺盖可压缩的垫层(褥垫),以调整地基的变形量。

b.跨盖:基础下有溶洞、溶槽、漏斗、小型溶洞等,可采用钢筋混凝土梁板跨越,或用刚性大的平板基础覆盖,但支承点必须放在较完整的岩石上。也可用调整柱距的方法处理。

c.灌注:基础下的溶洞埋藏较深时,可通过钻孔向洞内灌注水泥砂浆、混凝土或沥青等,以堵填溶洞。

d.排导:对建筑物地基内或附近的地下水宜采用排水隧洞、排水管道等进行流排,以防止水流通道堵塞,造成场地和地基季节性淹没。

5.4.2 土洞

土洞是指埋藏在岩溶地区可溶性岩层的上覆土层内的空洞。土洞继续发展,易形成地表塌陷。

当上覆有适宜被冲蚀的土体,其下有排泄、储存冲蚀物的通道和空间,地表水向下渗透或地下水位在岩土交界附近作频繁升降运动,由于水对土层的潜蚀作用,产生土洞和塌陷。

(1)土洞的形成条件

土洞可分为由地表水机械冲蚀作用形成的土洞和地下水潜蚀作用形成的土洞(见图 5.33)。

土洞在形成过程中,沉积在洞底的塌落土体有时不能被水带走,而起堵塞通道的作用,若潜蚀大于堵塞,土洞继续发展;反之,土洞就停止发展。因此,不是所有的土洞都能发展到地表塌陷。

(2)土洞的工程处理

1)地表水形成土洞的处理

在建筑场地和地基范围内,认真做好地表水的截流、防渗、堵漏等工作,杜绝地表水渗入土层,使土洞停止发育和发展,再对土洞采取挖填及梁板跨越等措施。

2)地下水形成土洞的处理

当地质条件许可时,首先尽量对地下水采取截流、改道等,以阻止土洞继续发展。然后采用下述方法处理:①当土洞埋深较浅时,可采用挖填和梁板跨越。②对直径较小的深埋土洞,其稳定较好,危害性小,可不处理洞体,仅在洞顶上部采取梁板跨越即可。③对直径较大的深埋土洞,可采用顶部钻孔灌沙(砾)或灌碎石混凝土,以充填空间。

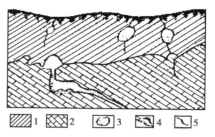

图 5.33　土洞剖面示意图
1—黏土;2—石灰岩;3—土洞;
4—溶洞;5—裂隙

当对地下水不能采取截流、改道以阻止土洞发展时,可采用桩基(嵌入基岩内)或其他措施。

5.4.3　人工降低地下水位引起的塌陷

人工降低地下水位引起的塌陷,主要指矿坑疏干排水引起的塌陷和供水(抽水)引起的塌陷(slump)。

世界上许多地方存在着地面塌陷问题。世界上十多个最大的海滨城市,包括威尼斯、东京、曼谷、上海、达喀尔、墨西哥城、休斯敦和新奥尔良都在大幅度沉降,有的甚至每年达 30 cm。由于这些城市大多建在软土上,这种沉降已持续了几个世纪,但近些年伴随着迅猛的都市化、地下水的过分开采,这一问题开始严重起来。

泰国首都曼谷是东南亚一个拥有 6 百万人口的城市。曼谷及附近表层是厚 5~20 m 的全新世黏土,下面是第四纪和第三纪冲积沉积层,厚度变化较大,最厚可达几千米。150 m 深度范围内有 3 个含水层:40 m,100 m 和 120 m,这是该城主要的水源,每天要从这些含水层中抽取 1 百多万吨的水。黏土层下的一层较浅的含水层已被抽干,结果是该城以每年平均 5~10 cm 的速率在沉降,曼谷其海拔只有 1.0~1.5 m,由于地面沉陷,每年总要有几个月遭受水泛。

在我国一些沿海城市如上海、天津、宁波、湛江等由于高压缩性软黏土的广泛存在和地下水开采活动致使这些地区地面产生沉降,这些地区地面沉降已经构成了当地最严重的环境地质问题(表 5.10)。早自 1930 年,天津一些水准点下沉,1966 年大漏斗形成,目前最大沉降量超过 2 m 者有 3 个中心。沉降高速和沉降影响范围快速扩展为其重要特点。1977 年沉降大于 1 m 的地区仅 42 km², 1981 年发展到 135 km²以上。温州、广州、汕头等沿海城市地面沉降目前尚不明显,但是地面沉降的地质环境是长期存在的,因此,对开采地下水必须加以控制。因其会导致建筑物地基下沉,还可能导致海水入侵,甚至吞没城市。以宁波市为例,先后于1976 年和 1979 年受风暴潮袭击,海水侵入到码头、工厂和居民住宅区,造成工厂、学校关闭。

地方政府不得不拨款超百万元加高防水围墙。为了减轻由于地面沉降给城市地质环境造成更大的危害,几乎所有已发生沉降的城市都制定了地下水管理法令,同时开展与此有关的研究(包括系统监测)。目前以人工回灌控制地面沉降在上海收到了较好的环境效益。值得注意的是回灌水是否会污染深部含水层中的好水质量。

表 5.10

城市名称	沉降范围 /km²	最大沉降速率 /(cm·a⁻¹)	最大沉降总量 /m	主要沉降时间 /a	原 因
上海	>200	10.10	2.37	1930—1965	
天津	>135	2.62	2.62	1966—1985	地下水超采
宁波	65		0.29	1974—1986	
湛江	<140	4.09	0.11	1956—1984	

(1)塌陷的分布规律

1)塌陷的分布规律

塌陷的分布受岩溶发育规律、发育程度的制约,同时与地质构造、地形地貌、土层厚度等有关。

①塌陷多分布在断裂带及褶皱轴部;

②塌陷多分布在溶蚀洼地等地形低洼处;

③塌陷多分布在河床两侧;

④塌陷多分布在土层较薄且土颗粒较粗的地段。

2)塌陷与水力作用的关系

①塌陷与水位降深的关系　水位降深小,地表塌陷坑的数量少、规模小;当降深保持在基岩面以上且较稳定时,不易产生塌陷;降深增大,水动力条件急剧改变,水对全体的潜蚀能力增强,地表塌陷坑的数量增多、规模增大。

②塌陷与降落漏斗的关系　塌陷区的位置多居于降落漏斗之中,其范围小于降落漏斗区。

③塌陷与水力坡度、流速的关系　研究资料显示,水力坡度小于3%,流速小于0.000 5 m/s的地段,处于相对稳定状态;水力坡度大于3%,流速大于0.000 5 m/s,地面开始产生变形;当水力坡度大于5%,流速大于0.000 5 m/s,地面产生塌陷。

④塌陷与径流方向的关系　由于主要径流方向上地下水来源丰富,水的流速大,地下水对全体的潜蚀作用强,所以在径流方向上易产生塌陷。

(2)在塌陷区建筑时应注意的问题

①建筑场地应选择在地势较高的地段;

②建筑场地应选择在地下水最高水位低于基岩面的地段;

③建筑场地应与抽、排水点有一定距离,建筑物应设置在降落漏斗半径之外。

(3)塌陷的处理方法

对塌陷坑一般进行回填处理,回填方法有:

①对影响建筑设施或大量充水的塌陷坑,应根据具体情况进行特殊处理,一般是清理至基岩,封住溶洞口,再填土石。

②对不易积水地段的塌陷坑,当没有基岩出露时,采用黏土回填夯实,高出地面 0.3 ~ 0.5 m;当有基岩出露并见溶洞口时,可先用大块石堵塞洞口,再用黏土压实。

③对河床地段的塌陷坑,若数量少,也可采用上述方法进行回填,若数量多时,应根据具体情况考虑对河流采取局部改道的方法处理。

思考题

5.1　地震的定义是什么? 天然地震按其成因可以分为哪几类?

5.2　简述地震的震级和烈度的区别。

5.3　简述常见的建筑工程震害及防震原则。

5.4　简述常见的水利工程震害类型及防震原则。

5.5　简述公路工程震害类型及防震原则。

5.6　何谓滑坡? 滑坡是如何形成的? 滑坡的防治措施有哪些?

5.7　泥石流可分为哪几类? 泥石流是如何形成的? 泥石流的防治措施有哪些?

5.8　简述岩溶形成的条件、岩溶地区地基的稳定性评价及处理措施。

5.9　简述人工降低地下水位引起地面塌陷的分布规律。

第 **6** 章
工程地质勘察

6.1 工程地质勘察的目的、任务和基本方法

土木工程工程地质勘察的目的,在于查明与正确评价工程所涉及的区域内的工程地质条件,为工程的设计、施工提供所需的工程地质资料。其任务是运用工程地质学的理论和方法,正确处理工程建筑与自然环境之间的关系,充分利用有利的工程地质条件,避免或改造不利的工程地质条件,以保证工程建筑的稳定、安全、经济和正常使用。其主要任务如下:

(1)调查工程建设区域的地形地貌

地形地貌的形态特征,地貌的成因类型及地貌单元的划分。

(2)查明工程建设区域的地层条件

它包括岩土的性质、成因类型、时代、厚度和分布范围。对岩层尚应查明风化程度及地层的接触关系,对土层应着重区分新近沉积黏性土、特殊性土的分布范围及其工程地质特征。

(3)调查工程建设区域的地质构造

它包括岩层产状及褶曲类型,裂隙的性质、产状、数量及填充胶结情况,断层的位置、类型、产状、断距、破碎带宽度及填充情况,新近地质时期构造活动形迹。评价其对工程建设的不利和有利的工程地质条件。

(4)查明工程建设区域的水文及水文地质条件

洪水淹没范围、河流水位和地表径流条件等,地下水的类型、补给来源、排泄条件、埋藏深度、水位变化幅度、化学成分及污染情况等。

(5)确定工程建设区域有无不良地质现象

工程建设区域不良地质现象包括滑坡、崩塌、岩溶、塌陷、冲沟、泥石流、岸边冲刷及地震等,如有,则应判断它们对工程建设的危害程度。

(6)测定地基土的物理力学性质指标

它包括天然密度、相对密度、含水率、塑限、液限、压缩系数、压缩模量、抗剪强度等,并要研究在工程建设施工和使用期间,这些性质可能发生的变化。

按照工程要求,对工程建设区域的稳定性和适宜性,地基的均匀性和承载力进行评定,并预测天然的和人为的因素对工程建设区域的工程地质条件及环境保护的影响,如有危害,应提出处理措施。

在这些任务中,对一般大多数工程都应完成,但对其内容的增减及研究的详细程度有所不同,将视不同的行业(如工业与民用建筑或公路工程)、工程类型大小及重要性、地质条件的复杂程度以及不同的设计阶段而有所不同。如对公路工程还应调查沿线路筑路材料的质量、产量及运输条件;又如大型的、重要的工程以及地质条件复杂的情况,其勘察就要详尽些;再如为配合工程不同设计阶段的需要,工程地质勘察一般分为:可行性研究勘察(选场址勘察);初步勘察、详细勘察及施工勘察;后者就逐渐比前者要求更详尽,不仅定性分析,对有些指标,必须给出定量的数值。详见各行业《工程地质勘查规范》。

工程地质勘察工作的基本方法大致有:①工程地质调查与测绘(engineering geologic mapping);②工程地质勘探(engineering geological prospecting);③工程地质室内试验;④工程地质原位试验(engineering geological in-situ test);⑤工程地质现场观测(engineering geological field observation);⑥工程地质勘察资料的室内整理等。在这些方法中,工程地质调查与测绘是最根本、最主要的工程地质勘察方法,是运用其他诸方法的前提和基础。高质量的调查测绘对指导勘察和其他工作具有一定的作用,可大大节省工作量。当然,完全掌握一个地区的工程地质情况,单靠调查测绘还是不够的,还必须有勘探以及各种试验工作的配合才能做到。上述各种方法,将随后分节作重点介绍。

6.2　工业与民用建筑的主要工程地质问题

为正确选择建筑场址及建筑物的结构,在工程地质勘察中,对下列几个主要工程地质问题必须予以解决。

6.2.1　区域稳定性

区域的稳定性(regional steady)是建设中首先必须注意的问题,它直接影响着工程建设的安全和经济。新构造运动、地震是控制地区稳定性的重要因素,特别是在新地区选择建筑地址时更应注意。

6.2.2　地基稳定性

地基稳定性(foundation steady)主要是研究地基的强度和变形问题。当地基的强度不够,会引起地基隆起,甚至使建筑物倾覆破坏。地基土的压缩变形,特别是不均匀沉降过大,会引起建筑物的沉陷、倾斜、开裂以致倒塌破坏,或影响正常使用。但也不能为了避免出事故,不顾经济上的浪费,轻易地将建筑物基础置于几十米深的基岩上。为了使建筑物的勘察、设计、施工做到安全、经济、合理,确保建筑物的安全和正常使用,必须研究地基的稳定性,提出合理的地基承载力。

6.2.3　地基施工条件与使用条件

在工业与民用建筑中最常见的问题有基坑涌水、基坑边坡(slope)及坑底稳定性(basal stability)、基坑流沙(quick sand)、黄土湿陷(loess collapsibility)等。近来高层及重型建筑增多,则更显突出。这些都与水文地质情况有关,在地下水埋藏浅的地方,当基底设计标高低于地下水位时,开挖基坑涌水是施工条件中的一个重要问题,工程地质勘察时必须对涌水量进行计算。在开挖深基坑时,坑壁和坑底的稳定性是一个重要问题,特别是在软弱土地区;或坑底隔水层过薄而下伏承压水则很有可能发生突发性的大量涌水。流沙对开挖基坑威胁很大,当有可能时,必须做好防治措施。

6.2.4　边坡稳定性问题

在斜坡上修建建筑物,边坡稳定(slope stability)是个重要的工程地质问题。建筑物的兴建给边坡增加了外荷,破坏了其原有的平衡,会导致边坡失稳而滑动,使建筑物破坏。因此,对斜坡地区必须作出工程地质评价,对不稳定地段必须提出工程地质措施。

6.2.5　工程地质勘察要点

工程地质勘察要点包括:

①查明不良地质现象的成因、分布范围、地震效应(earthquake effects)和有无新构造运动,以及对区域稳定性影响程度及其发展趋势,并提供防治工程的设计和施工所需的计算指标及资料。

②查明建筑区内的地层结构和岩土的物理力学性质,提出合理的地基承载力,并对地基的均匀性和稳定性作出评价。

③查明地下水的埋藏条件、水位变化幅度与规律及其侵蚀性,测定地层的渗透性,并评价地基土的渗透变形(流土或流沙、管涌和潜蚀等)。

④在斜坡地区应评价边坡的稳定性。

6.3　公路工程的主要工程地质问题

公路工程具有线型分布的特点,对路线、桥渡和隧道勘察中的工程地质问题要求不同,现分述如下:

6.3.1　路线勘察中的主要工程地质问题

路线选择是由多种因素决定的,地质条件是其中一个重要的因素,有时则是控制的因素。

路线方案有大方案与小方案之分,大方案是指影响全局的路线方案,如越甲岭还是越乙岭,沿 A 河还是沿 B 河,一般是属于线位方案。工程地质因素不仅影响小方案的选择,有时也影响大方案的选择。

由于汽车行驶安全和舒适的要求,对平面弯曲和纵坡坡度方面有一定的要求,在平原地区较易满足,但在丘陵,特别是在地形起伏大的山区,受地形、地质条件的限制很大,路线上的主要建筑物路基工程,便不得不通过高填、深挖来满足要求。因此,对路基最常见的工程地质问题是:①深挖的路堑边坡变形、稳定问题;②路基基底变形、稳定问题。此外,河流冲刷、水库回水、泥石流等不良地质现象等也都是危害路基的工程地质问题。

(1)关于路堑边坡变形稳定问题

路堑边坡(cut slope)变形稳定是路堑路基(roadbed)中最为主要的工程地质问题。由于要在不同发育阶段的坡上开挖路堑,形成了新的人工边坡,从而使自然边坡的稳定平衡发生严重变化。其大体是:①加大了边坡的陡度与高度,破坏了边坡原有的平衡条件,增强了向边坡外下方的剪应力及张应力;②开挖(往往是爆破)不仅破坏了边坡岩体的原生结构,更重要的是切断了边坡内各类软弱结构面(层面、节理面、断裂面及古滑动面等),为边坡岩体的变形创造了促进的条件;③使本来处于地表下的岩体因开挖而暴露于地表,因而在各种应力作用下加速风化,导致边坡岩体强度降低;④当开挖边坡切割含水层时,地下水溢出,在渗流力的作用下,将加速破坏边坡岩体的稳定。上述各种变化的进一步发展,再加上大气降水等不利自然因素配合作用,路堑边坡将产生各种变形。变形可因边坡的组成物质、岩体结构、含水情况等条件的不同而有所不同。轻者如剥落、掉块、土溜,重者则产生滑坡、错落、坍滑等。

(2)关于路基基底变形稳定问题

路基基底变形,大多是在填方路堤工程的主要工程地质问题。路堤工程一般是由当地材料直接修筑在地面上的构造物。作为路堤的基底,应具有足够的承载力。因为它不但承受汽车反复的动荷载,而且还要承受巨大的填土重力。基底土受力后产生的变形大致有以下 3 种:①基底土的不均一性所造成的不均匀沉陷;②基底土层强度不足所造成剪切滑移变形;③沿基底软弱层的滑移。造成上述基底变形稳定最多的是陡坡基底和软土基底。陡坡基底常易沿路堤基底面或连同整个覆盖土层沿下伏基岩面滑动失稳,软土基底易产生不均匀沉陷及滑动破坏。

针对上述工程地质问题分析,在工程地质勘察中必须做到:

①正确确定路堑边坡值;

②掌握好路堤基底的地质结构、构造及下伏基岩面的倾斜状态;

③选择好路堤填料和确定取土位置;

④摸清路基水文地质条件,提出排水措施。

6.3.2　隧道工程的主要工程地质问题

在公路工程中,有时用隧道工程可能会更有利。隧道(tunnel)常用的有越岭隧道和山坡隧道,前者是穿越分水岭或山岭垭口。一般较长较深,后者是为了避让山坡的悬崖绝壁以及雪崩、山崩、滑坡等不良地质现象而设,其长短不一,以下主要研究越岭隧道。

一些规模较大的长隧道,常是稳定线路和影响工程的控制性工程。它深埋于地下,故遇到的工程地质问题很多,最主要的有:①隧道围岩的稳定性;②隧道涌水、地温及有害气体;③隧道进出口的稳定问题。

(1)隧道围岩的稳定性

隧道围岩(adjoining rock)系指隧道周围一定范围内,对隧道稳定性能产生影响的岩体。

隧道穿山越岭时,破坏了原有的应力平衡,而在隧道围岩中产生新的应力和变形,这种应力以及松动岩层作用在衬砌上的压力称为山体压力。山体压力是评定隧道围岩稳定性的主要内容。隧道围岩稳定性评价,通常采用工程地质分析和力学计算相结合的方法,这里只介绍工程地质分析法,关于力学计算可参阅有关专著。

影响隧道围岩稳定性的主要地质因素:

①围岩的完整性:如围岩地质构造复杂,地质构造变动大和受强烈风化时,围岩完整性差,稳定性一般不好;

②围岩的软硬程度及厚度:硬者、厚者强度大稳定性就好;

③地下水:地下水的活动会改变岩石的物理力学性质,降低岩体强度,并能加速岩石风化破坏。地下水在软弱结构面中活动,可起软化、润滑作用,产生动水压力和冲刷现象;使黏土体积膨胀,地层压力增大,这些会降低围岩的稳定性。

关于隧道围岩的稳定性可参看《公路工程地质勘察规范》附录 G,根据围岩主要工程地质特征(岩石等级、地质构造影响程度、节理和裂隙发育程度、岩层厚度、风化程度及地下水情况等)、围岩的结构特征和完整状态进行分类评定。

(2)隧道涌水、地温及有害气体

1)涌水

隧道如穿过含水层时,隧道会产生涌水,增大施工困难。当隧道穿过储水构造、充水洞穴、断层破碎带时,特别是受承压水作用时,会遇到突发性的大量涌水,应有所预防。

2)地温

在开挖深埋山岭隧道时,地温是一个重要问题。一般人在潮湿的坑道中,当温度达到40 ℃时,就不能正常工作,必须采取降温措施。

3)有害气体

在开挖隧道时,常会遇到各种易燃、易爆、对人体有害的气体。常见的有:

①甲烷(CH_4)　为易燃、易爆的气体,在煤系、含油、含碳和沥青地层中常有甲烷等碳氢化合物。

②二氧化碳(CO_2)　为无毒的窒息性气体,在含碳地层常会遇到。

③氮(N)　为无毒的窒息性气体。

④硫化氢(H_2S)　为易燃的有毒气体,溶于水生成淡硫酸液,对隧道衬砌的石灰浆、混凝土及金属有腐蚀作用,在硫化矿床或其他含硫地层中会遇到。

(3)隧道进出口的稳定

硐口地段的稳定与否,一则影响隧道掘进的安全和速度;二则影响着隧道的正常运营。通常硐口多采取深堑形式。硐口的主要工程地质问题是边坡、仰坡的变形问题。因为边、仰坡的变形常引起硐门开裂、下沉、外仰或坍毁等病害,给硐身的施工及以后的运营都会造成威胁。

硐口仰坡与一般边坡不同,由于仰坡基座中间受横向掏空,故上部岩体所处的应力环境甚为复杂。在一般边坡易发生变形的地段,仰坡亦多发生变形,特别是第四纪松散堆积物较厚的地区,硐口仰坡更易发生变形。因此,宜以"早进硐晚出硐""避免深堑"的原则来防治进出口的稳定问题。应尽可能选在新鲜基岩出露处或风化层较薄的部位,易于汇水的凹地、冲沟之沟口亦不宜选作硐口。硐口一定要高于多年最大洪水位之上。

(4)隧道工程地质勘察要点

隧道工程地质勘察要点包括:

①查清地形;

②查清地质构造；

③测试岩(土)的性质及其物理、力学性质指标；

④查清水文地质情况及涌水量；

⑤确定围岩的稳定性、地温及有无有害气体，必要时还应提出施工方式的弃渣的处理建议，不能因施工而影响隧道的稳定性。

6.3.3　桥梁工程的主要工程地质问题

大、中桥桥位通常是布置线路的控制点，桥位变动会使一定范围内的路线也随之变动。影响桥位选择的因素有路线方向、水文条件及地质条件。地质条件是评价桥位好坏的重要指标之一。

(1)桥位与桥基方面的主要工程地质问题

1)桥位选择

一般应从地形、地貌、地物及工程地质条件方面考虑下列几点：

①应尽量选在两岸有山嘴或高地等河岸稳固的河段、平原河流顺直河段、两岸便于接线的较开阔的河段；

②应避免选在上下游有山嘴、石梁、河洲等干扰水流畅通的地段；

③应选在基岩和坚硬土层外露或埋藏较浅、地质条件简单、地基稳定处；

④不宜选在活动断层、滑坡、泥石流、岩溶以及其他不良地质发育的地段，若无法绕避时，必须作特殊考虑，详见《公路工程地质勘察规范》。

2)基坑边坡稳定性

在施工过程中，常会发生沿节理面滑坍，顺断层、破碎带坍塌，以及在层状岩石中产生顺层滑坡。

3)桥台、桥墩地基稳定性及基坑涌水

①地基软弱或软硬不均，沉降及沉降差过大，致使上部结构破坏，以及倒塌。

②地基因强度过低，会产生整体丧失稳定而倒塌；或墩台基础随滑坡体一起滑坍。

③基坑涌水，在明挖或雨季施工中，特别是对河床地下水的补给来源及其季节变化应尽量估算充足。

(2)桥梁工程地质勘测要点

桥梁工程地质勘测要点包括：

①查明桥位区地层岩性、地质构造、不良地质现象的分布及工程地质特性；

②探明桥梁墩台和调治构造物地基的覆盖层及基岩风化层的厚度、墩台基础岩体的风化与构造破碎程度、软弱夹层情况和地下水状态；

③测试岩土的物理力学、化学特性，定量评价地基承载力和桩壁摩擦阻力、桩端支承力等；

④对边坡及地基的稳定性、不良地质的危害程度和地下水对地基的影响程度作出评价；

⑤对地质复杂的桥基或特大的塔墩、锚锭基础应采用综合勘探，并根据设计需要，可现场鉴定岩土地基特性；

⑥水文资料，调查河流的洪水水位、流量、流速、冲刷掏蚀深度等水文要素。

6.4 水利工程的主要工程地质问题

水利工程地质勘查工作,其目的在于查明建设场区的工程地质条件,分析可能存在的工程地质问题,保证水利工程的安全运营。水利工程建设实践表明,工程地质条件不仅影响到坝址、坝型、库区的选择,而且关系到工程的投资、施工工期、工程效益和工程安全。在水利工程发生毁坏的事故中,因地质问题而引起的最多,因此,在水利工程的设计和施工中,对建设场区的岩土体进行工程地质条件的分析研究是非常重要的。在水利工程中常见的工程地质问题主要分为两大类:坝的工程地质问题和水库的工程地质问题。

6.4.1 坝基岩体的压缩变形与承载力

工程建设实践表明,工程地质条件不仅影响到坝址、坝型的选择,而且关系到工程的投资、施工工期、工程效益和工程安全。在大坝发生毁坏的事故中,因地质问题而引起的最多,因此,在大坝的设计和施工中,对坝基或坝肩的岩体进行工程地质条件的分析研究是非常重要的。

(1)坝基岩体的压缩变形

①岩性软硬不一,变形模量值悬殊,引起较大的不均匀沉陷,导致坝体发生裂缝。如黏土页岩、泥岩、强烈风化的岩石以及松散沉积物,尤其是淤泥、含水量较大的黏性土层,这些都是容易产生较大沉陷变形的岩层。

②坝基或两岸岩体中有较大的断层碎带、裂隙密集带、卸荷裂隙带等软弱结构面,尤其是张性裂隙发育带且裂隙面大致垂直于压力方向,易产生较大的沉陷变形。

③岩体内存在溶蚀洞穴或掏空现象,产生塌陷而导致不均匀变形。软弱岩层和软弱结构面的产状和分布位置对岩体变形也有显著影响。

(2)坝基岩体承载力

1)容许承载力

在保证建筑物安全稳定的条件下,地基能够承受的最大荷载压力。包括过大沉陷变形引起的破坏,也包括剪切滑移导致破坏。

2)坝基承载力确定的方法

①现场荷载实验法 按岩体实际承受工程作用力的大小和方向进行原位实验,获得岩体弹性模量、变形模量、泊松比指标。这种方法复杂、费用高。在大中型工程中采用。

②经验类比法 根据已建成的工程的数据、特征、地质条件进行比较选取。

③抗压强度折减法 以岩石单轴饱和抗压强度乘以折减系数,求承载力的方法是最广泛应用的简便方法。

6.4.2 坝基(肩)岩体的抗滑稳定分析

坝基岩体抗滑稳定性指的是坝基岩体在筑坝后的各种工程荷载作用下,抵抗发生剪切破坏的性能。坝基滑动破坏有表层滑动、浅层滑动、深层滑动等形式(见图6.1)。

(1)表层滑动

坝体沿坝底与基岩的接触面发生剪切破坏所造成的滑动。滑动面大致是平面,主要发生

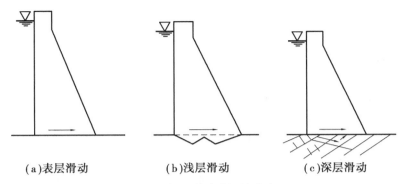

(a)表层滑动　　　　　(b)浅层滑动　　　　　(c)深层滑动

图 6.1　坝基滑动破坏的形式

在坝基岩体的强度远大于坝体混凝土强度,且岩体完整、无控制滑移的软弱结构面的条件下。此时,混凝土基础与基岩接触面常称为薄弱且可能滑动的面,接触面的摩擦系数值,是控制重力坝设计的主要指标。坝体必须具有足够的重力,以便使接触面上的摩擦阻力大于作用在坝体上的总水平推力。

（2）浅层滑动

坝基表层岩体的抗剪强度低于坝体混凝土,或岩体虽坚硬但表面部风化破碎层没有挖除干净。剪切破坏往往发生在浅部岩体之内,造成浅层滑动。

（3）深层滑动

在坝基岩体的较深部位,沿软弱结构面发生剪切破坏。滑动面由两三组或更多的软弱结构面组合而成,只有当地基岩体内存在有软弱结构面且按一定组合能构成危险滑移体时,才有发生深层滑动的可能,深层滑动是高坝主要的破坏形式。

6.4.3　坝基渗透稳定性与冲刷

（1）坝区渗漏条件的分析

1）渗漏通道

渗漏通道一般指具有较强透水性的岩土体,可分透水岩层、透水带和透水喀斯特管道。

①透水层　它的主要透水层为第四纪的沙层、卵砾石层、胶结不良的沙岩、砾岩层等。

②透水带　它是断层破碎带和裂隙密集带,也是基岩中主要渗漏通道。

③喀斯特管道　坝区有可溶性岩层存在时,由于强烈喀斯特发育,在岩体中产生溶洞、暗河及溶隙等相互连通而构成喀斯特管道,所以可能造成严重的坝区渗漏。

2）渗漏通道的连通性

第四纪松散沉积地层渗漏通道的连通性主要取决于地层结构特征,与地貌发育情况密切相关。基岩透水层、透水带基喀斯特管道的连通性则受岩性、地质构造、地形地貌、覆盖层特征等因素控制,情况比较复杂。

（2）坝基的渗透稳定性分析

渗透水流作用于岩土上的力,称渗透压力或动水压力。

1）潜蚀

渗透压力达到一定值时,土中的某些颗粒就会被渗透水流携带和搬运,这种地下水的侵蚀作用称为潜蚀。潜蚀使得岩土中一些颗粒甚至整体就会发生移动而被渗流携走,从而引起岩土的结构变松,强度降降低,甚至整体发生破坏,这种工程动力地质作用或现象称为渗透变形或渗透破坏。

2)渗透变形的类型

①管涌　土体中一部分小颗粒被渗透水流携出,较普遍发生在不均质沙层中。

②流土　土体表层某一部分土粒在垂直土层的渗透水流作用下全部浮动和流走,常发生在大坝下游坡脚有渗透水流逸出的土层中。

③接触流土　渗透水流近于垂直土层运动,当由颗粒粗细相差悬殊的细粒土进入粗粒土中时,细粒土被水流带入粗粒土中。

④接触冲刷　渗透水流方向与土层平行,细粒土与粗粒土接触面上的土粒受粗粒土中流速较大的水流所冲刷并被它带走。

(3)坝下游河床冲刷作用

1)冲刷坑

从坝、闸或溢洪道溢流宣泄下来的水流具有很大的能量,对下游河床常发生严重的冲刷作用,尤其是采用挑流消能形式时,将在坝(闸)下游的河床中形成冲刷坑,形成临空面。

2)冲刷坑与大坝的安全

一般采用挑射距离 L 与冲刷坑的位置 d 的比值来估计,即

①岩层倾角较陡的基岩: $L/d>2.5$,安全;

②岩层倾角较缓的岩层: $L/d>5.0$,安全。

(4)河床岩石冲刷破坏机理

由于挑射水流在岩石裂缝间产生脉动压力,使裂缝张开,岩块松动,直到岩块被水冲走。

①地质方面　它与岩块的大小、重度、几何形状、相互位置以及岩块间充填物的性质有关,岩块的磨损和破坏又取决于岩石的性质和强度。

②水力方面　它包括挑流形式、单宽流量、入水流速和水垫厚度等。

6.4.4　坝基处理

(1)清基

将坝基表面的松散软弱、风化破碎及浅部的软弱夹层等不良的岩层开挖清除掉,使坝体放在比较新鲜完整的岩体上。

①大坝地基开挖深度,是设计和施工中的一个重要问题,同时也涉及造价、工期、基坑排水、基坑边坡稳定、地应力等。

②以风化程度或岩体质量级别为依据来确定坝基开挖深度。

一般情况下,高坝建在坚硬岩石的微风化或弱风化带下部,经过论证和处理,也可部分建在弱风化带的中部;中坝建在弱风化带中部或部分建在上部;两岸地形较高部位可适当放宽。

③坝基要求

A.中、高坝最低要求

a.岩块饱和抗压强度: $R_b \geq 30$ MPa。

b.声波纵波速: $V_p \geq 3\ 000$ m/s。

c.变形模量: $E_0 \geq 5\ 000$ MPa。

B.低坝和中坝最低要求

a.抗压强度:$R_b \geqslant 15$ MPa。

b.声波纵波速:$V_p \geqslant 2\ 000$ m/s。

c.变形模量:$E_0 \geqslant 2\ 000$ MPa。

(2)坝基加固措施

1)固结灌浆

通过在基岩中钻孔,将适宜的具有胶结性的浆液(大多为水泥浆)压入到岩基的裂隙或孔隙中,使破碎岩体胶结成整体,以增加基岩强度。灌浆孔一般布置成梅花形,孔距为 1.5～3.0 m。孔深度为 5～8 m,最大深度为 15 m。

2)锚固

当地基岩石中发育有控制岩体的滑移面的软弱面时,为增加岩体的抗滑稳定性,可采用预应力锚杆(或钢缆)进行加固处理。

3)槽、井、洞挖回填混凝土

当坝基下有规模较大的软弱破碎带时,如断层破碎带、软弱夹层、泥化夹层、泥化层等。

①高倾角软弱破碎带的处理

混凝土土塞是将软弱夹层带挖除到一定深度后回填混凝土,以提高地基的强度。开挖深度可取宽度 1.0～1.5 倍;软弱夹层破碎带岩性疏松软弱,强度低且宽度较大时,可采用梁或拱的形式跨过,再配合灌浆、水平防渗等处理措施。

②缓倾斜软弱破碎带的处理

埋藏浅时,全部挖掉;回填混凝土,部分挖除。每隔一定距离挖一个平洞,洞的顶部和底部均嵌入坚固完整的岩层中,然后回填混凝土,形成混凝土键。

(3)防渗和排水处理

在大坝迎水面或其上游部位,设置防渗措施(如灌浆帷幕),尽量降低坝基的渗透水流;在迎水面下游的坝基部分,则设置排水措施(如排水井、孔等),以便降低渗透压力。

1)帷幕灌浆

在大坝上游地基中,布置 1～2 排钻孔,以一定压力将水泥压入基岩的裂缝或断层破碎带,形成不透水帷幕。帷幕的深度,到不透水层。不透水层很深,到隔水层 3～5 m。高坝可设两排钻孔,中低坝一排钻孔,孔距 1.5～4.0 m。

2)排水措施

在帷幕下游坝基中设排水孔,2～3 排,并设排水管道、廊道或集中井,将水排出坝体以外。

6.4.5　各种坝型对地质地形条件的要求

(1)土石坝对地质地形条件的要求

土石坝泛指由当地土料、石料或混合料,经过抛填、辗压等方法堆筑成的挡水坝。当坝体材料以土和沙砾为主时,称土坝;以石渣、卵石、爆破石料为主时,称堆石坝;当两类当地材料均占相当比例时,称土石混合坝。

土石坝对地质地形条件要求低,从岩石地基到土质地基,都可修建土石坝。岩石地基对任何坝型一般都适应,但对于强烈喀斯特岩体、大的断层破碎带、强透水或抗剪强度低的软弱夹层、泥化夹层的岩体、基岩面起伏太大的岩体,宜避开或加强处理。对于土质地基,会不同程度地发生沉陷、变形、滑动、渗漏和渗透变形、震动液化等。

（2）**重力坝对地质地形条件的要求**

重力坝是由混凝土或浆砌石修筑的大体积挡水建筑物,其基本剖面是直角三角形,整体是由若干坝段组成。重力坝主要依靠坝身自重与地基间产生足够大的摩擦阻力来保持稳定,故重力坝对地基要求比土石坝高,一般修建在基岩上。低坝也可建在较好的土质地基上。

重力坝对地质地形条件的要求主要有:

①具有足够的抗滑能力,满足抗滑稳定的要求。

②坝基应有足够的抗压强度和与坝体混凝土相适应的弹性模量,有较好的均匀性和完整性。

③坝基、坝肩应具有良好的抗渗性。

④两岸山体必须稳定,没有难处理的滑坡体和和潜在的不稳定滑移体。

⑤下游河床岩体应具有对高速水流抗冲能力。

⑥坝区附近有足够的、合乎要求的混凝土骨料。

（3）**拱坝对地质地形条件的要求**

拱坝平面上呈拱形并在结构上起拱的作用的坝,拱坝的水平剖面由曲线形拱构成,两端支承在两岸基岩上,竖直剖面呈悬臂梁形式,底部坐落在河床或两岸基岩上。拱坝一般依靠拱的作用,即利用两端拱座的反力,同时还依靠自重维持坝体的稳定。

两岸地形完整性和岩体稳定性要求高,要求两岸拱座岩体稳定,包括拱座的抗滑稳定、变形稳定和渗透稳定。两端拱座岩体应新鲜、完整,强度高而均匀,透水性小,耐风化、无较大断层,拱座山体厚实稳定,不致因变形或滑动而使坝体失稳。滑坡体、强风化岩体、具软弱夹层的、易产生塑性变形和滑动的岩体,均不宜作为拱坝两端的拱座。

（4）**支墩坝对地质地形条件的要求**

支墩坝是由一系列支墩和斜倚于其上的面板组成的坝。面板直接承受上游水压力和泥沙压力等荷载,通过支墩将荷载传给地基;支墩坝对地质地形条件的适应性比较强,但要注意相邻支墩产生过大的不均匀沉降;支墩坝坝轴线方向性差,侧向稳定性差,抗震能力低,抵抗坝肩岩体侧向变形能力低。

6.4.6 水库渗漏

水库蓄水之后,水文条件发生变化,水位上升,流速减慢,库区及邻近地带的地质环境发生改变。当库区存在某些不利的地质因素时,就可能产生各种工程地质问题,如水库渗漏、塌岸、浸没、淤积和地震等。

（1）**水库渗漏的类型**

水库在蓄水过程中及蓄水后会产生水库渗漏。通常水库渗漏形式有两种:暂时性渗漏和永久性渗漏。

1）暂时性渗漏

水库蓄水初期,库水渗入水库水位以下的岩土体孔隙、裂隙和洞穴中,使岩土体饱和。这种渗漏所有水库都存在,因为没有渗出库外,不会对水库蓄水造成威胁,岩土体饱和时停止入渗,库水位降低时,部分水体可以回流入水库。

2）永久性渗漏

库水通过与库外相通的、具有渗漏通道的岩土体长期向库外相邻的低谷、洼地或下游产生渗漏。一般是通过松散土体的孔隙、岩石的节理、裂隙、溶洞等发生。喀斯特渗漏作用表现得最为严重。

工程中所说的水库渗漏指永久渗漏。永久渗漏造成水库漏水损失影响水库效益,严重时可能引起建筑物地基和边坡失稳破坏等,永久性渗漏三种形式见图 6.2。在喀斯特典型发育地区,水库渗漏严重时可能导致水库无法蓄水,使工程不能发挥应有的效益。在实际工程中,完全不渗漏的水库是没有的,通常只要渗漏总量小于该河流多年平均流量的 5% 则是允许的。

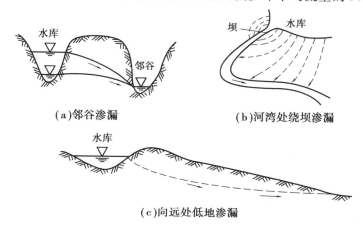

(a)邻谷渗漏　　　　(b)河湾处绕坝渗漏

(c)向远处低地渗漏

图 6.2　库区三种永久性渗漏示意图

（2）水库发生渗漏的条件

1）构成库盆的岩体是透水的,如果水库坐落在黏土岩地区或库盆被厚层黏土所覆盖,这种水库基本上是不漏水的。

2）库外存在有比库水位低的排泄区。

3）库水位高于库岸的地下水位,库水才能向库外渗漏。

由此可见,水库渗漏的发生主要与岩性和地质构造、地形及水文地质条件有关。具备上述三个条件的水库,就可能发生渗漏。

（3）水库渗漏的影响因素

1）地形地貌条件

水库渗漏与不同的地貌单元密切相关。如果库岸山体单薄,又有邻谷存在且下切较深,库水外渗的可能性就大。若水库修建在基岩山区河谷急剧拐弯处,河湾之间的山脊有的地方有可能会很狭窄,这样的地形条件,就有可能产生水库渗漏。

平原地区河谷一般切割较浅,库区与邻谷常相距很远,库水若要穿过河间地块向邻谷渗漏,一般是不容易的。但在河曲发育地段,河间地块比较单薄,则属可能产生渗漏的地形。

2）岩性条件

强透水层可以导致水库渗漏,隔水层的存在则可以起到防渗作用。能够起防渗作用的是微弱透水或基本不透水的岩层,如黏土类岩中的黏土岩、页岩和黏土质沉积层,以及完整致密的各种坚硬岩层。如果库盆或水库周围有隔水层存在,就能够起挡水作用,使库水不致向库外渗漏。

基岩一般比较坚硬致密,孔隙率小。库水如果要通过基岩发生渗漏,主要取决于各种裂隙和溶洞的存在情况,以及沉积岩的层面充填情况。在第四纪的松散沉积层中,对水库渗漏有重大意义的是未经胶结的沙砾（卵）石层，这些沙砾石、砾石、卵石层空隙大、透水性强，如果库区存在这些强透水层并沟通库区内外，就可以成为水库渗漏的通道。

3）地质构造

与水库渗漏有密切关系的地质构造，主要有断层破碎带或断层交会带、裂隙密集带、背斜及向斜构造、岩层产状等。

断层的存在，特别是未胶结或胶结不完全的断层破碎带，都是水库渗漏的主要通道。背斜构造和向斜构造与水库渗漏的关系，主要应从两个方面来分析：一方面，背斜和向斜核部伴生的节理密集带或层间剪切带，可能成为渗漏的通道；另一方面，主要由透水层与隔水层相互配合和产状情况来决定。

6.4.7　水库岸坡稳定

水库周边岸坡在水库初次蓄水时，其水文地质条件将发生强烈改变。例如：岩土体浸水饱和，强度降低；库水位波动变化时，波浪冲刷岸坡，以及岸坡内动、静水压力的变化。对于疏松的土石岸坡水位升降及波浪的冲击下，岸坡将降逐渐后退达到一定程度时就稳定下来，形成新的稳定的岸坡，该过程称为水库塌岸。

（1）水库岸坡坍塌的形成过程

水库蓄水初期，水库塌岸表现最为强烈，随后逐渐减弱，一般可以延续几年甚至十几年，是一个长期而缓慢的过程。

①水库岸坡的初期破坏　水库蓄水初期，岩土受浸饱和及波浪冲蚀，开始形成岸壁塌落。

②浅滩的形成　在库岸较高的地带，水位以上岩土处于干燥状态，强度较高。在库水位附近的岩土，受波浪淘蚀，淘蚀物形成浅滩。

③岸壁后退，浅滩增大　随着库水位的升降变化，岸壁后移，浅滩扩展。

④稳定岸坡的形成　浅滩的形成和扩大，减小了近岸水深，加长了波浪冲击岸边的路程，削弱了波浪能量，沉积物减少。冲蚀和堆积作用基本停止，岸坡趋于稳定。

（2）水库岸坡坍塌的影响因素

影响水库塌岸的因素很多，有库岸岩性和构造条件、库岸形态特征、波浪作用强度、冻融作用、溶蚀作用等。以下主要介绍前3个因素：

1）岸坡岩性和构造条件

岩土性质决定了岸坡的抗剪强度和抗冲刷能力，库水作用在第四纪松散土层时，容易产生严重坍塌；对抗冲刷能力弱、遇水易软化的岩石，水上部分易风化，水下部分易软化，容易形成坍塌；坚硬岩石抗冲蚀能力强，一般不会坍塌。若岩体内部存在大的断层破碎带、节理发育、有软弱夹层，在一定条件下也会形成坍塌。

2）库岸形态

一般水下岸形陡直，岸前水深，波浪对库岸的作用强烈，坍塌物被搬运得快，加速塌岸过程。当地形坡度小于10°时，不发生塌岸。山区和平原河流，水库塌岸的影响有很大区别。低缓的平原岸坡有植物覆盖，坡度近似于水库天然冲刷坡度，很少发生坍塌作用。山区地形一般较陡，发生坍塌时很普遍的，尤其是水位以下岸坡陡峻，且岩土体有较多松散物或结构面组合的不稳定体，在水库蓄水初期坍塌现象严重。

3）波浪作用

波浪的冲刷作用对库岸的破坏作用最为显著。波浪的高度、长度、作用时间决定了波浪的大小和强度。波浪对塌岸的影响主要表现为浪对岸坡土体的冲刷和对塌落物的搬运,加速塌岸过程。

4）其他因素作用

水文地质条件、自然地质现象、植被覆盖程度都与塌岸的形成密切相关。良好的植被可以保护岸壁;风化作用、冲刷作用、泥石流等在一定程度加速了塌岸过程;库水位的上升和下降两个阶段,岩土体饱和抗剪强度降低,易产生塌岸。

（3）岸坡坍塌的类型及稳定性评价

水库岸坡一般分为土质岸坡和岩质岸坡,不同岸坡其破坏形式和稳定性评价方法是不同的。

1）土质岸坡

一般在平原和山间盆地水库,主要由土层、沙砾石层等松散物堆积组成。其破坏形式以坍岸为主,一般分为风浪坍岸和冲刷坍岸。

①风浪坍岸主要发生在水库库面宽阔,库水较深地段。在库水位浸泡和破浪冲蚀作用下,库岸下部形成内凹的浪蚀穴,引起上部岸坡的崩塌。

②冲刷坍岸一般发生在水库的库尾地段,特别是上游有梯级电站。夏季汛期腾空防洪库容,水库库尾恢复河流形态,岸坡土体饱和在河流转弯处易发生冲刷塌方。当上游电站泄洪时,塌方现象更严重。

2）岩质岸坡

一般在峡谷和丘陵水库,其破坏形式以滑坡和崩塌为主。滑坡的发生与岸坡的地形地质条件有关,如坡面形态、排水条件、岩体结构等。

水库滑坡常用刚体极限平衡法进行分析。边坡的抗滑稳定程度以安全系数表示。稳定系数是边坡自身的抗滑力矩与滑动力矩的比值。为保证安全达到的最低稳定系数,称为安全系数。

除滑坡外,岩崩是岩质水库岸坡的另一种失稳形式。一般发生在岸坡陡峻、岩性坚硬、裂隙发育的岩体中,尤其是岸坡岩体上硬下软或下部有采空区的岸坡,极易发生大型岩崩。

（4）水库塌岸的治理措施

水库塌岸的治理一般是在塌岸处修建防护体,减缓或阻止库水对岸坡的冲蚀作用。通常采用抛石、草皮护坡、砌石护坡、护岸墙等措施。

6.4.8　水库淤积

在多泥沙的河流上修建水库,由于水流断面增大,坡降和流速减小,水库上游河流携带的泥沙,除一部分随洪水泄向水库下游,绝大部分沉积在库底,造成水库淤积。粗粒沉积在上游,细粒沉积在下游,更细小的散布于整个水库中。随着时间的推移,泥沙沉积的部位从库尾向坝前推进,直至均匀地分布于库底。

（1）研究水库淤积问题的重要性

当淤积层的渗透系数远小于库盆岩层的渗透系数时,水库淤积层能起到天然防渗的良好作用,但是水库库容却大大减小,降低了水库调节径流的能力,有些淤积严重的水库将会在短期内失去大部分有效库容,缩短水库寿命,影响航运和发电。因此,在多泥沙河流上修建水库时,淤积问题非常突出,防止泥沙淤积是工程能否长期发挥效益的关键。

(2)水库淤积物来源

水库淤积物一般包括:悬移质和推移质。

悬移质为悬浮在水中的细沙、粉沙和黏土;推移质为被水流推动沿河底移动的粗沙和卵砾石等,悬移质用水流平均含沙量表示。我国南方河流含沙量较小,为 $0.1 \sim 0.2 \ kg/m^3$;北方河流含沙量较高,如黄河含沙量极高,多年平均含沙量在 $350 \ kg/m^3$ 以上。主要是由于黄河沿线黄土广泛分布,厚度较大,暴雨集中,森林和草原遭到破坏,冲刷剧烈,水土流失严重。

推移质主要来源于松散碎屑物,如崩落、剥落的岩堆,滑坡、泥石流地段,水库坍塌段。造成水库淤积的物质来源与地区的地质条件、地质结构、地质作用等有很大关系,确定淤积物的来源可为分析水库淤积量提供依据。

(3)水库淤积的防治

水库淤积的防治措施如下:

①加强水库上游的水土保持工作,植树造林、建拦沙坝、加固库岸、排洪蓄清、排除库底淤沙等。

②在水利工程建设中,设置清淤排沙工程(如冲沙底孔、排沙隧道),能有效减少水库淤积。

③在水库调度时科学管理,能有效改善淤积情况。例如"两蓄一泄",即冬春蓄水保夏灌、汛末蓄水保秋灌,汛期泄空防洪淤,能有效改善水库淤积情况。

6.5　环境工程地质问题

环境工程地质是研究人类工程活动与地质环境相互作用、相互影响,从而更加科学合理地开发、利用和保护地质环境的一门科学。人类工程活动与地质环境的协调发展是环境工程地质研究的核心。主要通过地质环境对工程建设的影响和制约以及工程建设对地质环境的改变,引起地质灾害或病害两方面表现出来。传统工程地质是对工程建设场区工程地质条件进行评价。环境工程地质是对工程建设和运营的过程中由于工程建设可能产生的环境地质效应作出评估和预测。常见的环境工程地质问题有地面沉降、地表塌陷、地下水污染、固体垃圾污染等。

6.5.1　地面沉降

地面沉降是由于自然因素或人类工程活动引发的一定区域范围内地面高程降低的地质现象,与滑坡、崩塌、泥石流不同,它是一种缓变性地质灾害。地面沉降的诱因主要有两方面:一方面由于地下水资源的超采,形成较大的降落漏斗;另一方面地层主要是松软沉积物,压缩性高,人类的工程活动造成地面沉降。

(1)地面沉降的主要危害

地面沉降的主要危害如下:

①地面高程降低,造成城市防汛设施的防御能力降低,堤防不断加高。

②江河桥梁净空减小,内河航运受阻,码头受淹。

③建筑物地基下沉,基础和墙体开裂,房屋等建筑物损坏;铁路路基、桥梁基础工程不均匀下沉,威胁列车行驶安全。

④对现有的基础设施,如输排水管道、燃气管网、地下管线等造成严重的安全隐患,增大维护成本。

杭州九溪由于过量开采地下水,使沿溪流方向出现了地面下沉和地面裂缝,裂缝长达 100 m、宽 3 cm,距抽水井 150 m 的三层楼房的墙壁严重开裂;宁波孔浦和江东一带,由于过量开采地下水形成了一个沉降量大于 200 mm、面积达 3 km^2 的沉降中心,中心区沉降速度达 26 mm/d。地面沉降导致潮水位相对上升,防汛能力降低,影响了下水道的排水能力。嘉兴市由于过量开采地下水,已使中心地下水位降至地表以下 38.16 m,形成了以毛纺厂、冷库、冶金厂为中心的几个地下水降落漏斗。

（2）地面沉降的防治

地面沉降的防治措施如下:

①加强对地面沉降的监测和研究,总结地面沉降的发展规律,为类似工程提供经验借鉴。

②科学合理地开采地下水,防止因超采地下水造成的地面沉降。

③在可能会发生地面沉降的地区修建建筑物时,预先查明可能引发沉降的因素,及时采取相应的预防措施。

④向含水层进行人工回灌,有效控制地面沉降。必须严格控制回灌水的质量标准,防止地下水体污染。

6.5.2　地表塌陷

地表塌陷主要发生在喀斯特岩溶地区,埋藏在第四纪沉积物下的溶洞,一般处于稳定状态。一方面,由于城市供水、农业灌溉、工业用水,大量抽取岩溶水,地下水位下降,失去水的浮托力作用,原有顶板承受不了上覆压力,导致地面塌陷;另一方面,岩溶地下水渗流速度快,将土层中的可溶性物质带走,形成空洞,也会引起塌陷。塌陷一般会导致房屋沉陷,道路坍塌,地下管道弯曲、破裂等事故。

如 1976 年 5 月浙江大学土木系教学楼由于过量抽用地下溶洞水,使下面一个深 8 m、长轴 32 m、短轴 23 m 的大溶洞发生塌陷,造成大楼严重开裂,裂缝宽达 2 cm。后来打了 104 根高压旋喷桩,灌进了 275 t 水泥进行了处理。根据大量的调查统计资料显示,当地下水位低于土岩结合面时,一般不产生地面塌陷。因而在实际工程中对地面沉降较敏感的建筑物,选择地下水位较低的地区可以有效地防止地面塌陷。及时观测地下水位的动态变化并采取措施也能有效防止地面塌陷。

6.5.3　地下水污染

地下水污染是指人类活动引起地下水化学成分、物理性质和生物特性发生改变而使水体质量下降的现象。随着工业的发展和地下水开发强度的加大,地下水污染已经成为一个日益严重的问题。

6.5.4　固体垃圾污染

随着城市化进程的不断加快,城市人口和工业不断发展,固体垃圾已成为严重的环境问题。如果固体垃圾存放不适宜,会引起诸多环境工程地质问题,造成地表工程地质环境质量的降低,从而使环境发生恶化。当前无害化处理垃圾的方法有掩埋、焚化和堆肥等,我国垃圾处理以掩埋为主。

垃圾掩埋场地的选择应具备以下条件:

①远离水源,避免位于取水口的上游和水源补给区,保证水源不受污染。

②地形坡度不宜过大,不设置在河流的行水区和洪水可能淹没的地区。

③场地应作好防渗处理,上覆土层有一定承载力且不透水,防止雨水冲刷。

④避免设置在人口密集区和稀有动植物的保护区。

堆放的垃圾通过自身分解,并接受大气降水的淋滤,其污染物必将随同渗出液一起,以不同的运移方式(下渗式径流)间接和直接地污染地下水和地表水。此外,垃圾对土壤也可造成污染,大气降水及地下水径流的淋滤作用,使垃圾中的易溶有害成分,渗入土壤中,使土壤土质恶化,危害农作物生长。被污染的水体渗入地下,将破坏基础的结构,如基脚、沉箱、桩和板桩等,假如使用已污染的水来搅拌混凝土,将影响混凝土的工作性和耐久性。

6.5.5 工程建设引起的其他环境工程地质问题

随着城市人口的增加,城市用地短缺,大量高层建筑出现,软土地基失稳。在山区城市还开山征地,由此造成的水土流失、边坡失稳等问题时有发生。

(1)软土地基问题

软土在我国沿海一带城市广泛分布,软土具有松软、孔隙比大、压缩性高和强度低的特点。因此,在软土地区进行工程建设常遇到一些工程地质问题。

软土在建筑荷载作用下变形量很大,易造成墙体开裂、地面裂缝。基坑施工时,易产生基坑边坡塌落或桩基位移、建筑物的不均匀沉降等问题,特别是在震动条件下,其结构极易破坏,强度会突然降低。

(2)水土流失

城市工程建设中,人类工程经济活动对地形的影响是广泛的,修筑堤岸、堤坝、倾卸物料、筑坡、挖掘等原因产生地形改变,导致城市地区水土流失严重。

我国水土流失比较严重的城市是深圳,主要分布在大沙河流域中上游地区。由于土地开发和修筑公路等工程经济活动,破坏了岩土体的原来固有的环境,造成大面积水土流失。

(3)边坡失稳

我国是一个多山的国家,由于平地甚少,城市用地向山坡上发展是自然趋势,工程建设中,边坡失稳问题日益突出。人工边坡越来越多,规模越来越大,坡度越来越陡。

近年来,很多城市发生岩体或土体边坡滑动、塌落、鼓胀、变形,直接威胁地面建筑物的稳定和人民生命财产的安全。

6.6 工程地质调查与测绘

调查与测绘是工程地质勘测的主要方法。通过观察和访问,对工程地质条件进行综合性的地面研究,将查明的地质现象和获得的资料,填绘到有关的图表与记录本中,这种工作统称为调查测绘。它是工程地质勘察工作中最早进行的和最为根本的一项工作。

6.6.1　工程地质调查

工程地质调查主要是用资料搜集和研究、野外观察和访问群众的方法,需要时可配合适量的勘探和试验工作。所有工程都必须进行,以达到认识工程所涉及地区工程地质条件的目的,必要时需编制测绘纲要目的。

下列资料必须认真搜集和研究,比如:区域地质、航空和卫星遥感遥测相片、气象、水文、地震、水文地质和工程地质等既有资料,以及当地的有关建筑资料和建筑经验等。

野外观察的方法及内容:

①根据地形图,在测区范围内按固定路线进行踏勘,一般采用“S”形,曲折迂回而不重复的路线,穿越地形、地貌、地层、构造、不良地质现象等有代表性的地段,初步掌握地质条件的复杂程度。

②为了解全区的岩层情况,在踏勘时应选择露头良好、岩层完整有代表性的地段作出野外地质剖面。

③寻找地形控制点位置。

在访问群众中,可调查搜集洪水及其淹没情况、地震、滑坡等不良地质的发生情况等,需要时应到现场边看边问。

6.6.2　工程地质测绘

工程地质测绘与工程地质调查不同之处是工程地质测绘的范围往往较大,并且要求将调查研究的结果填绘在一定比例尺的地形图上,以编制工程地质图。

(1)工程地质测绘的目的和要求

对于地质条件复杂或有特殊要求的工程项目,在选址、选线或在初步勘察、详细勘察阶段之前,应先进行工程地质测绘,其目的是研究拟建区域的地层、岩性、构造、地貌、水文地质条件及地理地质现象,对工程地质条件予以初步评价,为选场址、桥梁隧道位置、选公路路线及勘探方案的布置提供依据。

1)测绘范围

除根据建筑场地的大小确定外,还应考虑下列因素:

①建筑类型　对于工业与民用建筑,还应包括建筑场地的邻近地段;对于各种路线,还应包括线路轴线两侧的一定宽度地带;对于洞室工程,还应包括进洞山体及其外围地段。

②工程地质条件复杂程度　应以能保证弄清测区的工程地质条件为准。主要考虑动力地质作用可能影响的范围。比如,建筑物拟建在靠近斜坡地段,则应考虑到斜坡的影响地带;又如,对泥石流,不仅要研究与工程建筑有关的堆积区,而且还要研究补给区的地质条件。

因此测绘范围一般都应稍大于建筑面积,以解决实际问题为前提。

2)测绘比例尺

测绘比例尺一般分为下列 3 种:

①小比例尺测绘　比例尺为 1∶50 000～1∶5 000,一般在可行性研究勘察(选址勘察)、城市规划或区域性的工业布局时采用;

②中比例尺测绘　比例尺为 1∶5 000～1∶2 000,一般在初步勘察阶段时采用;

③大比例尺测绘　比例尺为 1∶1 000~1∶200,适用于详细勘察阶段或地质条件复杂和重要建筑物地段,以及需解决某一特殊问题时采用。

3)观察点、线的布置

观察点、线的布置原则是:根据测绘精度要求,需在一定面积内满足一定数量的观察点及观察路线。观察点的布置应尽量利用天然露头,当天然露头不足时,可布置少量的勘探点,并选取少量的土试样进行试验。在条件适宜时,可配合进行地球物理勘探(详见 6.5.4 小节)工作。观察点一般应定在:

①不同时代的地层接触线、不同岩性的分界线;

②地质构造线;

③不同地貌单元的分界线及同一地貌的微地貌区;

④露头良好的地区;

⑤不整合面;

⑥不良地质现象分布地段。

关于观察点、线的数量与间距,详见有关行业的工程地质测绘规程或勘察规范。

(2)测绘方法

1)相片成图法

利用地面摄影或航空(卫星)遥感遥测相片,先在室内进行解释,划分地层岩性、地质构造、地貌、水系及不良地质现象等,并在相片上选择若干点和路线,然后去实地进行核对修正,绘成底图,最后再转绘成图。

2)实地测绘法

常用的实地测绘方法有以下 3 种:

①路线法　沿着一定的路线,穿越测绘场地,把各种地质现象等标绘在地形图上。路线形式有"S"形或直线形,它一般用于中、小比例尺的测绘,公路工程一般采用此法。

②布点法　根据不同的比例尺预先在地形图上布置一定数量的观察点及观察路线。它适用大、中比例尺的测绘。

③追索法　沿地层走向或某一构造线方向布点追索,以便查明某些局部的复杂构造。

6.6.3　航空及遥感工程地质勘察

航空工程地质勘察简称航空地质,是直接或间接利用飞机或其他飞行工具,借助各种仪器对地面进行地质调查,编制工程地质图的一种方法。

工程地质勘查中的各个阶段均可使用航空地质和遥感技术,在预可行性研究和可行性研究阶段的应用最有成效。这两种方法在自然条件艰险、交通不便、车辆难以到达的地区使用方便。虽然这两种方法并不能完全取代地面工程地质调查和勘探,但是可以使地面工作大大减少,整个勘察时间大为缩短,工作质量大幅度提高。

(1)航空工程地质勘察

在工程地质勘察中,可以应用航空地质方法进行航空目测和航摄像片判释。航空目测是在飞机上对地面地质情况进行观察和记录,可以在摄影前、摄影时和摄影后进行。航空目测是为了对测区的地质情况进行一个全面的了解,以便确定下一步摄影工作计划,或是为了补充摄影工作的不足之处以及寻找建筑材料等。

航摄像片判释是航空地质中的主要工作,利用航空摄影所得到的相片进行内业判释和外业核对,根据各种地质现象在相片上的反应特点,将航摄像片绘制成工程地质图。

航空地质方法一般可用于以下几个方面:

①将部分野外工作转为室内工作。

②缩短勘察周期,保证勘查质量。例如,根据目测和航摄资料,不需地面工作,就能准确定出水系网、地貌单元、不良地质现象的分布范围等。

③可以确定露头情况,清楚地分辨小型地貌。

④勾画出不同岩石分界线,如果有一定的地质资料作为参考,还能确定岩石年代和类别,确定某些水文地质状况等。

⑤确定观测点、勘探点的大概位置和数量,确定调查测绘路线的方向。

⑥确定建筑材料的产地及地表形态的发育。

（2）遥感技术的应用

遥感是在航空测量的基础上发展起来的一门技术。根据物体远近来分类有航空遥感和航天遥感。航空遥感距离较近,是从飞机上进行遥感,一般高度可达 20 km;航天遥感距离较远,是从人造卫星、火箭或天空实验室上进行遥感,距离一般可达数百千米。

遥感技术摄像范围大,反映动态变化快,资料收集方便不受地形限制;影像包括的信息多,成图迅速,成本低廉。目前,遥感技术在国外已广泛应用于政治、军事、经济等各个领域。遥感技术在地质研究中可用于区域地质填图、研究地质构造、寻找矿产资源,火山地震等。

遥感技术在工程地质中主要应用于以下两个方面:①为地形、地质构造复杂的地区的线路位置及重点工程的位置选择提供依据;②为不良地质现象,如滑坡、泥石流的分布范围,以及危害工程建筑的地质构造如断层等提供预报,是设计和施工的重要参考资料。

6.6.4　地质雷达勘探

地质雷达,全称为地质勘探雷达系统（Ground Penetrating Radar）（简称 GPR）。通过向所探测地面的下方发射高频电磁波束,接收来自地下介质界面的反射波来探测地下介质分布的地球物理勘探设备。具有分辨率高、定位准确、快速经济、灵活方便、剖面直观、实时图像显示等优点,已应用于岩土工程勘察、工程质量无损检测、矿产资源研究、生态环境检测、城市地下管网普查等众多领域。

（1）在工程地质勘查中的应用

在工程地质勘查中,由于不同的地层介电常数不同,对雷达波反射强度也不同,因而具有各自的雷达波形特征,以利用雷达波探测地层分类,了解地下基岩等持力层的位置。特别是在基岩面起伏剧烈,破碎带又相对发育的地区,单纯依靠工程钻探显然不能满足工程设计的要求。结合钻孔地质雷达,可完成地层划分,地下断层和断裂查找,地基调查,水文地质勘察,地下采空区范围探测,岩溶地质调查,以及滑坡勘察等地质勘探工作。

（2）在水利大坝中的应用

地质雷达在大坝勘察中的应用,包括前期的工程勘察,中后期的工程施工阶段质量控制、堤坝隐患探测和水利工程质量检测等。堤坝的隐患无损探测,则可通过现在逐步发展成熟的钻孔地质雷达来完成。

（3）在矿产探测中的应用

对于浅层地表的金属矿化带、断层蚀变带，可以利用地面地质雷达进行探测，矿化带金属及氧化物、硫化物富集，电磁性质差异明显，电磁波反射明显，地质雷达技术可以为寻找隐伏矿体提供参考。对于深部的矿化带及断层蚀变带，则可通过钻孔地质雷达来探测。

（4）城市地下基础设施探测

随着市政建设的发展，开挖施工越来越多，地质雷达可迅速地查清施工前方的暗河、管线（包括各种金属和非金属管线）、旧基础等地下障碍物的分布，对市政建设具有重要意义。这是因为在施工中打断管线，会造成停水、断电、污水横流等事故，而大量的旧基础会造成施工中断，延误工期。使用地质雷达可以准确掌握地下基础设施的分布、走向、埋深等状态信息具有重要的意义，从而避免施工事故的发生。

（5）隧道工程中的运用

地质雷达技术可以用于隧道建设的全过程。从隧道路线设计时的地质条件调查，到隧道开挖前的超前地质灾害预报，再到隧道竣工后的隧道衬砌结构密实度和厚度，以及钢筋布置情况的质量检测。

（6）路基路面质量检测

地质雷达技术可以用于公路及铁路质量检测：公路沥青层或混凝土厚度检测，公路基层、垫层和路基质量检测，路基下沉、孔洞、软弱体、裂缝等检测及桥梁结构检测；铁路的路基各层质量检测，路基中岩溶或采空区探测，路基冻土层分布范围探测等方面。

（7）在地质灾害与环境工程中的应用

地质雷达对滑坡、崩塌、泥石流、地面沉陷、水土流失和特殊土灾害等地质结构变化很大，存在明显物性界面的探测有显著效果。

在环境检测中，地质雷达技术可应用于：①地下水位埋深探测；②地下排污管道破碎泄漏污染探测；③垃圾填埋场污染物扩散范围探测等。

6.6.5 工程地质调查测绘内容

工程地质调查测绘的内容应视要求而定，其重点也因勘察设计阶段及工程类型而各有所侧重，但其基本内容不外乎以下几个方面：

（1）地形、地貌

①调查地貌的成因类型和形态特征，划分地貌单元，分析各地貌单元的发生、发展和相互关系，并划分各地貌单元的分界线；

②调查微地貌的特征及其与岩性、构造和不良地质现象的联系；

③调查地形的形态及其变化情况；

④调查植被的性质及其与各种地形要素的关系；

⑤调查阶地分布和河漫滩的位置及其特征，有无古河道、牛轭湖等分布和位置。

（2）地层岩性

1）在沉积岩地区

①了解岩相的变化情况、沉积环境、接触关系，观察层理类型，岩石成分、结构、厚度和产状要素；

②对岩溶应了解岩溶发育规律和岩溶形态的大小、形状、位置、填充情况及岩溶发育与岩性、层理、构造断裂等的关系；

③对整个测区应绘制剖面图，以了解地层岩性的变化规律和相互关系。

2）在岩浆岩地区

应了解岩浆岩的类型、形成年代、产状和分布范围，并详细研究：

①岩石结构、构造和矿物成分及原生、次生构造的特点；

②与围岩的接触关系和围岩的蚀变情况；

③岩脉、岩墙等的产状、厚度及其与断裂的关系，以及各侵入体间的穿插关系。

3）在变质岩地区

①调查变质岩的变质类型（区域变质、接触变质、动力变质、混合岩化等）和变质程度，并划分变质带；

②确定变质岩的产状、原始成分和原有性质；

③了解变质岩的节理、劈理、片理、带状构造等微构造的性质。

（3）地质构造

①调查各构造形迹的分布、形态、规模和结构面的力学性质、序次、级别、组合方式以及所属的构造体系；

②研究褶皱的性质、类型和两翼的产状、对称性及舒展程度；

③研究断裂构造的性质、类型、规模、产状、上下盘相对位移量及断裂带的宽度、充填物质和胶结程度；

④研究新构造运动的性质、强度、趋向、频率，分析升降变化规律及各地段的相对运动，特别是新构造运动与地震的关系；

⑤调查裂隙（节理）的产状、性质、宽度、成因和充填胶结程度。

（4）不良地质现象

①调查滑坡、崩塌、岩堆、泥石流、移动沙丘等不良地质现象的形成条件、规模、性质及发展状况；

②当基岩裸露地表或接近地表时，应调查岩石的风化程度、风化层厚度、风化物性质及风化作用与气候、地形、岩性和水文地质条件的关系。

（5）第四纪地质

①确定沉积物的年代；

②划分成因类型；

③确定第四纪沉积物的岩性分类并研究其变化规律：

a.根据第四纪沉积物的沉积环境、形成条件、颗粒组成、结构、特征、颜色、滚圆度、湿度、密实程度等因素进行岩性分类，并确定土的名称；

b.详细研究沉积物在水平与垂直方向上的变化规律；

c.特殊土的研究。

（6）地表水及地下水

①调查河流及小溪的水位、流量、流速、洪水位标高及淹没情况；

②了解水井的水位、水量、变化幅度及水井结构与深度；

③调查泉的出露位置、类型、温度、流量及动态变化；

④查明地下水的埋藏深度、水位变化规律及变化幅度；

⑤了解地下水的流向及水力梯度；

⑥调查地下水的类型及补给来源；

⑦了解化学成分及其腐蚀性。

(7)建筑沙石料

名称、产量、质量及采集、运输条件等。

6.6.6 资料整理

(1)检查外业资料

对前期工程地质调查与测绘所得到的各项原始资料进行检查,检查其是否完整及是否准确。

(2)编制图表

根据工程地质调查测绘的目的和要求,编制有关图表。工程地质调查测绘完成后,一般不单独提出成果,往往把调查测绘资料依附于某一勘察阶段,使某一勘察阶段在调查测绘的基础上作深入工作。

6.7 工程地质勘探

通过工程地质调查测绘,仅能初步了解测区工程地质条件的概况。有些问题,特别是地下深部的地质情况,只能作些推断和预测。至于是否正确,尚有待进行勘探工作予以验证和充实。工程地质勘探工作是取得第一手地下实际资料的重要手段,可采取岩土样品。其方法有①挖探;②简易钻探;③钻探;④地球物理勘探;⑤触探。

6.7.1 挖探

挖探是一种最常用的方法,一般有坑探、槽探及平硐探。其最大优点是操作简易,能够清晰观察土层并描述土的性状,能取得详尽的资料和原状土样。但勘探深度有限,而且劳动强度大。

(1)坑探

坑探是垂直向下掘进的土坑,如图 6.3 所示。浅者称探坑(inspection pit),深者称探井(inspection well)。一般断面为 1.5 m×1.0 m 的矩形或直径 0.8~1.0 m 的圆形。深度一般为2~3 m,若较深需进行坑壁加固。其适用于不含水或地下水量微量的较稳固的地层,主要用来查明覆盖层的厚度和性质、滑动面、断层、地下水位以及采取原状土样等。

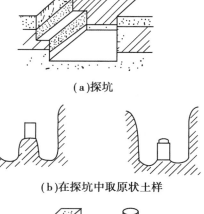

(a)探坑

(b)在探坑中取原状土样

(c)原状土样

图 6.3 坑探示意图

（2）槽探

槽探是挖掘成狭长的槽形,一般宽度为
0.6~1.0 m,长度视需要而定,深度通常小于3 m。适用于基岩覆盖层不厚的地方,常用来追索构造线,查明坡积、残积层的厚度和性质,揭露地层层序等。槽探一般应垂直岩层走向或构造线布置。

（3）平硐探

断面为梯形或马蹄形,尺寸视需要而定,硐壁一般需支护。布置在陡坡或岩层近于直立地区。多用于了解软弱夹层、断层破碎带的分布和岩体节理、裂隙的发育情况及其他专门问题。

6.7.2　简易钻探

常用的有小麻花钻探和洛阳铲勘探。其优点是:工具简单轻便,易操作,进尺较快,劳动强度较小。但缺点是:不能采取原状土样,在密实或坚硬的地层内不易钻进或不能使用。

（1）小型麻花钻探

小型麻花钻探如图6.4所示,主要设备是每节长1 m的钢管钻杆和管子钳,首节端部为麻花形钻头,用人工加压回转钻进,孔径较小,随着进尺靠钢管两端螺纹接长。适用于黏性土及亚沙土地层,可在现场鉴别土的性质。它与挖探和轻便触探配合,适用于地质条件简单的小型工程的简易勘探,能取得扰动土样,钻探深度可达10 m。

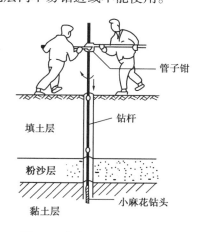

图6.4　小麻花钻钻进示意图

（2）洛阳铲勘探

洛阳铲勘探是借助洛阳铲的重力冲入土中,钻(冲)成直径小而深度较大的圆孔,可采取扰动土样。冲进深度一般为10 m,在黄土层中可达30余米。

6.7.3　钻探

钻探是广泛采用的一种非常重要的勘探手段,它可以获得深部地层的可靠地质资料,一般是在挖探、简易钻探不能达到目的时采用。钻探是用钻机在地层中钻孔,以鉴别和划分地层。还可沿孔深取样。根据钻进时破碎岩土的方法,钻探可分为冲击钻、回转钻、冲击-回转钻及振动钻等几种。

（1）冲击钻

冲击钻是利用钻具的重力和冲击力,使钻头冲击孔底以破碎岩石。该法能保持较大的钻孔口径。人力冲击钻进,适用于黄土、黏性土、沙性土等疏松的覆盖层,但劳动强度大,难以取得完整的岩心。机械冲击钻进,适用于砾石、卵石层及基岩,不能取得完整岩心。

（2）回转钻

回转钻是利用钻具回转,使钻头的切削刃或研磨材料削磨岩土,可分孔底全面钻进与孔底环状钻进(岩心钻进)两种。工程地质勘探广泛采用岩心钻进,该法能取得原状土样和较完整的岩心。人力回转钻进适用于沼泽、软土、黏性土、沙性土等松软地层,设备较简单,但劳动强度较大。机械回转钻进,有多种钻头和研磨材料,可适应各种软硬不同的地层。机械回转钻进的装置如图 6.5 所示。

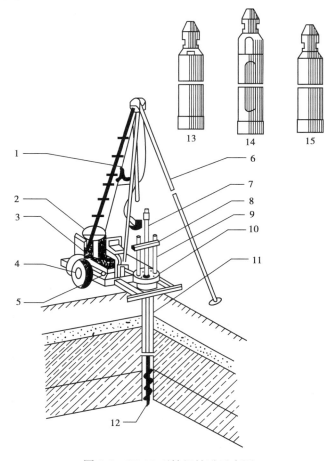

图 6.5　SH-30 型钻机钻进示意图

1—钢丝绳;2—汽油机;3—卷扬机;4—车轮;5—变速箱及纵把;

6—四腿支架;7—钻杆;8—钻杆夹;9—拨棍;10—转盘;11—钻孔;

12—螺旋钻头;13—抽筒;14—劈土钻;15—劈石钻

(3)冲击-回转钻

冲击-回转钻也称综合钻进,钻进过程是在冲击与回转综合作用下进行的,它适用于各种不同的地层,能采取岩心,在工程地质勘探中应用也较广泛。

(4)振动钻

振动钻是利用机械动力所产生的振动力,通过连接杆及钻具传到钻头周围的土层中,由于振动器高速振动的结果,使土层的抗剪强度急剧降低,借振动器和钻具的重力,切削孔底土层,达到钻进的目的。它的钻进速度快,但主要适用于土层及粒径较小的碎、卵石层。

6.7.4　地球物理勘探

地球物理勘探简称物探。凡是以各种土、石物理性质的差别为基础,采取专门的仪器,观测天然或人工的物理场变化,来判断地下地质情况的方法,统称为物探。

物探的优点是:效率高,成本低,仪器和工具较轻便。由于不同土、石可能具有某些相同的物理性质,或同一种土、石可能具有某些不同的物理性质,有时较难得出肯定的结论,必须使用钻探加以校核、验证,所以物探有其一定的适用条件。当与调查测绘、挖探、钻探密切配合时,对指导地质判断、合理布置钻孔、减少钻探工作量等方面都能起到良好的效果。恰当地运用多种物探方法,互相配合,进行综合物探,也能取得较好的效果。

物探按其所利用的土石物理性质的不同可分为声波探测、电法勘探、地震勘探、重力勘探、磁力勘探与放射性勘探等。前三者在工程地质工作中得到较为广泛的使用。

(1)**声波探测**

声波探测是利用声波段在岩体(岩石)中的传播特性及其变化规律,测试岩体(岩石)的物理力学性质。利用在应力作用下岩体(岩石)的发声特性还可对岩体进行稳定性监测。

(2)**电法勘探**

电法勘探简称电探,是通过仪器测定土、石导电性的差异,来判断地下地质情况的一种物探方法。在具备如下条件时,电法勘探能取得较好的效果:地层之间具有一定的导电差异;所测地层具有一定的长度、宽度和厚度,相对的埋藏深度不太大;地形比较平坦,游散电流与工业交流电等干扰因素不大。电探的种类很多,按电场性质可分为人工电场法和自然电场法,人工电场法可再分为直流电场法和交流电场法。用得较多的是直流电探,按其电极装置的不同,又可分为电阻率法(包括电测深法与电测断面法)和充电法。

①电阻率法　它是利用不同岩层或同一岩层由于成因、结构等不同而具有不同电阻率的性质,将直流电通过接地电极供入地下,建立稳定的人工电场,在地表测某点垂直方向(电探深法)或某剖面水平方向(电测剖面法)的电阻率变化,从而判别岩层的分布或地质构造特点的方法。

②充电法　它是将 A 极置于要观测的地质体内,将 B 极置于远处,供电后,量测 A 极处电场等位线的形状或等位线随时间的变化情况,以推求地质体的状态、大小或运动情况。

(3)**地震勘探**

地震勘探是根据土、石弹性性质的差异,通过人工激发的弹性波的传播快慢,来探测地下地质情况的一种物探方法。它又分为直达波法、反射波法和折射波法。由敲击或爆炸震源直接传播到接收点的波称为直达波,引起弹性波在不同地层的分界面上发生反射和折射,产生可返回地面的反射波和折射波。直达波法是利用地震仪记录它们传播到地面各接受点的时间和距离,就可推求出地基土的动力参数——动弹性模量、动剪变模量及动泊松比来;反射波法和折射波法是利用传播到地面各点的时间,并研究振动波的特性,就可以确定引起反射或折射的地质界面的埋藏深度、产状以及岩石性质等。

地震勘探直接利用岩石的固有性质(密度与弹性),较其他物探方法准确,且能探测很大深度,在工程地质勘探中日益得到推广使用。

几种物探方法的应用范围及适用条件,详见表6.1。它们的具体方法可参阅有关规程或专著。

表 6.1　几种物探方法的应用范围及适用条件

方　法		应用范围	适用条件
直流电法	电阻率法 电测深	①了解地层岩性、基岩埋深 ②了解构造破碎带、滑动带位置, 裂隙发育方向 ③探测含水构造,含水层分布 ④寻找地下洞穴	探测的岩层要有足够的厚度,岩层倾角不宜大于20° 分层的电阻率 ρ 值有明显差异,在水平方向没有高电阻或低电阻屏蔽 地形比较平坦
	电阻率法 电剖面	①探测地层、岩性分界 ②探测断层破碎带的位置 ③寻找地下洞穴	分层的电性差异较大
	电位法 自然电场法	判定在岩溶、滑坡以及断裂带中地下水的活动情况	地下水埋藏较浅,流速足够大,并有一定矿化度
	电位法 充电法	测地下水流速、流向,测定滑坡的滑动方向和滑动速度	含水层深度小于50 m,流速大于1.0 m/d 地下水矿化度微弱,围岩电阻率较大
交流电法	频率测探法	查找岩溶、断层、裂隙及不同岩层界面	
	无线电波透视法	探测溶洞	
	地质雷达	探测岩层界面、洞穴	
地震勘探	直达波法	测定波速,计算土层动弹性参数	
	反射波法	测定不同地层界面	界面两侧介质的波阻抗有明显差异,能形成反射面
	折射波法	测定性质不同地层界面,基岩埋深、断层位置	离开震源一定距离(盲区)才能接收到折射波
声波探测		测定动弹性参数,监测洞室围岩或边坡应力	
测井	电视测井	观察钻孔井壁	以光源为能源的电视测井不能在浑水中使用,如以超声波为能源则可在浑水或泥浆中使用
	井径测量	测定钻孔直径	
	电测井	测定含水层特性	

6.8　工程地质试验及现场观测

试验是工程地质勘察的重要环节,是对土石工程性质进行定量评价的必不可少的方法,是解决某些复杂的工程地质问题的主要途径。

　　工程地质调查测绘与勘探工作只能解决土石的空间分布、发展历史、形成条件等问题,对土石的工程地质性质只能进行定性的评价,要进行准确的定量的评价,必须通过试验工作。另外在工程实践中可能遇到某些复杂的自然现象和作用,一时尚不能从理论上认识清楚,而又急于要求解决,在这种情况下,往往可以通过试验方法加以解决。试验可分为室内试验和原位试验。

　　物理地质现象与作用(如滑坡等)是在自然环境不断变化的情况下发生与发展的,又如岩土性状变化、地下水动态、邻近结构物与设备受到的影响和对已有建筑物的运行状态,都需要进行现场观测。通过直接观察和勘探只能了解某一短时期的情况,要了解其变化规律,就需要作长期现场观测工作。而掌握其变化规律,有时则是工程设计所必需的,因此,现场观测是工程地质勘察的重要方法,在某些情况下则是必需的。它不仅可为设计直接提供依据,而且可以为科研积累资料。

6.8.1　室内试验

　　室内试验是对调查测绘、勘探及其他过程中所采取的样品进行试验,通常是在实验室内进行,也可用试验箱在野外进行。

　　(1)岩土工程性质试验

　　对黏性土和粉土的试验项目一般是:天然密度、天然含水率、土粒比重、液限、塑限、压缩系数及抗剪强度指标(黏聚力、内摩擦角)等。对沙土则要求进行颗粒分析,测定天然密度、天然含水率、土粒比重及自然休止角等。对碎石土,必要时,可作颗粒分析,对含黏性土较多的碎石土,宜测定黏性土的天然密度、天然含水率、液限和塑限。对岩石一般可作室内饱和单轴极限抗压强度和软化系数等试验。

　　(2)如需要判定场地地下水对混凝土的侵蚀性时,一般可测定下列项目

　　pH 值和 Cl^-,SO_4^{2-},HCO_3^-,Ca^{2+},Mg^{2+} 等离子以及游离 CO_2 和侵蚀性 CO_2 的含量。

　　选择室内试验的项目、数量和条件,应根据工程要求、设计阶段和当地自然条件等因素确定,可参见行业《岩土工程勘察规范》。

　　(3)工程地质问题的专门试验

　　对某些尚未被认识清楚或不便于数学推理的因素复杂的工程地质问题,常常需要通过专门设计模型试验或模拟试验作出解答或评价。

6.8.2　原位试验

　　原位试验(in situ testing)是在野外岩土的原处并在自然条件下进行的,避免土样在取样、运输以及室内准备试验过程中被扰动,因而其试验成果较为可靠。试验范围或试样的体积较大,较能综合的反映岩土的实地工程地质性质。野外试验在设备、技术、人力、物力和时间等方面,一般要比室内试验大得多,但是由于有的野外试验是室内试验所不能代替的,有的则比室内试验准确得多,因此,它是工程地质勘察必不可少的定量评价方法。较常作的野外原位试验有触探、平板荷载试验、十字板剪切试验、岩土原位直接剪切试验、动力参数或剪切波速的测定、桩的静或动荷载试验等。有时还需进行地下水的抽水试验,见表 6.2。

表 6.2　岩土工程原位试验一览表

序号	方法名称	类　型	基本原理	试验成果及应用
1	载荷试验	平板载荷试验（PLT）	利用所得 $p\sim s$ 关系曲线确定各种特性指标	确定地基承载力、变形模量,预估建筑物沉降量,计算地基土固结系数、不排水抗剪强度,确定单桩(垂直、横向)承载力
		螺旋板载荷试验（SPLT）		
		桩基载荷试验		
		动载荷试验	实测地基土的 a、p_d 值,作为设计控制指标	
2	静力触探试验	静力触探试验（CPT）	用静力将探头以一定速率压入土中,利用探头内力传感器,通过电子量测仪器测定 p_s（单桥）或 q_c 和 f_s（双桥）以及 u 等	黏性土不排水抗剪强度,沙土相对密实度、内摩擦角,判别沙土和饱和粉土液化,土的模量(E_o、E_g、E_u 等);估算渗透系数、静水压力;地基或单桩的承载力等
3	动力触探试验（DPT）	轻型（锤质量 10 kg）	利用一定锤击动能,将一定规格的圆锥探头打入沙土、角（圆）砾、卵石中一定距离,根据贯入击数判定土层工程性质	评价沙土、碎石土密实度,确定地基土承载力,抗剪强度及变形模量,桩尖持力层和单桩承载力,振冲碎石桩、强夯加固效果、桩间或灰土挤密桩、深层搅拌桩等质量检验
		中型（锤质量 28 kg）		
		重型（锤质量 63.5 kg）		
		超重型（锤质量 120 kg）		
4	标准贯入试验	标准贯入试验（SPT）	与动力触探同,只是将探头换为标准贯入器（开口管状空心探头）	确定地基承载力,确定土的抗剪强度及变形参数,黏性土无侧限抗压强度及沙土密实度,黏性土的稠度,单桩承载力,判别饱和沙土、粉土的液化
5	十字板剪切试验	机械十字板剪切试验	插入软土中的十字板头,以一定速率旋转,测出土的抵抗力矩,换算其抗剪强度指标	计算地基承载力,确定软土路基临界高度,分析地基稳定性,判定软土固结历史,估算单桩极限承载力,确定土的灵敏度
		电测十字板剪切试验		
6	旁压试验	预钻式旁压试验	在钻孔内利用旁压器对孔壁施加水平压力,同时量测孔壁的变形,通过压力与变形关系求得地基土的承载力及变形特性	通过旁压试验压力-变形曲线,测定水平向初始压力、临塑压力、极限压力和旁压模量、原位水平应力、变形参数及不排水抗剪强度、灵敏度、水平向固结系数、水平基床系数,确定土类指标 E_M/p_L,地基沉降及其不均匀评价,确定地基承载力等
		自钻式旁压试验		
		扁平板旁压试验		

续表

序号	方法名称	类型		基本原理	试验成果及应用
7	现场剪切试验	岩石现场剪切试验		将垂直压应力和剪应力施加在预定的剪切面上,直至剪切破坏	计算剪切面应力,确定抗剪强度参数,用以评价地(坝)基、地下建筑和边坡岩体稳定性
		岩石现场三轴试验		岩石、风化岩、碎石土、黏性土在三个相互正交的压应力(σ_1、σ_2、σ_3)作用下,测定其强度和变形性质的试验	计算岩石抗压强度,计算应变值、弹性模量、泊松比,确定抗剪强度参数
		土的现场剪切试验	现场直剪试验(适用于滑面、软弱结构面、岩土接触面等)	对现场几个试体施加不同垂直压力,待固结稳定后施加水平剪应力,使试体在确定的剪切面上破坏,绘制破坏剪应力与垂直压应力关系曲线,求取抗剪强度参数	计算 c、φ 值,用于边坡设计,求滑面评价其稳定性,计算临塑荷载、极限荷载,对高压缩性较为接近,用于测定残坡积、洪积的碎石土及混合土层的力学指标
			水平推剪试验(适用于无黏性的土层)	施加水平推力,使试样沿着软弱方向发展至破坏,测定($P_{\min}$)土体摩擦力,绘制滑动断面图	
8	岩体原位应力测试	应力恢复法		在测点旁边开槽解除应力,再施加压力,使岩体应变恢复到原来状态,以求得岩体在应力解除前的应力值	岩体表面应力测量、只能恢复正(压)应力
		应力解除法		岩体在应力作用下产生应变,将测点单元岩体与母岩分离,应力解除,测应变计算其应力	岩体表面和地下洞室围岩表面的应力
		破裂岩石法		通过钻孔间向地下某测段施加水压,用高压将孔壁压裂,然后根据破坏压力、关闭压力和破裂面的方位,计算确定岩体内各主应力的大小和方向	在深孔中测定岩体应力,目前实测深度已达 5 105 mm。方法简单易行,不需要复杂的井下仪器,而且直接测定应力,不需要根据应变通过弹性参数换算;可在高应力差区进行,测定较大范围内的平均值有较好代表性
9	岩体原位变形测试	静力法	承压板法	通过加压设备将力施加在选定的岩石面上,测量岩体的变形	根据试验数据,绘制压力-变形曲线,计算岩石变形特性指标——变形模量、弹性模量、泊松比、岩石抗力系数等
			狭缝法		
			单(双)轴压缩法		
			水压法		
			双筒法		
			径向千斤顶法		
			钻孔变形计法		
		动力法	声波法		
			地震波法		

195

续表

序号	方法名称	类 型	基本原理	试验成果及应用
10	地基土对混凝土板的抗滑试验		在岩土地基表面试板上,分别施加每级垂直荷重 p(根据建筑物的设计荷载确定垂直压力),然后逐级施加水平拉力 S,量测水平位移 u 直至试板滑动为止。因接触面上垂直压力与抗剪强度符合库仑定律,故由 S-u 曲线计算抗剪强度 S_c	计算混凝土板的垂直压力及水平推力,计算接触面抗剪强度,绘制水平拉力-水平位移关系曲线,绘制垂直压力-抗剪强度关系曲线,确定接触面的黏聚力 C_c 和摩擦角 φ_c
11	水力劈裂试验		对岩土体施加压力,使之产生裂缝的一种试验	计算天然孔隙水压力,绘制压力-流量关系曲线,计算静止侧压力系数,该试验方法在测试地基应力及土坝的设计与加固中均有应用

(1)触探

用静力或动力将金属探头贯入土层,根据对触探头的贯入阻力或锤击数,从而间接判断土层及其性质。触探(sounding)是一种勘探方法,又是一种原位测试技术。作为勘探方法,触探可用于划分土层,了解地层的均匀性;作为测试技术,则可估算土的某些特性指标或估算地基承载力。触探按贯入方法分,有静力触探和动力触探。

1)静力触探

借助静压力(static sounding)将触探头压入土层,利用电测技术测得贯入阻力来判定土的力学性质。与常规勘探手段比较,它能快速、连续地探测土层及其性质的变化。采用静力触探时,宜与钻探相配合,以期取得较好的结果。

按提供静压力的不同,又可分为机械式和油压式两类。机械式静力触探仪如图6.6所示,其核心部分是触探头,它是土层阻力的传感器。触探杆将探头匀速向土层贯入时,探头附近一定范围内的土体对探头产生贯入阻力。在贯入过程中,贯入阻力的变化反映了土的物理力学性质的变化。一般说,同一种土,贯入阻力大,土层的力学性质好。因此,测得探头贯入阻力,就能评价土的强度和其他工程性质。贯入阻力可通过贴在探头空心柱上的电阻应变片的拉伸变形转变成电讯号,从而在地面接收仪器上量得,如图6.7所示。

触探头按其构造不同又可分为单桥探头和双桥探头,前者只能量测总贯入阻力 $P(\text{kN})$,而后者可分别测出探头锥尖总阻力 $Q_c(\text{kN})$ 和侧壁总阻力 $P_f(\text{kN})$,据此可计算出单桥探头的比贯入阻力 p_s 和双桥探头的锥尖阻力 q_c、侧壁摩阻力 f_s 以及同一深度处的摩阻比 n:

$$p_s = P/A \tag{6.1}$$

$$q_c = Q_c/A \tag{6.2}$$

$$f_s = P_f/A \tag{6.3}$$

$$n = f_s/q_c \times 100\% \tag{6.4}$$

式中　A——探头截面面积,m^2。

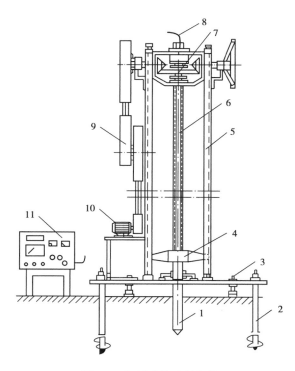

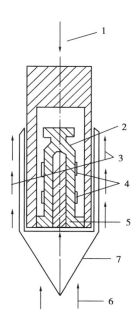

图 6.6　机械式静力触探仪

1—触探头;2—地锚;3—支座;4—导向器;5—支架;

6—传动齿筒;7—传动齿轮;8—电缆;9—皮带轮;

10—电动机;11—电阻应变仪

图 6.7　触探头工作原理示意图

1—贯入力;2—空心柱;3—侧壁

摩阻力;4—电阻片;5—顶柱;

6—锥尖阻力;7—探头套

为了直观地反映勘探深度范围内的力学性质,触探成果可绘出 p_s-z,q_c-z 和 n-z 曲线。单桥探头的 p_s-z 曲线如图 6.8 所示。

根据 p_s 的大小可确定土的承载力、压缩模量 E_s 和变形模量 E_0,如再加上 p_s-z 曲线的特征,即可用来划分土层:黏性土的 p_s 值一般较小,p_s-z 曲线较平缓,而沙土的 p_s 值较大,且 p_s-z 曲线高低起伏大,如图 6.8 所示。此外,双桥探头试验成果也可用来估算单桩承载力。

2)动力触探

动力触探是将一定质量的穿心锤,以一定的高度(落距)自由下落,将探头贯入土中,然后记录贯入一定深度所需的锤击数,并以此判断土的性质。表 6.3 为国内常用的动力触探类型及规格,可根据所测土层种类、软硬、松密等情况选用。下面重点介绍标准贯入试验和轻型动力触探试验。

①标准贯入试验　它是以钻机作为提升架,并配用标准贯入器、触探杆和穿心锤等设备,如图 6.9 所示。试验时,将质量为 63.5 kg 的穿心锤以 760 mm 落距自由下落,先将贯入器直接打入土中 150 mm(此时不计锤击数),然后记录每打入土中 300 mm 的实测锤击数 N'。在提出贯入器后,可取出其中的土样进行鉴别描述。

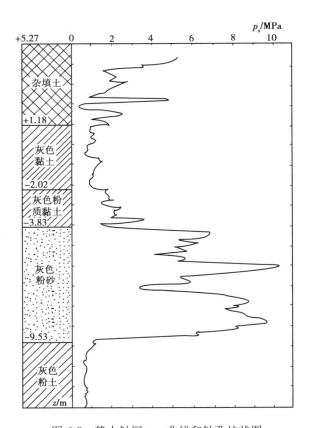

图 6.8 静力触探 p_s-z 曲线和钻孔柱状图

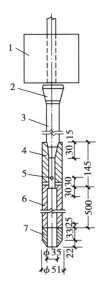

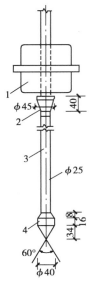

图 6.9 标准贯入试验设备

1—穿心锤；2—锤垫；3—钻杆；4—贯入器头；5—出水孔；

6—由两半圆形管并合而成的贯入器身；7—贯入器靴

图 6.10 轻便动力触探设备

1—穿心锤；2—锤垫；3—触探杆；

4—尖锥头

表 6.3　国内动力触探类型及规格

触探类型	落锤质量 /kg	落锤距离 /cm	探头规格	触探指标	触探杆外径 /mm
轻型	10±0.2	50±2	圆锥头,锥角 60°,锥底直径 4.0 cm,锥底面积 12.6 cm²	贯入 30 cm 的锤击数 N_{10}	25
重型	63.5±0.5	76±2	圆锥头,锥角 60°,锥底直径 7.4 cm,锥底面积 43 cm²	贯入 10 cm 的锤击数 $N_{63.5}$	42
超重型	120±1.0	100±2	圆锥头,锥角 60°,锥底直径 7.4 cm,锥底面积 43 cm²	贯入 10 cm 的锤击数 N_{120}	50~60

进行试验时,随着钻杆入土长度的增加,杆侧土层的摩阻力以及其他形式的能量消耗也增大了,因而使得实测锤击数 N' 值偏大。因此,当杆长大于 3 m 时,锤击数 N 应按下式校正:

$$N = aN' \tag{6.5}$$

式中　a——触探杆长度校正系数,见表 6.4。

由锤击数 N,可估算黏性土的变形指标与软硬状态,沙土的内摩擦角与密实度,以及估算地震时沙土、粉土液化的可能性和地基承载力等,因而常被广泛采用。

表 6.4　触探杆长度校正系数 α

触探杆长度/m	≤3	6	9	12	15	18	21
a	1.00	0.92	0.86	0.81	0.77	0.73	0.70

②轻便动力触探试验　它的设备较简单(图 6.10)、操作方便,适用于黏性土和黏性素填土的勘探,其触探深度只限于 4 m 以内。试验时,先用轻便钻具开孔至被测试的土层,然后以手提升质量 10 kg 的穿心锤,使其以 500 mm 的落距自由下落,把尖锥头竖直打入土中。每贯入 300 mm 的锤击数以 N_{10} 表示。根据 N_{10} 可确定土的地基承载力,还可按不同位置的 N_{10} 值的变化情况来判定土层的均匀程度。

(2)静力载荷试验

静力载荷试验包括平板载荷试验(PLT)和螺旋板载荷试验(SPLT)。平板载荷试验适用于浅部各类地层,螺旋板载荷试验适用于深部或地下水位以下的地层。静力载荷试验可用于确定地基土的承载力、变形模量、不排水抗剪强度、基床反力系数及固结系数等。下面主要以平板载荷试验为例介绍静力载荷试验的基本原理和方法。

平板载荷试验相当于基础受荷时的模型试验,比较直观,普遍认为成果比较可靠,故在地基处理效果检验中被广泛采用。但也有它的局限性,必须予以注意,例如:

①试验用的承压板的尺寸,比实际基础的尺寸要小得多,从刚性压板边缘开展的塑性区,容易互相连接而导致破坏,故用平板载荷试验求出的极限承载力一般比实际基础偏小。平板

199

载荷试验一般在无超载的条件下进行,不同于有一定埋置深度的实际基础。

②平板载荷试验的加荷速率一般比实际基础快得多,这种差异引起的后果,对于固结排水缓慢的软黏土尤为突出。

③刚性承压板下土中的应力状态极为复杂,根据这种试验成果计算土的变形模量只能是近似的。

④平板载荷试验成果所反映的是承压板下 1.5~2.0 倍承压板直径深度范围内土的性状,要测试深层土的性状在技术上难度较大。

⑤人工处理地基往往是一种不均匀地基或某种复合地基,承压板尺寸较小时成果缺乏代表性,难以据此推算不均匀地基或复合地基的性状。因此,为了检验地基处理的效果,有时要作大型平板载荷试验,甚至原型基础载荷试验。

1)试验设备

旧式的载荷试验用木质或铁质载荷台,用重物加荷,由于劳动强度大,加荷时有振动等缺点,现已很少采用。目前常用的是液压载荷试验设备,包括反力系统、加荷与稳压系统、量测系统等部分。

①反力系统　对土质地基,反力系统有堆载式、撑臂式、平洞式、锚杆式等多种形式,其装置如图 6.11 所示。

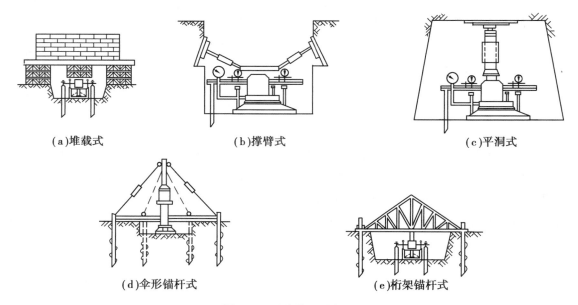

(a)堆载式　　　　　(b)撑臂式　　　　　(c)平洞式

(d)伞形锚杆式　　　　　(e)桁架锚杆式

图 6.11　反力装置示意图

对岩质地基反力系统有洞室式、锚杆式、深井式等多种形式,其装置如图 6.12 所示。

②加荷与稳压系统　加荷与稳压系统一般由承压板、加荷千斤顶、立柱、油泵、油管、稳压器等组成。

2)地基土静力载荷试验基本技术要求

试验时将试坑挖至基础的预计埋置深度,整平坑底,放置承压板,在承压板上施加荷重来进行试验。基坑宽度不应小于承压板宽度或直径的 3 倍。注意保持试验土层的原状结构和天

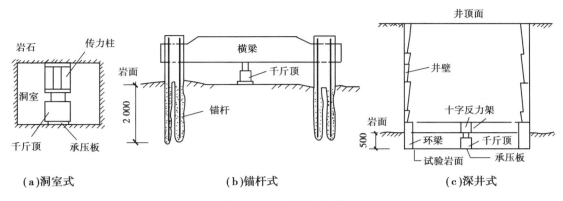

（a）洞室式　　　　　　　　（b）锚杆式　　　　　　　　（c）深井式

图 6.12　反力装置示意图

然温度。承压板有足够的刚性,保持试验过程中不变形,一般用加肋的圆形或方形焊接铜板。对于大型载荷试验,一般用现浇钢筋混凝土承压板。

承压板的尺寸对试验成果有很大影响,为了便于应用试验成果,规定对于密实土质,承压板最小面积 1 000 cm², 一般采用 2 500~5 000 cm²。对于非均质土,强夯、振冲处理后的非均质地基和复合地基,承压板的尺寸应当加大,具体数值视工程要求和地基条件而定。加荷等级不应少于 8 级,最大加载量不少于荷载设计值的两倍。每级加载后按时间间隔 10,10,10,15, 15 min 测读沉降量,以后每隔 30 min 测读一次沉降量。当连续 2 h 内沉降量小于 0.1 mm/h 时,则认为沉降已趋稳定,可加下一级荷载。当出现下列情况之一时,即可终止加载:

①承压板周围的土明显侧向挤出;

②沉降量 s 急剧增大,荷载-沉降曲线(p-s 曲线)出现陡降段;

③在某一级荷载下,24 h 内沉降速率不能达到稳定标准;

④相对沉降量 $S/b>0.06$(b 为承压板的宽度或直径)时。

满足前 3 种情况之一时,其对应的前一级荷载定为极限荷载。

3)地基土静力载荷试验资料的整理

①确定地基承载力

根据静力载荷试验成果绘制出的 p-s 曲线(图 6.13)按下述方法确定地基承载力,即

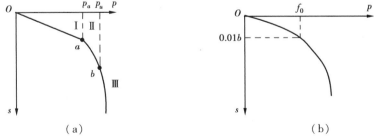

（a）　　　　　　　　　　　　　　（b）

图 6.13　地基载荷试验 p-s 曲线

Ⅰ—压实阶段;Ⅱ—塑性变形阶段;Ⅲ—破坏阶段

a.当 p-s 曲线上有明确的比例界限时,取该比例界限(即图 6.13(a)中拐点 a 所对应的荷

载值)p_a作为地基承载力特征值f_{ak},即取$f_{ak} = p_a$;

b.当极限荷载p_u(即图6.13(a)中拐点b所对应的荷载值)能够确定,且该值小于对应的比例界限荷载p_a的1.5倍时,取极限荷载值的一半作为地基承载力特征值,即取$f_{ak} = 0.5 p_u$;

c.不能按上述两点确定(如图6.13(b))时,如承压板面积为0.25~0.50 m²,可取S/b=0.01~0.015所对应的荷载值作为地基承载力特征值,但其值不应大于最大加载量的一半。

静力载荷试验时,同一土层参加统计的试验点不应少于3点,各试验实测值的极差(即最大值与最小值之差)不得超过平均值的30%,取此平均值作为地基承载力特征值f_{ak}。

②确定地基土的变形模量

一般取p-s曲线的直线段,用公式(6.6)确定地基土的变形模量E_0,即

$$E_0 = I_0(1 - \mu^2) \frac{pb}{s} \tag{6.6}$$

式中 b——承压板的边长或直径,m;

μ——地基土的泊松比;

I_0——刚性承压板形状对沉降影响系数,圆形取0.79,方形取0.88;

p——地基承载力特征值所对应的荷载;

s——与承载力特征值对应的沉降。

应用静力载荷试验资料确定地基土的承载力和变形模量时,必须注意两个问题:一是静力载荷试验的受荷面积比较小,加荷后受影响的深度不会超过2倍承压板边长或直径,而且加荷时间比较短,因此不能通过静力载荷试验提供建筑物的长期沉降资料;二是沿海软黏土地区地表往往有一层"硬壳层",当用小尺寸的承压板时,常常受压范围还在地表硬壳层内,其下软弱土层还未受到较大荷载应力的影响(如图6.14(a))。对于实际建筑物的大尺寸基础,下部软弱土层对建筑物的沉降起着主要影响(如图6.14(b))。因此,静力载荷试验资料的应用是有条件的,要充分估计试验影响范围的局限性,注意分析试验成果与实际建筑物地基之间可能存在的差异。

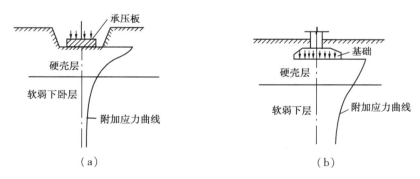

图6.14 承压板与实际基础尺寸的差异对评价建筑物沉降的影响

(3)单桩竖向抗压静载荷试验

桩基设计的关键问题之一是确定单桩的承载力,确定单桩承载力的方法有载荷试验、静力法和动力法等。

JGJ 94—94《建筑桩基技术规范》规定对于安全等级为一级的建筑物,单桩的竖向承载力应通过现场静荷载试验确定。

1)单桩竖向抗压静载荷试验的基本要求

现场静载荷试验装置主要有荷载系统和观测系统两个部分,根据加荷方式的不同分为堆载法和锚桩法两种(图 6.15)。

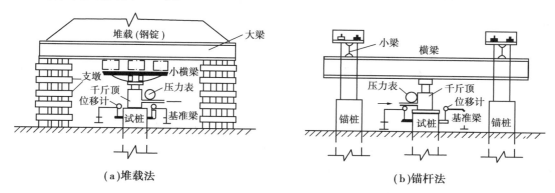

图 6.15　单桩垂直静载荷试验装置

根据 JGJ 94—94《建筑桩基技术规范》,试桩从成桩到开始试验的间歇时间:在桩身强度达到设计要求的前提下,对于沙类土,不应少于 10 d;对于粉土和黏性土,不应少于 15 d;对于淤泥或淤泥质土,不应少于 25 d。试验加载方式采用慢速维持荷载法,即逐级加载,每级荷载达到相对稳定后加下一级荷载,直到试桩破坏,然后分级卸载到零。当考虑结合实际工程桩的荷载特征可采用多循环加、卸载法(每级荷载达到相对稳定后卸载到零)。当考虑缩短试验时间,对于工程桩的检验性试验,可采用快速维持荷载法,即一般每隔一小时加一级荷载。每级加载为预估极限荷载的 1/10~1/15,第一级可按 2 倍分级荷载加荷;每级加载后间隔 5、10、15 min 各测读一次,以后每隔 15 min 测读一次,累计 1 h 后每隔 30 min 测读一次。在每级加载作用下,桩的沉降量每一小时不超过 0.1 min,并连续出现两次(由 1.5 h 内连续 3 次观测值计算),认为已达到相对稳定,可加下一级荷载。当出现下列情况之一时,即可终止加载:

①某级荷载作用下,桩的沉降量为前一级荷载作用下沉降量的 5 倍;

②某级荷载作用下,桩的沉降量大于前一级荷载作用下沉降量的 2 倍,且经 24 h 尚未达到相对稳定;

③已达到锚桩最大抗拔力或压重平台的最大重力时。

2)单桩竖向抗压静载试验资料整理

①确定单桩竖向极限承载力

单桩竖向极限承载力可按下列方法综合分析确定:

a.根据沉降随荷载的变化特征确定极限承载力:对于陡降型 $Q\text{-}s$ 曲线取 $Q\text{-}s$ 曲线发生明显陡降的起始点。

b.根据沉降量确定极限承载力:对于缓变型 $Q\text{-}s$ 曲线一般可取 $s = 40~60$ mm 对应的荷载,对于大直径桩可取 $s = 0.03~0.06D$(D 为桩端直径,大桩径取低值,小桩径取高值)所对应的荷载值;对于细长桩($1/d > 80$)可取 $s = 60~80$ mm 对应的荷载。

c.根据沉降随时间的变化特征确定极限承载力:取 s-$\lg t$ 曲线尾部出现明显向下弯曲的前一级荷载值。

②确定单桩竖向极限承载力标准值 Q_{uk}

可详见 JGJ 94—94《建筑桩基技术规范》附录 C。

关于其他原位试验、现场观测、室内试验方法以及评估岩土的地基承载力、物理力学性质和状态特征指标等,可参阅有关行业规范、规程、标准及手册等。

6.9　工程地质勘察资料的室内整理

在工程地质勘察工作结束时,将直接和间接得到的各种工程资料,经分析整理、检查校对、归纳总结,便可用简单的文字和图表编成工程地质勘察报告。它是向设计、施工部门直接交付使用的文件。其任务是阐明勘察地区的工程地质条件和工程地质问题,对勘察区作出工程地质评价。勘察报告书的内容应根据勘察阶段任务要求和工程地质条件编制,以能说明问题为原则,根据实际情况,可有所侧重,不必强求一致。勘察报告书一般包括如下部分:

(1)前言

具体介绍勘察工作任务要求及工作方法和所做的工作简况。为了明确勘察的任务和意义,对拟建建筑物的类型、规模、勘察阶段及迫切要求解决的问题也应予以说明。

(2)通论

它是客观地阐述勘察地区的工程地质条件。例如自然地理、区域地质、地形地貌、地质构造、水文地质、不良地质现象及地震基本烈度等,编写时,既要符合地质科学的要求,又要符合工程的目的,具有明确的针对性。

(3)专论

它是整个报告的中心。其任务是结合具体工程项目对各种可能出现的工程地质问题,提出论证和回答任务书中所提出的各项要求及问题。例如:对选定各可能方案的工程地质对比、评价;适宜的建筑形式与规模;建筑物基础的类型和埋置深度;对克服和解决工程地质问题应采取的措施;等等。论证时,应充分利用勘察所得的实际资料和数据,在定性评价的基础上作出定量评价。

(4)结论

它是在专论的基础上对任务书中所提各项要求作出结论性的回答。结论必须简明具体,措词必须准确,而不应模棱两可或含糊其辞。此外,还应指出存在的问题及其解决的途径和进一步研究的方向。

工程地质勘察报告除上述文字部分外一般应附有下列主要图表:

1)综合工程地质图或勘察点平面布置图

在选定的一定比例尺地形图上图示出勘察区的各种工程地质勘察工作成果,比如工程地质条件和评价,预测工程地质问题等,即成为工程地质图。其内容大体是:①地形地貌,地形切割情况,地貌单元的划分等;②地层、岩性种类、分布情况及其工程地质特征;③地质构造、褶皱、断层发育情况,破碎带节理、裂隙发育程度;④水文地质条件;⑤滑坡、崩塌、岩溶等物理地质现象的发育程度等。

如在工程地质图上再加上建筑物布置、勘探点、线的位置和类型,以及工程地质分区线,即为综合工程地质图。若工程简单,且工程地质条件不复杂,可只在地形图上,图示出建筑物的位置,各类勘探、测试点的编号、位置、标高、深度和剖面连线等,即成勘察点平面布置图,如图6.16所示。

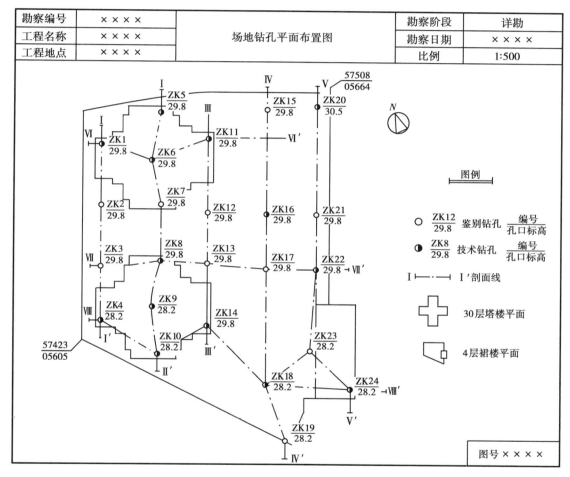

图6.16　钻孔平面布置图

2)工程地质柱状图

如图6.17所示,按测区露头和钻孔资料编制的表示地区工程地质条件随深度变化的图中,除注明钻进工具、方法和具体事项外,其主要内容是:地层的分布,应自上而下对地层进行编号和地层特征的描述。还应指出取土深度、标准贯入试验位置及地下水位等资料。

205

勘察编号	××××	钻孔柱状图		孔口标高	29.8 m
工程名称	××××			地下水位	27.6 m
钻孔编号	ZK1			钻探日期	××××

地质代号	层底标高/m	层底深度/m	分层厚度/m	层序号	地质柱状 1：200	岩心采取率/%	工程地质简述	标贯 $N_{64.5}$ 深度/m	实际击数 校正击数	岩土样 编号 深度/m	备注
Q^{ml}	3.0	3.0	①		75	填土：杂色、松散，内有碎砖、瓦片、混凝土块、粗沙及黏性土,钻进时常遇混凝土板				
Q^{al}	10.7	7.7	②		90	黏土：黄褐色、冲积、可塑、具黏滑感,顶部为灰黑色耕作层,底部土中含较多粗颗粒	10.85 1 11.15	31 25.7	ZK1—1 10.5~10.7	
	14.3	3.6	④		70	砾石：土黄色、冲积、松散-稍密,上部以砾、沙为主,含泥量较大,下部颗粒变粗,含砾石、卵石,粒径一般 2~5 cm,个别达 7~9 cm,磨圆度好				
Q^{el}	27.3	13.0	⑤		85	粉质黏性土：黄褐色带白色斑点,残积,为花岗岩风化产物,硬塑-坚硬,土中含较多粗石英粒,局部为砾质黏土	20.55 1 20.85	42 29.8	ZK1—2 20.2~20.4	
γ_5^3	32.4	5.1	⑥		80	花岗岩：灰白色-肉红色,粗粒结晶,中-微风化,岩质坚硬,性脆,可见矿物成分有长石、石英、角闪石、云母等。岩心呈柱状			ZK1—3 31.2~31.3	
										图号××××

▲标贯位置　　■岩样位置　　●土样位置

拟编：　　　　　　　　　　　　　　　　审核：

图 6.17　工程地质柱状图

3）工程地质剖面图

它表示勘察区一定方向垂直面上工程地质条件的断面图,其纵横比例尺是不一样的,它反映某一勘探线地层沿竖向和水平向的分布情况。由于勘探线的布置常与主要地貌单元或地质构造线相垂直,或与建筑物轴线相一致,故工程地质剖面图是勘察报告的最基本的图件,如图 6.18 所示。

（5）岩土试验成果总表

岩土的物理力学性质和状态指标以及地基承载力是建筑工程设计和施工的重要数据,应将室内试验和原位测试的成果汇总列表,见表 6.5。由于土层固有的不均匀性,取样及运送过程的扰动、试验仪器及操作方法上的差异等原因,同一岩土层,测得的任一指标,其数值可能比较分散。因此试验资料应按地段及层次分别进行数理统计的分析和整理,以便求得具有代表性的指标,统计整理应在合理分层的地基上进行,具体的统计分析方法,将在《土力学》中介绍,也可参见有关试验规程。

表 6.5　某工程土的物理力学指标

主要指标		天然含水率 w /%	土的天然重度 γ /(kN·m^{-3})	孔隙比 e	液限 ω_L /%	塑限 ω_P /%	塑性指数 I_P	液性指数 I_L	压缩系数 a_{1-2} /MPa^{-1}	压缩模量 E_{s1-2} /MPa	岩石的饱和单轴极限抗压强度 f_{rk} /MPa	抗剪强度		地基承载力特征值 f_{ak} /kPa
												内聚力 C_{cu} /kPa	内摩擦角 φ_{cu} /(°)	
②	黏土	25.3	19.1	0.710	39.2	21.2	18.0	0.23	0.29	5.90	—	25.7	14.8	289
③	淤泥	77.4	15.3	2.107	47.3	26.0	21.3	2.55	1.16	2.18	—	6	6	35
⑤	粉质黏性土	18.1	19.5	0.647	36.5	20.3	16.2	<0	0.22	7.49	—	30.8	17.2	338
⑥	花岗岩	—	—	—	—	—	—	—	—	—	26.5	—	—	—

注:1.黏土层、淤泥层、粉质黏性土层、花岗岩承载力参考《建筑地基基础设计规范》确定;

2.黏土层、淤泥层、粉质黏性土层各取土样 6~7 件,除 C、φ、岩石抗压强度为标准值,地基承载力为特征值外,其余指标均为平均值。

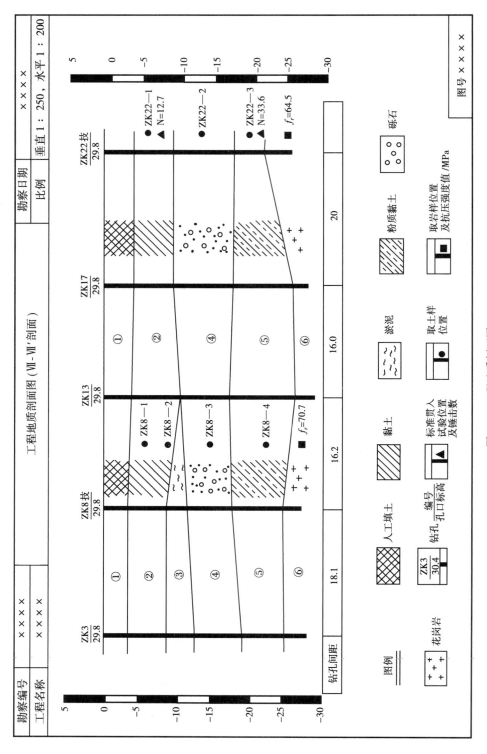

图6.18　工程地质剖面图

6.10　工程地质勘察报告实例

6.10.1　工程概述

（1）拟建工程概况

拟建青年教师公寓楼定点于某校生活区栖凤岭以北半坡一带，大致平行于栖凤 4 号楼，楼房间隔约 18 m，平面布局呈"L"型，设计总高 21.4 m，7 层砖混结构，单位长度荷载约 250 kN/m，对敏感性无特殊要求。拟采用天然地基上的浅基础方案。

勘察工作按施工图设计阶段的要求进行钻探工作于 2000 年 3 月 20 日进场，4 月 18 日结束野外工作，共计完成勘察工作量……

（2）勘察目的、要求和任务

①查明场内地形、地貌、地质构造和不良地质现象对场地稳定性作出评价；

②探明场地内岩土的类别、厚度、分布规律、物理力学指标及工程地质性能。对地基的承载力作出评价，为设计提供选用地基持力层的合理建议；

③探明场地内有无土洞、溶洞及其发育的形态及规模，评价其对地基稳定的影响；

④探明场地内地下水赋存条件、水量、水位变化及其对地基的影响；

⑤对基础方案提出合理建议；

⑥提出不良工程地质问题和处理原则及措施。

（3）勘察方法及工作手段

①工程测量　除对地表地质条件进行调查，对场地内的勘探钻孔、相关的轴线进行实地测量。孔口高程由北边住宅楼挡墙拐角 56.00 m 处引测。

②钻探　本次采用 XJ-100 型钻机对设计的钻孔进行钻探，钻探深度控制在中风化基岩 3.5 m 之内（见图 6.19、图 6.20）。

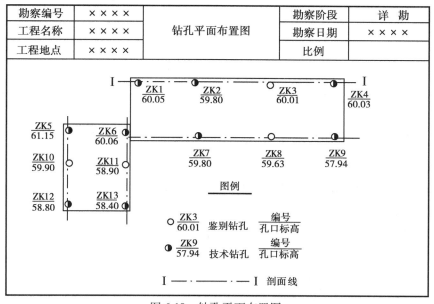

图 6.19　钻孔平面布置图

工程名称	××大学青年教师公寓		勘察单位		××××	
钻孔编号	ZK9	勘探深度/m	10.50	开孔直径/mm	110	比例尺寸1:100
孔口标高/m	57.94	施工日期	××××	终孔直径/mm	91	

层次	层底深度/m	层厚/m	层底标高/m	柱状图	地质年代及成因	岩土描述	备注
1	1.40	1.40	56.54	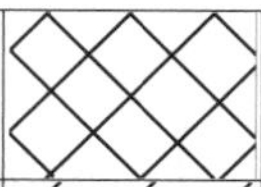	Q^{n+1}	杂填土	
2	3.50	2.10	54.44	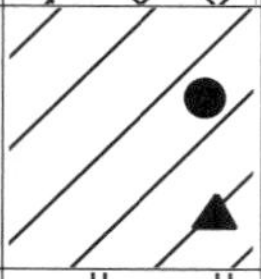	Q^{n+1}	红黏土:棕红色,硬塑状态	
3	7.80	4.30	50.14	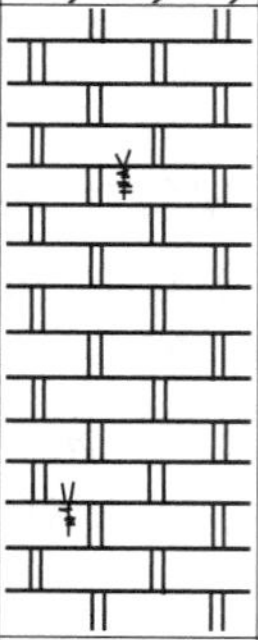	T_{1a}	白云岩:强风化,岩心呈粉沙状,局部间夹可塑黏土	
4	10.50	2.70	47.44	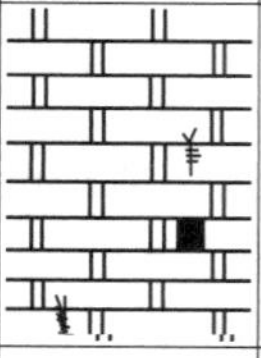	T_{1a}	白云岩:灰白色薄至中厚层,中风化,岩心呈块状	

制图:＿＿＿＿ 审核:＿＿＿＿ 日期:××××

图 6.20 柱状图

6.10.2 场地岩土工程地质条件

(1)地形地貌

场地属中低山斜坡地貌,坡向北西,因拟建场地原有建筑依山势修建平场后形成二级平地,地形总体呈北低南高。

(2)地层与地质构造

场地位于市一中槽复式向斜西翼。出露地层为下3叠统安顺组 T_{1a} 的浅灰色、中至厚层夹薄层状细晶白云岩,受区域地质构造影响,岩石节理裂隙发育,岩心完整性较差,部分岩石裂隙充填铁泥质呈肉红色、棕红色。岩层产状变化较大,倾向于南东110°~140°,倾角较陡,于

70°~80°,与坡向斜交。

（3）岩土体构成及其工程地质特征

1）岩土体构成及分布规律

①杂填土　多为碎石杂土等建筑、生活垃圾,场地内除 ZK1,2,3 号孔段基岩出露,其余孔段均有分布。

②硬塑红黏土　呈黄色,棕红,紫红色,厚度从 0.00~6.00 m 不等。

③可塑红黏土　呈黄色,棕红色,厚 0.00~4.00 m,土质细腻,均匀。

④软塑红黏土　呈黄色、浅黄色,厚 0.00~3.20 m,仅出露于基岩低洼处岩溶洞隙中。

⑤强风化白云岩　呈浅灰色、紫红色、黄色,分布较广,厚薄不一,最薄 0.00 m,最厚 8.00 m,多呈颗粒状,粗沙状,粉沙状常夹黏土于其中。

⑥中风化白云岩　呈灰、浅灰、肉红等色,中至厚层夹薄层状,细晶结构,偶见晶洞溶孔,方解石脉,局部较完整,岩心多呈柱状、块状。

2）岩土体工程地质特征

①杂填土　成分混杂,厚薄不一,无分选性,分布不均,密实性差,结构松散,不宜作持力层,须弃除。

②红黏土　质地均匀,结构密实,工程地质性能强,是良好的持力层。

③强风化白云岩　多呈碎石、粗沙颗粒状,在不受水浸泡及人为扰动的条件下,可作持力层。

④中风化白云岩　当岩体完整时,是良好的天然地基持力层。

（4）地下水与岩溶

①地下水　因场地处于斜坡地带,地势较高,山体范围小,地下水埋藏较深,一般情况下,对建筑的基础影响不大,北端挡土墙基岩处雨季时有水渗出。

②岩溶　地表的岩溶形态主要表现为溶沟,溶槽和石芽构造,地下的岩溶形态主要表现为规模不等的溶洞和溶隙,其中有可塑及软塑黏土充填。拟建场地岩溶强烈发育,钻孔深度内见洞率为 37%,属高岩溶化复杂场地。

6.10.3　主要岩土参数及地基承载力特征值

（1）主要岩土参数

本次勘察有关的岩土参数,根据本地区相同地貌单元所处同一地质构造部位,同一地层组段,同一岩性的工程地质测试结果数据提供,作为地基基础设计计算参数（见表 6.6）。

表 6.6　主要岩土参数表

主要指标		天然含水率 w /%	土的天然重度 γ /(kN·m^{-3})	孔隙比 e	液限 ω_L /%	塑限 ω_P /%	塑性指数 I_P	液性指数 I_L	含水比 μ /%	压缩系数 a_{1-2} /MPa^{-1}	岩石的饱和单轴极限抗压强度 f_{rk} /MPa	抗剪强度		地基承载力标准值 f_k /kPa
												内聚力 C_{cu} /kPa	内摩擦角 ϕ_{cu} /(°)	
②	硬塑红黏土	49	16.9	1.4	75	41	34	0.24	0.65	13		45	10	

续表

主要指标		天然含水率 w /%	土的天然重度 γ /(kN·m^{-3})	孔隙比 e	液限 ω_L /%	塑限 ω_P /%	塑性指数 I_P	液性指数 I_L	含水比 μ /%	压缩系数 a_{1-2} /MPa^{-1}	岩石的饱和单轴极限抗压强度 f_{rk} /MPa	抗剪强度		地基承载力标准值 f_k /kPa
												内聚力 C_{cu} /kPa	内摩擦角 ϕ_{cu} /(°)	
③	可塑红黏土	71	16.1	1.95	93	46	47	0.6	0.8	6.7		25	6	
④	软塑红黏土	78			89	30	59	0.81	0.87					
⑥	中风化白云岩										2.0			

（2）地基承载力特征值

根据岩土参数,试验参考数据,结合本场地特定的地质条件及建筑经验,提出如下各岩土地质单元地基承载力特征值：

①硬塑红黏土：$f_{ak}=220$ kPa

②可塑红黏土：$f_{ak}=180$ kPa

③软塑红黏土：$f_{ak}=120$ kPa

④强风化白云岩：$f_{ak}=400$ kPa（不含黏土状态下）

⑤中风化白云岩：$f_{rk}=2\ 000$ kPa

6.10.4　结论与建议

（1）场地建筑适宜性的评价与结论

拟建场地内不存在危及地基的工程地质问题,宜于建筑。

（2）场地及地基稳定性的评价与结论

本次勘探过程中,区内未发现滑坡、土洞、地面塌陷,也未发现大的断裂构造和大的岩溶管道通过,故场地的总体稳定性较好。

区内的地震烈度为 6 度,应按有关规范规定设防。

（3）基础结构形式与地基处理的建议

拟建场地的地基为岩土混合地基类型,红黏土层厚薄不均,基岩石起伏较大。为确保地基的稳定,建议选用桩或墩基与条基相结合的方案。

拟建场地由东向西,红黏土层逐渐变厚,其厚度差异在 0.00～10.00 m,若选用红黏土作持力层,形成岩土混合地基,需进行有效的处理,以免产生地基的不均匀沉降。因此在基岩出露区域若条基置于岩石上时应作褥垫调整沉降差,在基底土层相关部位作一定深度的钎探,探明下卧层厚度是否满足上部要求。

当选用基岩强风化层作桩基,可采用扩大基底断面的方案,以满足上部荷载的要求。

桩基下浅层发育的溶洞、悬臂岩应作揭顶处理,对发育较深的溶洞、溶隙,可采用梁板跨越处理。将基础置于完整的底板下,基岩的嵌岩深度应大于 0.50 m。

(4)关于施工验槽

施工中必须对人工回填土作有效的支挡,具备抽排水措施,红黏土及强风化白云岩在遇水浸泡及扰动后易软化,开挖深度到位后,应严禁任何水体浸泡和人为扰动,需即时封闭。相邻建筑的挡土墙及基坑附近不宜过量堆放土方,严禁生活施工用水向挡土墙内排放,应沿建筑物外作相应的排水管沟。

当基础开挖到持力层时,应通知有关部门现场签证,不得盲目深挖,以免持力层厚度破坏。

由于拟建场地属高岩溶化地区,岩土工程地质条件复杂,若遇特殊情况或与地质资料有不符之处,请即通知地质人员及有关单位现场验槽共商处理意见。

思考题

6.1　简述工程地质勘察的目的、任务和基本方法。

6.2　工民建中的主要工程地质问题有哪些?工民建中工程地质勘察要点有哪些?

6.3　公路工程中的主要工程地质问题有哪些?公路工程中工程地质勘察要点有哪些?

6.4　简述工程地质测绘的方法及主要内容。

6.5　简述电法勘探的基本原理和方法。

6.6　常用的确定地基承载力的方法有哪几种?

6.7　工程地质勘察报告主要包括哪些内容?

6.8　简述水库渗漏发生的条件及影响因素。

6.9　垃圾填埋场选址应考虑哪些因素?

附　录
一般性地质符号

(1) 地层、岩性符号

1) 地层年代符号及颜色

界	系		
新生界 K_z	第四系 Q		黄　色
	第三系 R （橙色）	晚第三系 N	淡橙色
		早第三系 E	深橙色
中生界 M_z	白垩系 K 侏罗系 J 三叠系 T		草绿色 蓝　色 紫　色
古生界 P_z	二叠系 P 石炭系 C 泥盆系 D 走留系 S 奥陶系 O 寒武系 t		棕　色 灰　色 褐　色 靛青色 深蓝色 橄榄绿色
元古界 P_z	腰旦系 Z		蓝灰色
太古界 A_z			

2) 岩性符号

① 岩浆岩

γ 花岗岩	γ_π 花岗斑岩	λ 流纹岩
δ 闪长岩	δ_π 闪长斑岩	α 安山岩
ν 辉长岩	ν_π 辉绿岩	β 玄武岩

214

②沉积岩

C_g 砾岩　　　　S_s 砂岩　　　　S_n 页岩

b_{1e} 角砾岩　　M_s 泥灰岩　　L_s 石灰岩

③变质岩

g_n 片麻岩　　　S 片岩　　　　p_n 千枚岩

S_P 板岩　　　　m_b 大理岩　　q 石英岩

3）第四纪沉积成因分类符号

Q_{al} 冲积层　　Q_{dl} 坡积层　　Q_{Pl} 洪积层

Q_{el} 残积层　　Q_l 湖积层　　Q_{eal} 风积层

Q_n 沼泽堆积　Q_{col} 崩塌堆积　Q_{del} 滑坡堆积

（2）岩石符号

1）岩浆岩

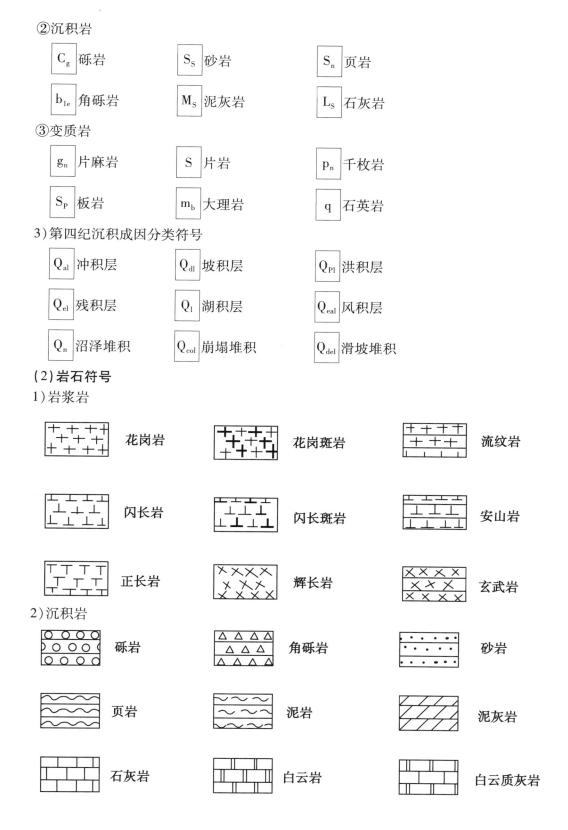

2）沉积岩

3）变质岩

片麻岩	片岩	千枚岩
板岩	大理岩	石英岩

（3）地质构造符号

地质界线	岩浆侵入体界线	水平岩层产状
垂直岩层产状	岩层产状	背斜轴
向斜轴	倾伏背斜轴	倾伏向斜轴
倒转褶曲	正断层	逆断层
平推断层	断层破碎带（断面图用）	不整合接触线（断面图用）

参考文献

［1］孙宪立.工程地质学［M］.北京:中国建筑工业出版社,1997.

［2］《工程地质手册》编写委员会.工程地质手册［M］.3版.北京:中国建筑工业出版社,1992.

［3］杨成田.专门水文地质学(水文地质专业用)［M］.北京:地质出版社,1981.

［4］河北省地质局水文地质四大队.水文地质手册［M］.北京:地震出版社,1978.

［5］张倬元,王士天,王兰生.工程地质分析原理［M］.北京:地质出版社,1981.

［6］徐开礼,朱志澄.构造地质学［M］.北京:地质出版社,1989.

［7］李淑达.动力地质学原理［M］.北京:地质出版社,1983.

［8］杨景春.地貌学教程［M］.北京:高等教育出版社,1985.

［9］王大纯.水文地质学基础［M］.北京:地质出版社,1980.

［10］薛禹群.地下水动力学［M］.北京:地质出版社,1979.

［11］孔德坊.工程岩土学［M］.北京:地质出版社,1992.

［12］肖树芳,杨淑碧.岩体力学［M］.北京:地质出版社,1987.

［13］肖荣久.工程岩土学［M］.北京:地质出版社,1992.

［14］张咸恭,李智毅,郑达辉,等.专门工程地质学［M］.北京:地质出版社,1988.

［15］胡广涛,杨文元.工程地质学［M］.北京:地质出版社,1984.

［16］中华人民共和国国家标准.岩土工程勘察规范(GB 50021—94)［S］.北京:中国建筑工业出版社,1995.

［17］中华人民共和国建设部.城市供水水文地质勘察规范(CJJ 16—88)［S］.北京:中国建筑工业出版社,1988.

［18］《基础工程施工手册》编写组.基础工程施工手册［M］.北京:中国计划出版社,1996.

［19］陈希哲.土力学与地基基础［M］.3版.北京:清华大学出版社,1998.

［20］陈仲颐,周景星,王洪瑾.土力学［M］.北京:清华大学出版社,1994.

［21］赵树理.工程地质与岩土工程［M］.西安:西北工业大学出版社,1998.

［22］天津大学,哈尔滨建筑工程学院,西安冶金建筑学院,等.地基与基础［M］.北京:中国建筑工业出版社,1979.

［23］《简明工程地质手册》编写委员会.简明工程地质手册［M］.北京:中国建筑工业出版社,1998.

［24］李斌.公路工程地质［M］.北京：人民交通出版社,1986.

［25］王思齐.工程地质学新进展［M］.北京：北京科学技术出版社,1991.

［26］孙家齐.工程地质［M］.武汉：武汉工业大学出版社,2000.

［27］南京大学水文地质工程地质教研室.工程地质学［M］.北京：地质出版社,1982.

［28］《路基设计手册》编写组.路基［M］.北京：人民交通出版社,1987.

［29］孔思丽.岩基载荷试验的研究［J］.贵州：贵州工业大学学报,1996.

［30］陈文昭,陈振富,胡萍.土木工程地质［M］.北京：北京大学出版社,2013.

［31］崔冠英.水利工程地质［M］.北京：水利电力出版社,1985.

［32］左建.工程地质及水文地质学［M］.北京：中国水利水电出版社,2009.

［33］金亨丁.遥感技术在工程地质勘察中的运用［M］.工程勘察,1980.

［34］李隽蓬,李强.土木工程地质［M］.成都：西南交通大学出版社,2001.